主　编/于　涛　莫新平

副主编/崔嘉伟　牛雪丽　夏琳峰　李远惦

Maya 角色制作项目化教程

（微课视频版）

清華大学出版社

北京

内 容 简 介

本书是一本关于人物建模、贴图、骨骼、渲染等方面的教材，全书系统地讲解了与三维角色有关的知识与软件操作步骤。

全书一共分为 5 个项目。项目一主要围绕角色的鞋子进行，其中涵盖多边形建模、UV、贴图、渲染等操作；项目二为角色建模，其中主要包含头部和服装建模；项目三为角色的 UV 和贴图；项目四为表情设置和绑定操作；项目五为渲染输出。

本书严格按照动画制作流程进行讲解。读者可以快速上手操作，但需要按照项目顺序进行学习。本书适合高等学校动画及数字媒体等相关专业作为建模课程的教材使用，也适合具有一定平面软件及 Maya 操作基础的读者自学。

图书在版编目（CIP）数据

Maya 角色制作项目化教程：微课视频版 / 于涛，莫新平主编．—北京：清华大学出版社，2023.11（2025.1 重印）
ISBN 978-7-302-64786-7

Ⅰ．① M…　Ⅱ．①于… ②莫…　Ⅲ．①三维动画软件－教材　Ⅳ．① TP391.414

中国国家版本馆 CIP 数据核字（2023）第 195170 号

责任编辑：张龙卿
封面设计：曾雅菲　徐巧英
责任校对：李　梅
责任印制：沈　露

出版发行：清华大学出版社
网　　址：https://www.tup.com.cn, https://www.wqxuetang.com
地　　址：北京清华大学学研大厦 A 座　　**邮　　编：**100084
社 总 机：010-83470000　　**邮　　购：**010-62786544
投稿与读者服务：010-62776969, c-service@tup.tsinghua.edu.cn
质量反馈：010-62772015, zhiliang@tup.tsinghua.edu.cn
印 装 者：三河市龙大印装有限公司
经　　销：全国新华书店
开　　本：185mm×260mm　　**印　　张：**9　　**字　　数：**197 千字
版　　次：2023 年 11 月第 1 版　　**印　　次：**2025 年 1 月第 2 次印刷
定　　价：69.00 元

产品编号：101523-01

前　言

党的二十大以来，国家大力支持文化产业的发展，人们对动画质量的期望也越来越高，动画制作行业分工只有更加精细，商业作品才能达到符合人们期待的效果。动画行业的快速发展对从业人员的技能水平提出了新的要求，过去那种广而全的技术路线已经无法适应现在的动画制作流程，因此本书在编写上充分考虑市场的需求与变化，以产业流程为指导，更加注重制作效率和产业对接效果，为学生在踏上职业道路之前奠定必要的基础。本书重在提高动画专业学生的技能水平，使其具备更高的专业素养，掌握精湛的软件操作技术，具备大国工匠精神。

Maya 是 Autodesk 公司出品的优秀三维动画制作软件，其提供了完美且高效的 3D 建模、动画、特效和渲染功能。该软件操作灵活，制作效率较高，渲染真实感较强，主要应用于动画片制作、电影制作、电视栏目包装、电视广告、游戏动画制作等领域，被设计师、影视制片人、游戏开发者、视觉艺术设计专家、网站开发人员所推崇。

角色建模是动画制作中必不可少的一环，是后续流程能否顺利进行的基础。为了帮助高校学生全面系统地了解这门课程，熟练地使用 Maya 解决角色建模问题，编者专门编写了这本以 Maya 为主，以 Substance Painter 和 Photoshop 等软件为辅的角色制作专业教材。本书内容丰富，任务明确，步骤清晰，通俗易懂，操作方便，大大降低了读者学习的难度，激发了读者学习的兴趣和动手的欲望。

本书内容主要包括人物建模、附件建模、制作毛发、创建骨骼、制作 UV 和贴图、应用 Blendshape、渲染等。本书以基础动作案例为主讲解 Maya 动画的调试方法，通过对动画案例的学习，帮助读者逐渐掌握 Maya 软件的操作方法，同时摆脱了以往以软件操作为主，忽略动画运动规律本身的学习惯性。本书将动画运动规律与软件操作相结合，侧重于知识的实用性，重点突出 Maya 角色动画制作的讲解。书中案例详细讲解了关键的操作，并提供了许多参考数值，同时也注意培养学生的创新能力。读者通过由浅入深地对书中每个具体动画案例的学习，可以分阶段、分层次地掌握 Maya 动画的制作技术。

本书共分 5 个教学项目，按照角色制作的基本流程，详细讲述了使用 Maya 进行角色建模的方法。每个项目都有各自的侧重点，具体内容如下。

项目 1 讲解了休闲鞋建模，这是基础建模课程和角色建模课程之间的过渡。

项目 2 讲解写实人物角色建模，包括头部的制作、耳朵的制作、手部的制作、服装的制作四个部分。

项目 3 主要对项目 2 完成的人物模型增加 UV 和贴图。

项目 4 通过为角色创建骨骼、绑定腿部 IK、增加蒙皮等，使角色有了自己的骨骼和表情，具备了形成动作的基础。

项目 5 将角色模型进行渲染输出，达到最佳的视觉效果。渲染包括灯光调节和材质设置两部分。

本书编写团队力量强大，为多年从事本课程一线教学的教师以及企业人员。本书编写过程中参考了许多设计师的资料，并选用了一些企业的优秀案例，在此向相关设计师致敬，同时对山东慧科集团等合作企业表示深深的感谢！

尽管编者在写作过程中力求准确、完善，但书中不妥或疏漏之处仍在所难免，恳请广大读者批评指正！

编　者

2023 年 5 月

目　录

项目1　休闲鞋建模

知识目标：

（1）熟悉 Maya 界面及其软件的基本操作方法。

（2）熟悉网格工具以及相关命令。

（3）了解 UV 的概念及其应用。

（4）灯光和 Arnold 渲染器的基本设置。

能力目标：

（1）掌握一般布线规律，能够解决不规则布线产生的形变问题。

（2）理解造型与布线方式的关系，能够用极简布线塑造较完整的造型。

（3）能够合理地拆分和组合各部分的 UV。

素质目标：

（1）树立精益求精的精神，敢于尝试，敢于创新。

（2）培养灵活的思维方式，具备严谨的工作态度。

1.1　项目导入

本项目首先制作角色的鞋子。鞋子既是一种工业产品，又具备生物模型的造型属性，通过鞋子建模可以很好地实现从产品建模到生物建模的过渡。该案例也同步整合了贴图和渲染过程，因此可以制作出具有直观效果的休闲鞋。

通过制作休闲鞋，我们可以熟悉多边形建模工具，有利于培养三维空间造型思维和基本造型能力，这也是角色建模的基础。

1.2　项目分析

动画制作流程可分为前期、中期、后期三个阶段。剧本编写、分镜头设计、设计稿制作等属于前期；建模、材质贴图、动作、制作特效、渲染等属于中期；合成及音效剪辑等属于后期。书中案例为动画制作的中期部分，也是商业动画制作过程中最为庞大的部分。本项目的重、难点主要包括以下三方面。

（1）多边形建模：使用 Maya 常用工具和命令编辑基本立方体，编辑过程中不仅要始终控制住多边形的面数，而且要多视图配合建模，养成在平面视图和透视图之间来回切换，以观察效果的习惯。在塑造轮廓和编辑细节时，要经常在光滑和面块两种模式下分别观察效果，有时光滑模式下看起来正常的模型，在面块模式下已经出现了问题。

（2）UV 拆分：本项目可以把鞋的各部分投射到一张 UV 贴图上，贴图分辨率设置为 2048 像素 ×2048 像素即可。UV 接缝可设置在脚后跟，很多休闲鞋的脚后跟中间处有缝线，所以将接缝设置在此处可以避免纹理无法衔接的问题。虽然展开 UV 要尽量避免拉伸现象，但实际制作过程中拉伸没有统一标准。有些拉伸需要在贴图绘制完成之后观察效果，才能确定是否在合理的拉伸范围内。

（3）贴图绘制：该项目配套视频中提供了两种贴图绘制方式，建议首先学习用 Photoshop（简称 PS）绘制贴图的方法。PS 绘制贴图时要从 Maya UV 编辑器中导出 UV 网格图。网格图不能为 JPEG 格式，可选用 PNG 或 TIFF 格式。由于 JPEG 格式不带透明通道，因此无法在 PS 中进行对照和参考。当绘制的透明贴图需要导回到 Maya 时，推荐使用 TIFF 格式。

1.3 项目准备

本项目主要介绍 Maya 中的多边形建模命令，读者应重点掌握使用频率较高的挤出、倒角等命令，除此以外还需要学习 UV 和 PS 的相关知识点。UV 是联系模型和贴图的纽带，当模型编辑好以后，即使之前已经给模型分配好了 UV，也会被再次打乱。UV 的设置直接关系到项目最终的效果，因此，要特别重视 UV 的拉伸和扭曲。

1．软硬件要求

- 处理器：双核以上处理器。
- 内存条：8GB 以上。
- 硬盘可用空间：500GB 以上。
- 显卡：DirectX 9 及 OpenGL 4.3 以上。
- 显示器：23 英寸以上显示器，分辨率为 1920 像素 ×1080 像素以上。
- 操作系统：64 位 Windows 10 及以上。

2．多边形建模

多边形建模也称网格建模。我们可以将多边形建模形象地理解为把一张类似渔网的平面塑造成各种形体。多边形建模要坚持四个原则：一是网格数量尽量少，数量越少则越好控制，不得已时再增加网格数量；二是尽量使用四边形，经验不丰富的情况下建议少使用三角面，也不使用五边面；三是布线总体要均衡，不要在某个位置布线过多或过少，关节转折处布线要略多些。最后，制作过程中还要避免使用平滑命令。如果要观察效果，可以按数字键 3 代替平滑命令。

3．Maya 界面及操作方法

Maya 软件主界面具有灵活的组合方式，不同的工作区模式，其界面组合方式差异较大。对于多边形建模来说，可以选择常规布局和建模标准布局。本书中的截图使用常规工作布局，在此布局下我们可以把 Maya 界面分为以下几个区域：菜单栏、工具架、视图区和参数面板，界面效果如图 1-1 所示。

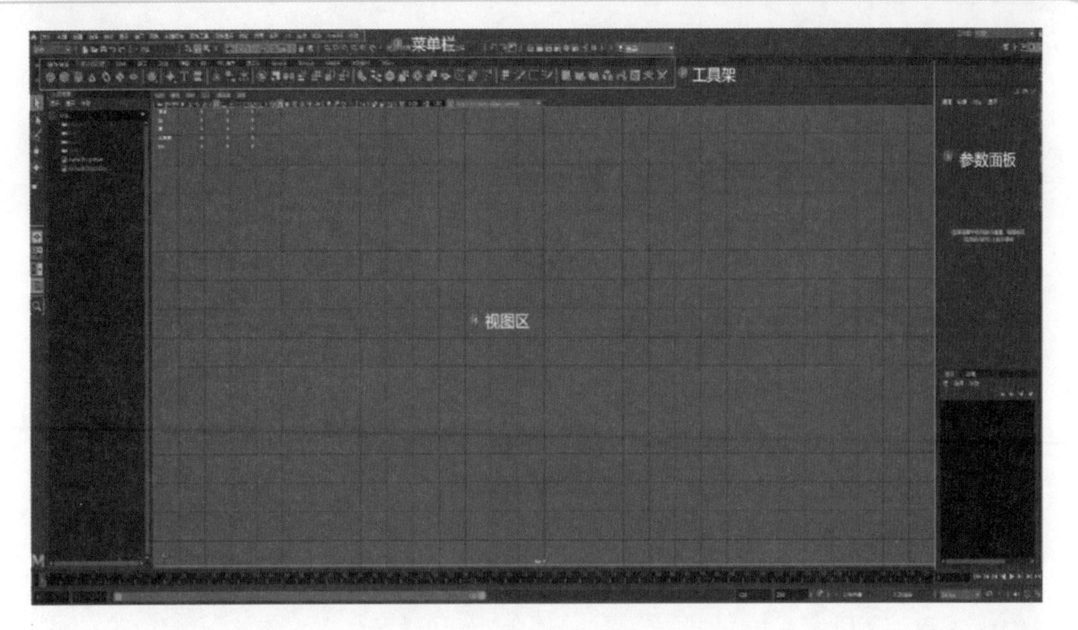

图　1-1

工具架是菜单命令图形化的一种方式，工具架上的所有工具基本上都可以在菜单栏中找到。对于初学者来说，要尽量使用菜单栏里的命令，这样可以尽快记住常用命令的具体名字。Maya视图区一般使用快捷键操作，配合Alt键和鼠标的三个键可以分别控制视图移动、旋转和缩放。右侧面板可以在“通道”面板和“属性”面板之间来回切换，我们把这两种面板统称为参数面板。参数面板可以显示和更改物体的各种属性，比如位移和旋转等的值。最下方的时间轴面板在做动画时使用。

建模之前，首先把Maya界面左上角模块选择为“建模”，工具栏也激活多边形建模标签。右上角的界面组合方式可以选择为“常规”，熟练掌握建模以后，可以根据个人习惯选择其他组合方式。

在界面中央，我们可以看到网格。虽然模型的大小是可以无限放大和缩小的，但是Maya中创建的物体是有长度单位的，不宜过大或过小，网格就是模型大小的重要参考。一般来说，所做对象的实际尺寸要与网格单位尺寸基本吻合，这样能避免出现错误，并能提高工作效率。

在界面右下角可以设置Maya的单位。单击“设置”图标，选择“首选项”后，单击左侧窗格里的“设置”选项，右侧窗格出现“工作单位”选项，默认单位为“厘米”。

在商业项目制作中一般需要团队合作，统一单位设置能够方便多人协作开发项目。

4. Maya常用命令与技巧

Maya多边形建模的相关命令主要集中在4个面板中，如图1-2所示。但实际项目开发时常用命令并不多，红色标注部分为比较常用的命令。

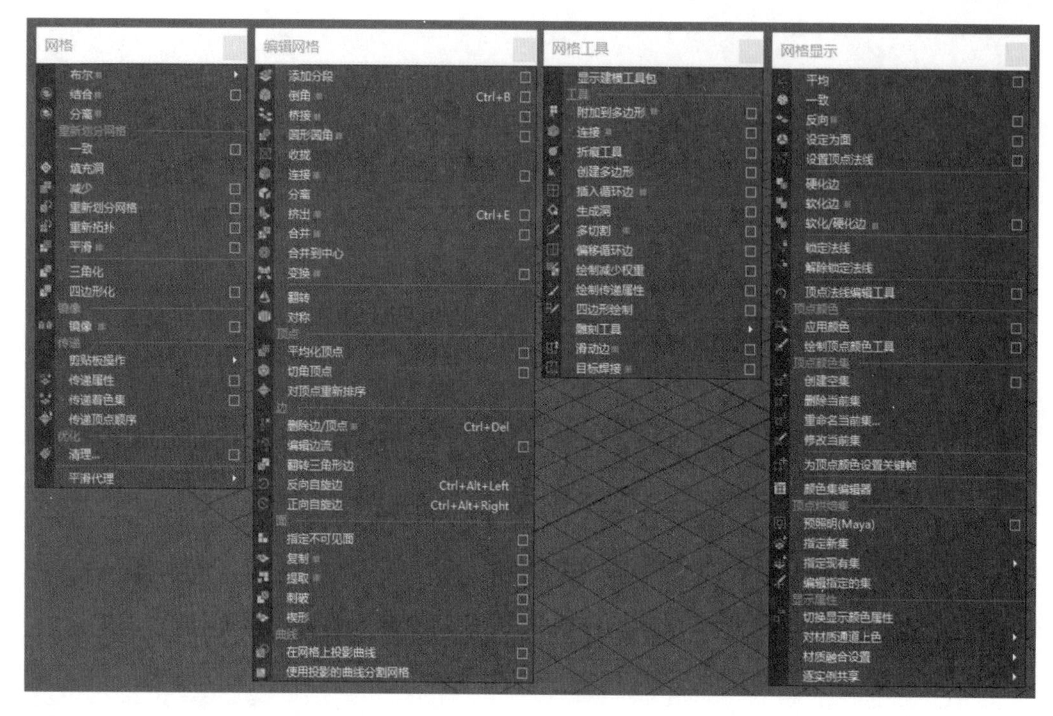

图　1-2

这里要着重指出的是“挤出”命令。“挤出”命令有两种方式：一是选择模型的面，选择“挤出”命令，然后调整挤出的大小即可；二是选择面的时候按住 Shift 键，并拖动坐标轴，即可挤出面。由于 Maya 也是按住 Shift 键加选，所以加选时如果不取消坐标轴显示就容易误挤出，挤出距离不明显时就出现了重面，最终可能导致模型出现重大问题，所以当加选点、线、面的时候，应该按 Q 键来取消坐标轴的显示。

虽然布尔运算命令在做产品造型时起到非常关键的作用，但是在进行生物类建模时要尽量避免使用，因为生物模型一般都需要平滑显示，而布尔运算后的模型在选择平滑后，会出现严重问题而导致模型无法使用。

5．Maya UV 工具包

在 Maya 界面的右上角工作区中选择 UV 编辑模式，即可打开 UV 工具包。

几乎所有的多边形模型在画贴图之前都需要展开 UV。展开 UV 可以简单地理解为把三维立体模型展开成一个平面的结果。贴图可以在平面软件里绘制，接缝越多，贴图贴入模型后就越容易产生明显的接缝效果。展开 UV 的第一个原则就是尽量避免接缝处有图案或纹理；第二个原则是避免拉伸，建模之前应该首先做 UV 投射，一般情况下，大多数模型可以选择投射成平面方式。

UV 工具包中有两个重要且常用的工具为“剪切工具”和“展开工具”。“剪切工具”用来把连接在一起的 UV 剪断，“展开工具”则是把剪断的 UV 展成平面，如图 1-3 所示。展开后的 UV 一定要用棋盘格贴图来检验拉伸程度，如果视图中的棋盘格都显示为正方形，则是没有拉伸，如图 1-4 所示。

建模过程中有时允许微小的拉伸，这要根据项目质量要求和拉伸效果来确定，是否允许拉伸最终还要通过贴图贴入模型后的效果进行检验。

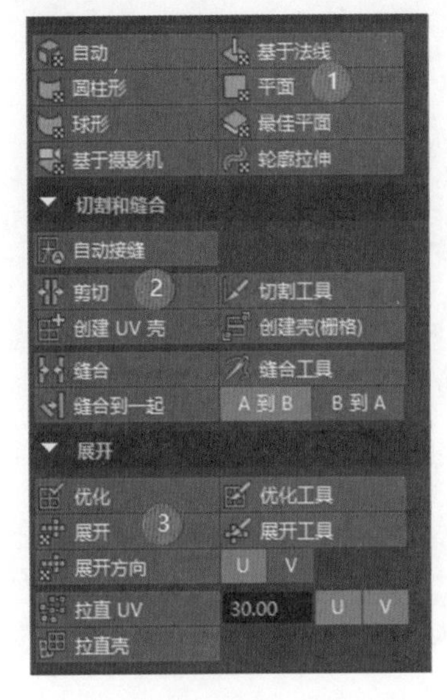

图　1-3

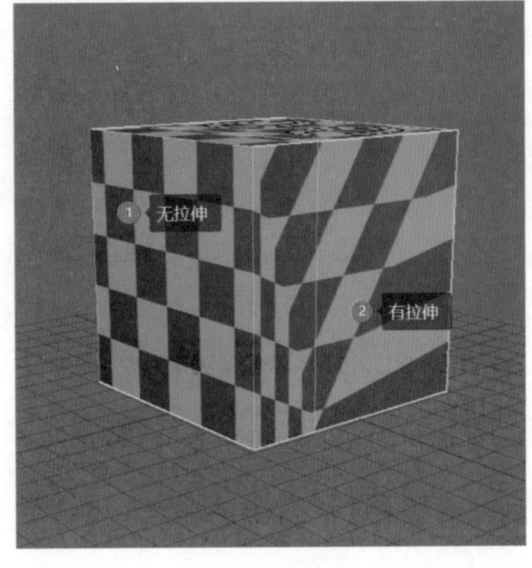

图　1-4

6. Rizom UV

Rizom UV 是一款专门的展开 UV 的工具，在一些较为复杂的模型中，Rizom UV 能够提供高效的解决方案。Rizom UV 支持 FBX 和 OBJ 等通用格式，因此 Maya 做好的模型文件可以直接导入 Rizom UV 中。

Rizom UV 中展开 UV 的基本思路和 Maya 中是一致的，都是通过分割并展成平面的方式。在检查 UV 拉伸方面，Rizom UV 可以通过视图中的颜色渐变来观察，其中红色和蓝色表示拉伸，灰色表示不拉伸；色彩饱和度越高，表示拉伸越严重，如图 1-5 所示。

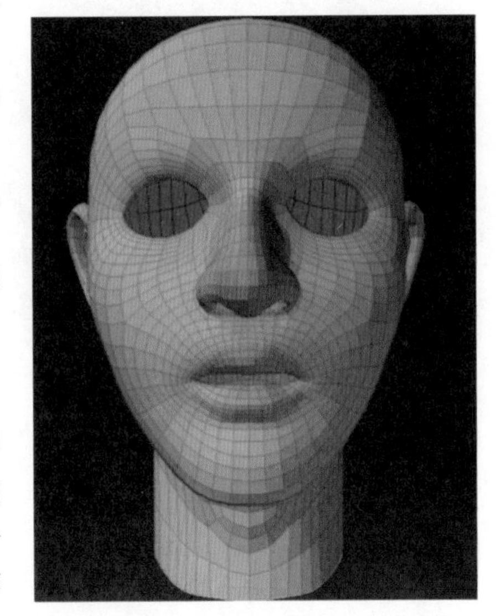

图　1-5

7. Substance Painter

Substance Painter（以下简称 SP）是目前非常流行的一款贴图绘制工具，它广泛应用于游戏和动画领域。与 PS 不同，它是一款三维且具备材质效果的贴图绘制工具，可以极大地提高工作效率。

SP 同样支持 FBX 等常用的通用格式，导出时也支持 Arnold 等主流渲染器。SP 对显卡有一定要求，如果贴图显示不正常，可能是由于显卡或驱动不符合要求导致。就目前测试来看，集成显卡很难正常显示材质或贴图。

SP 的基本操作相对简单，对于有 PS 和 Maya 基础的学习者来说，可以在很短的时间内学会，但想要制作丰富的效果，则需要对其进行深入的学习和研究。

1.4 项目实施

熟悉了 Maya 界面之后，就可以正式进入建模操作。休闲鞋建模共包括鞋子主体建模、鞋带制作、Maya 中的 UV 拆分、用 Photoshop 绘制贴图、Rizom UV 拆分和灯光渲染 6 部分。

提示：制作过程中要随时保存为 MB 文件，可以采用“文件”菜单下的递增保存方式。养成随时保存文件的良好习惯，既可以防止软件未响应造成的损失，还可以记录个人的制作过程。

任务 1：鞋子主体建模

我们先从鞋底开始。鞋底比例确定了，整体大形比例也就基本确定了，之后鞋面的建模都会在鞋底的基础上设计。为了避免后期较大的改动，鞋底的建模需要反复推敲和分析。

项目 1-任务 1 之 1

项目 1-任务 1 之 2

项目 1-任务 1 之 3

鞋子主体建模步骤如下。

(1) 新建一个多面形平面，调整段数细分的宽度为 4，高度为 8，效果如图 1-6 所示。

(2) 在平面上右击，然后选择“顶点”模式。调整多边形的上下两排顶点，上边两侧的点向下移动，下边两侧的点向上移动，调整上下两段为圆弧形状，如图 1-7 所示。

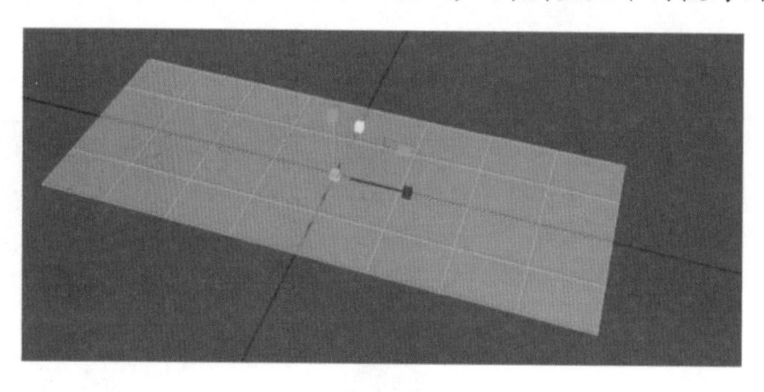

图 1-6

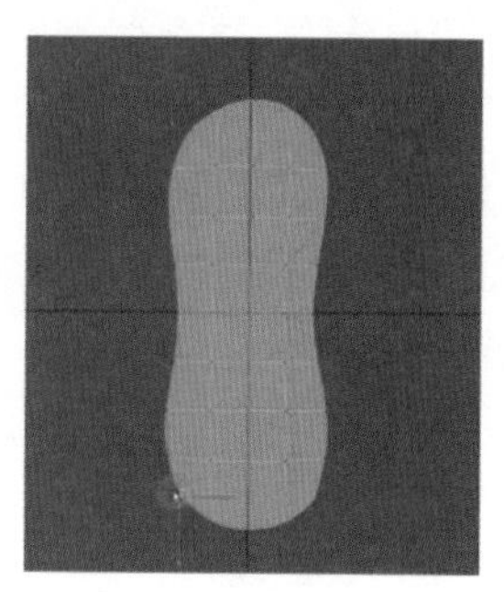

图 1-7

(3) 选中模型或者模型的所有面，按住 Shift 键向上挤出鞋底的厚度，效果如图 1-8 所示。不推荐记忆具体设置数值的工作方式，因为每个模型的初始尺寸不同，目测并确定物体高度或厚度是培养造型能力的一种重要手段。

(4) 在鞋底的侧面顶部和底部均插入一条循环边。循环边的距离决定了鞋底边缘倒角的圆滑程度，离边缘线越近则光滑程度越低，拐角看起来越硬。我们习惯上称这种建模方式为“卡边”，效果如图 1-9 所示。

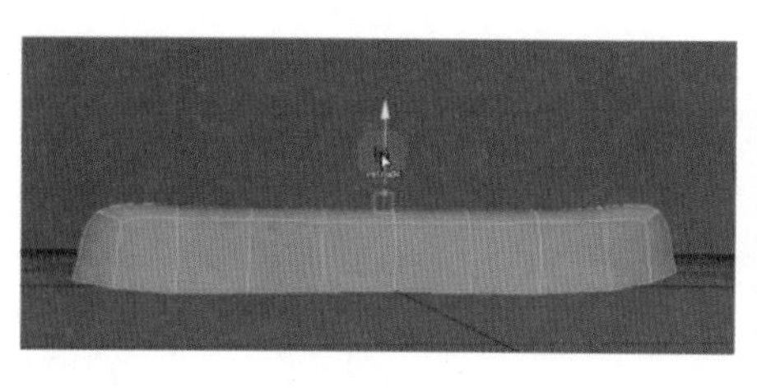

图 1-8

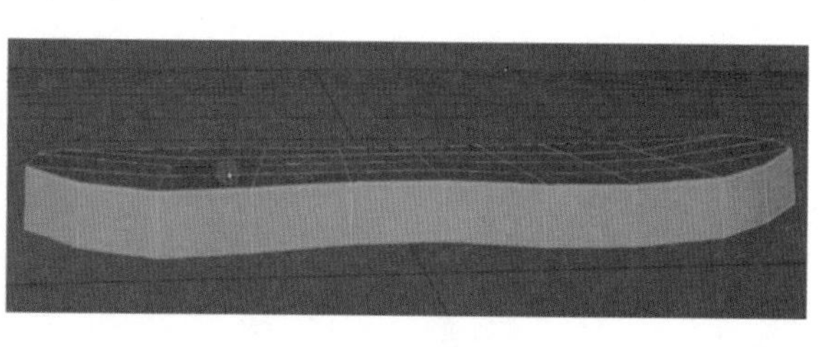

图 1-9

(5) 按数字键盘上的3,实现光滑模式显示效果,调整卡边的距离,达到满意效果为止,效果如图1-10所示。

(6) 选中最顶部的任意面,按住Shift键,双击相邻的一个面,此时会选中模型的一圈面,效果如图1-11所示。

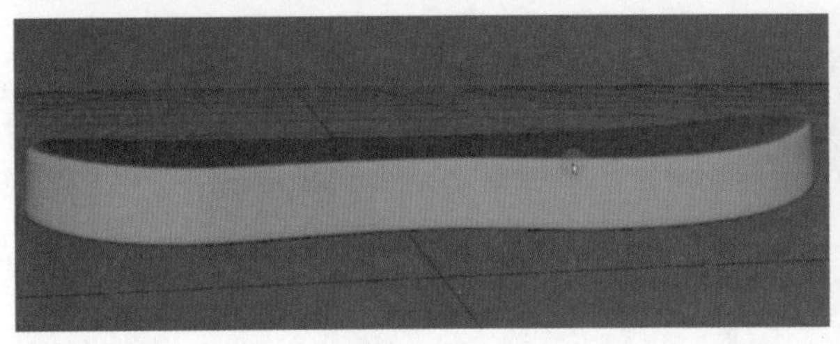

图 1-10

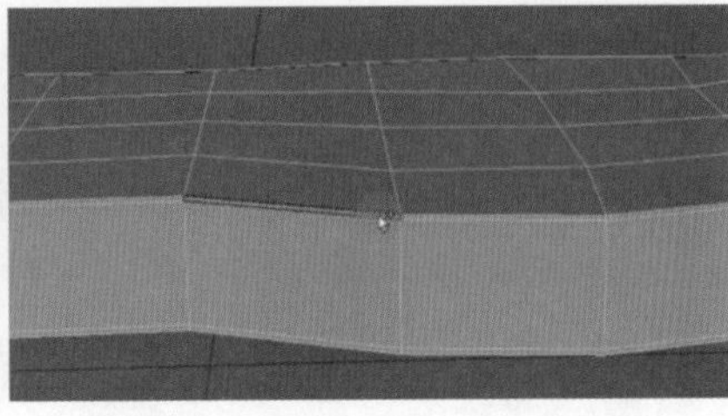

图 1-11

(7) 选择"编辑网格"菜单下的"复制"命令,把刚选中的一圈面复制下来并拖动到鞋底的顶部,然后缩放高度至比较明显的效果,如图1-12所示。

(8) 双击选中顶部的一圈线并继续向上移动,再旋转这圈线,使其接近鞋面的倾斜效果,如图1-13所示。

图 1-12

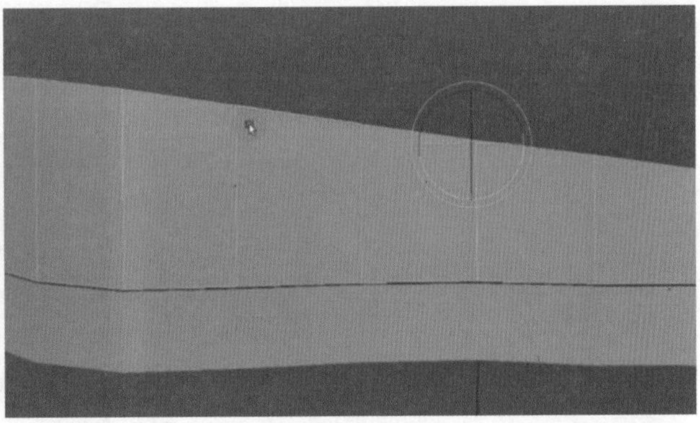

图 1-13

(9) 按键盘上的数字键4,显示实线线框,调整相互对应的一对点,使其更加接近鞋面的造型效果,如图1-14所示。

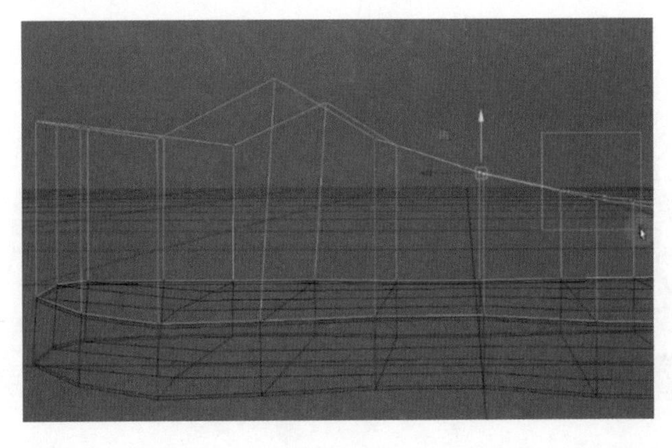

图 1-14

（10）调整透视图角度，以俯视角度观察模型。继续调整顶部的顶点，缩小鞋面顶部两端的距离，效果如图 1-15 所示。

（11）调整脚跟中间的点，让鞋帮顶部呈弧形状态。鞋的造型基本都是不同程度的弧形，很少有直边存在，效果如图 1-16 所示。

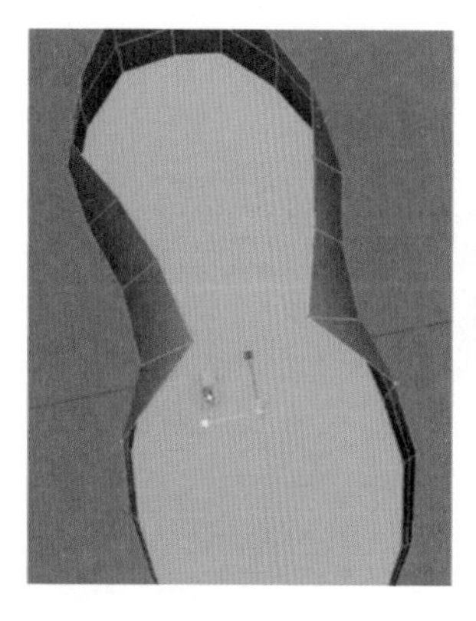

图 1-15

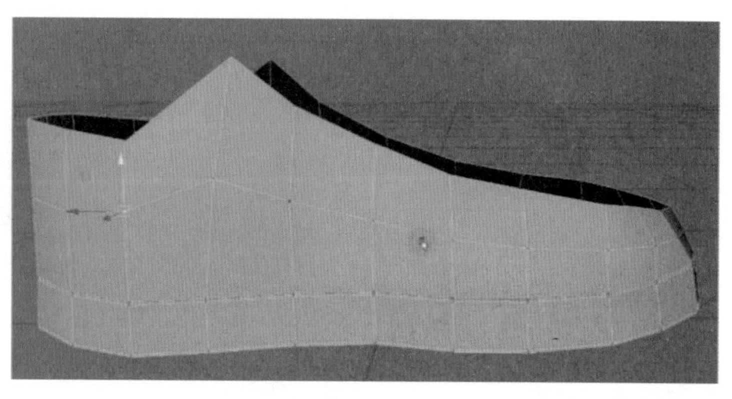

图 1-16

（12）选择“网格工具”菜单下的“附加多边形”命令，把鞋头部分空缺的面补上。该命令只能连接同一物体下的两条边，面形成以后按回车键即可完成补面。依次把剩余的空缺补齐，效果如图 1-17 和图 1-18 所示。

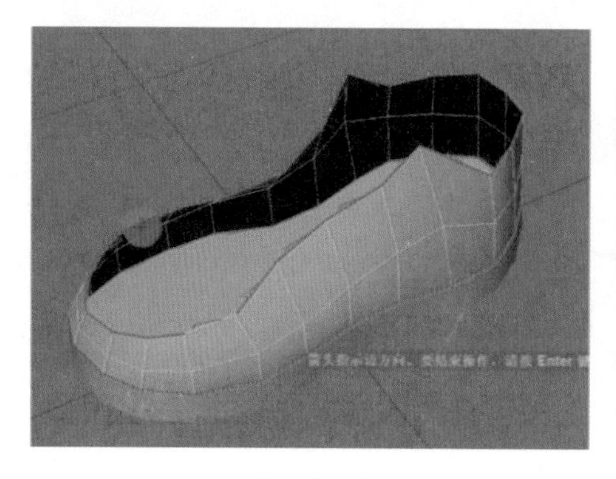

图 1-17

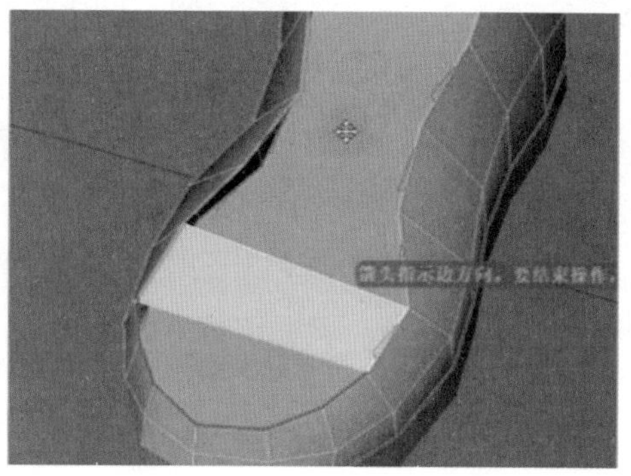

图 1-18

（13）选择“网格工具”菜单下的“多切割”命令，按图 1-19 和图 1-20 方式对顶面加线。

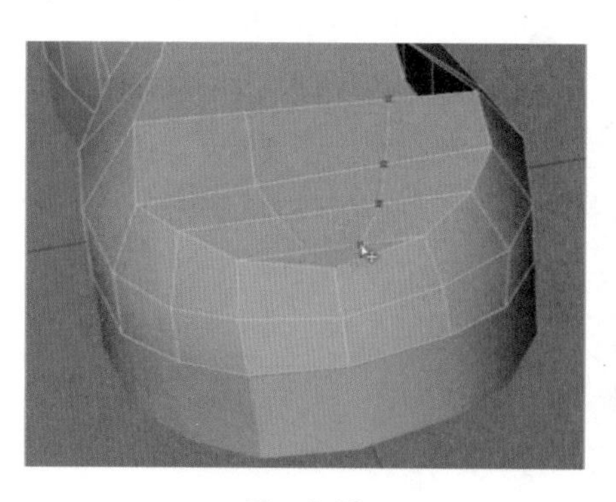

图 1-19

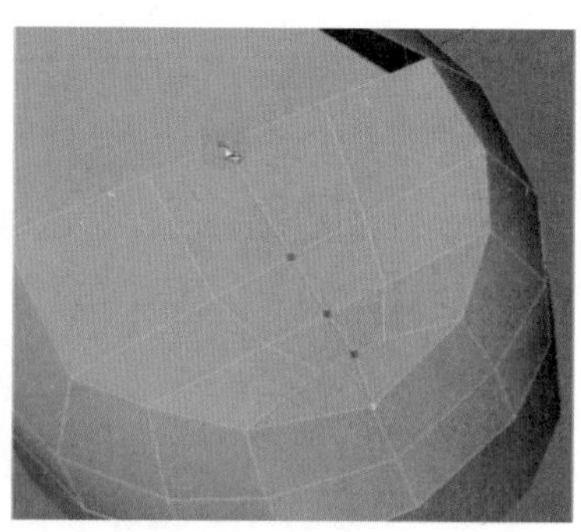

图 1-20

(14) 多角度调整鞋头各顶点,以规范其造型,效果如图 1-21 所示。

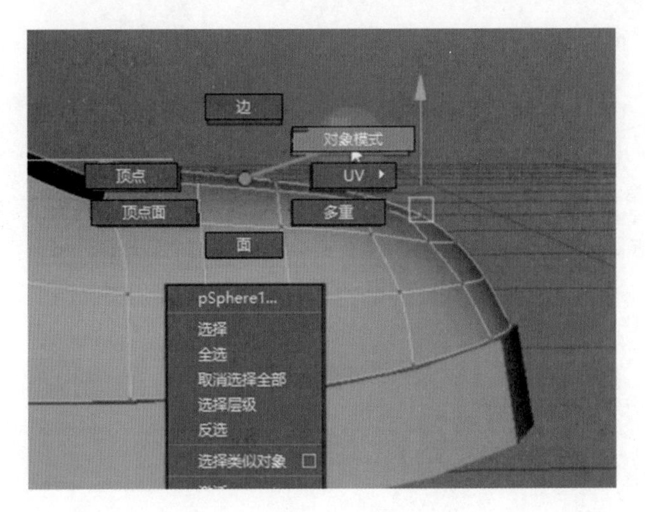

图　1-21

(15) 选择“变形”菜单下的“晶格”命令,在右侧通道面板增加 S、T、U 三个方向的段数,用调整晶格点的方式塑造鞋子的形状。模型调整完成后,选择“编辑”菜单下的“按类型删除历史记录”命令,即可删除晶格,效果如图 1-22 和图 1-23 所示。

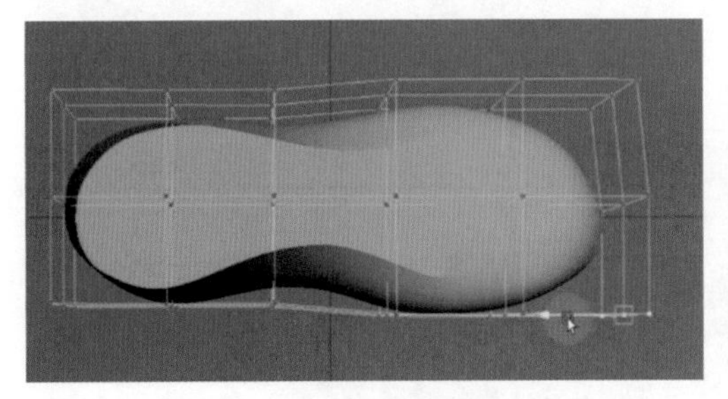

图　1-22

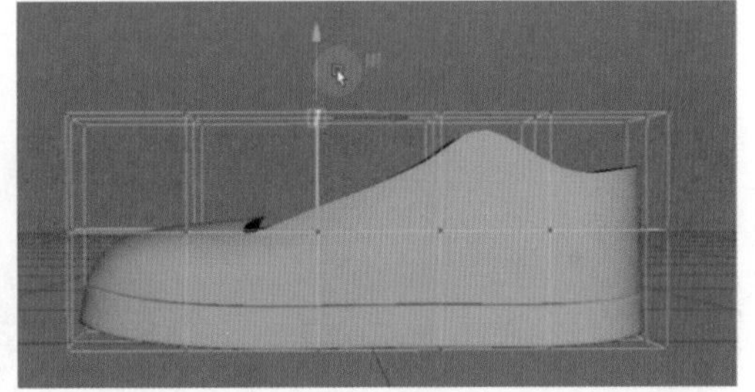

图　1-23

(16) 继续调整各位置的“顶点”,让模型看起来更加饱满,造型更准确,效果如图 1-24 所示。

图　1-24

(17) 选中图 1-25 中的 6 个多边形,选择“编辑网格”菜单下的“提取”命令,提取出多边形;再选择“修改”菜单下的“中心枢轴”命令,使坐标轴中心回到物体中心位置。

(18) 选中图 1-26 和图 1-27 中高亮部分的面,选择“编辑网格”菜单下的“复制”命令,继续编辑复制出来的模型。

(19) 选中鞋帮的主体部分,隐藏其他模型,删除选中的面,效果如图 1-28 所示。

(20) 对鞋子各部分模型继续进行细致调整,需要经过长时间的对比与调整才能达到较好的效果,如图 1-29 所示。

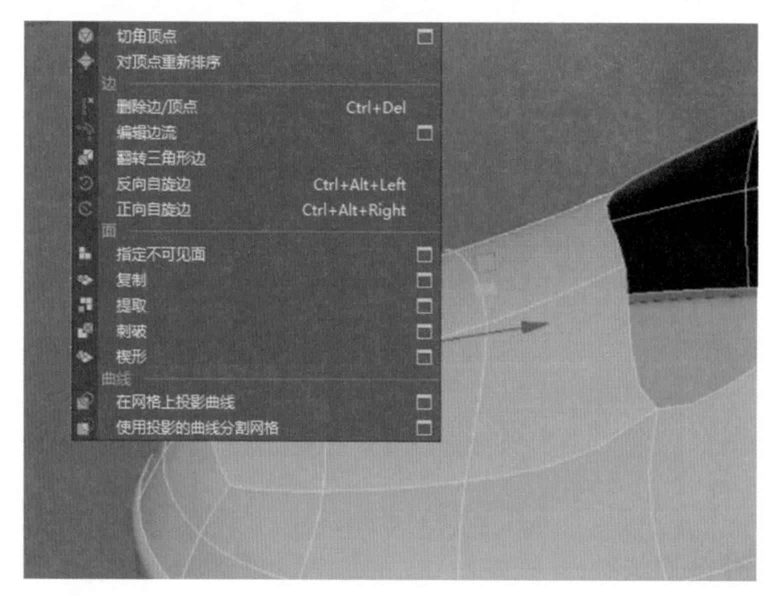

图　1-25

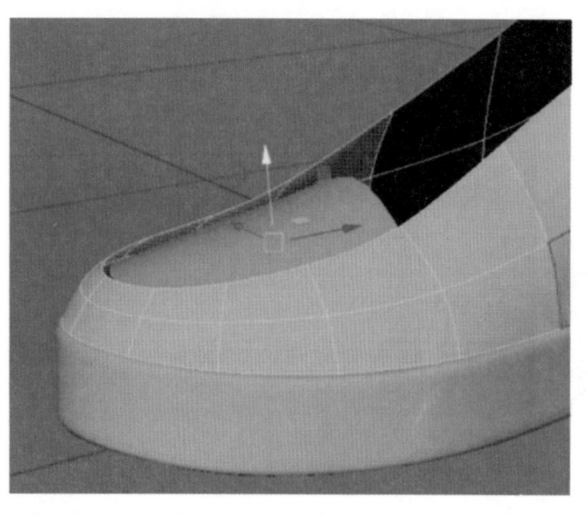

图　1-26

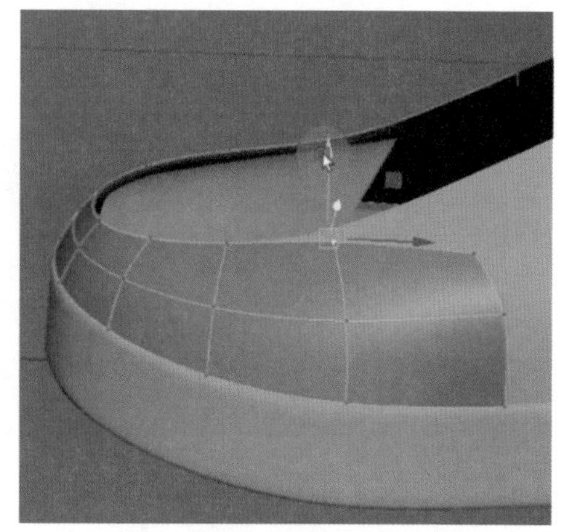

图　1-27

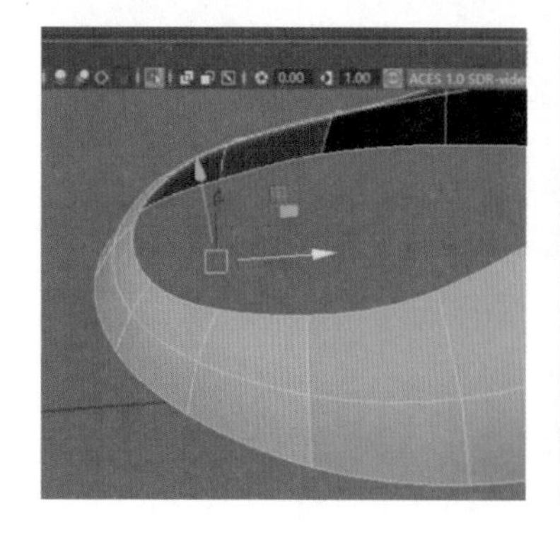

图　1-28

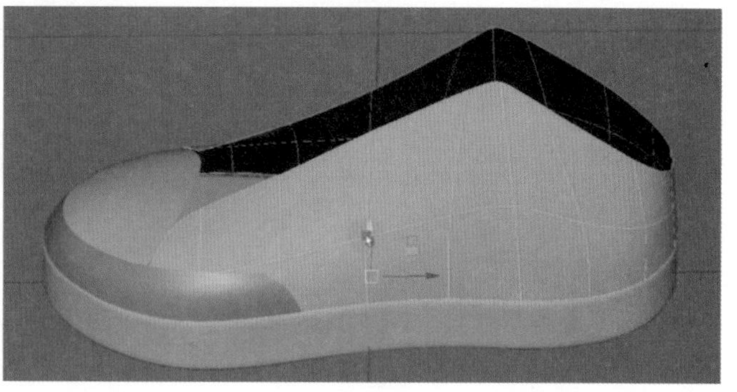

图　1-29

(21) 选中鞋帮部分并复制一个，对鞋帮选择“桥接”或“附加多边形”命令，把新复制出来的模型顶部连接起来，效果如图 1-30 所示。

(22) 选择新产生的4个面并且选择“反选”命令，然后删除选择的模型，将剩余的部分模型作为鞋舌的基本面，效果如图1-31所示。

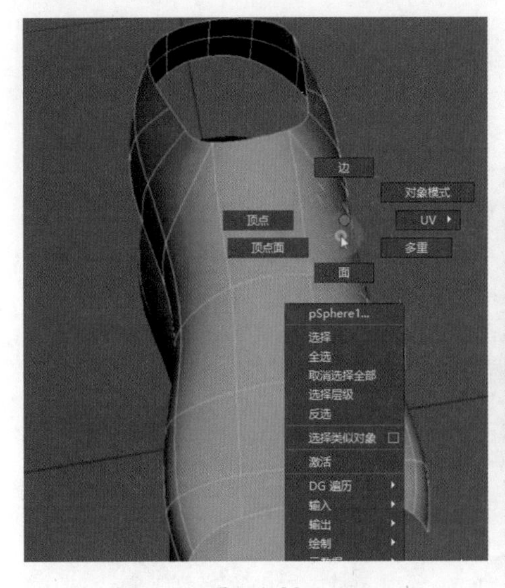

图　1-30

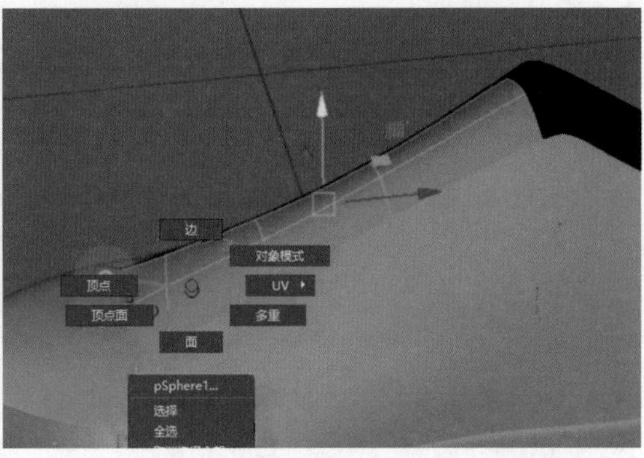

图　1-31

(23) 选中面并复制，如图1-32所示。

(24) 调整复制出来的面的位置和形状，效果如图1-33所示。

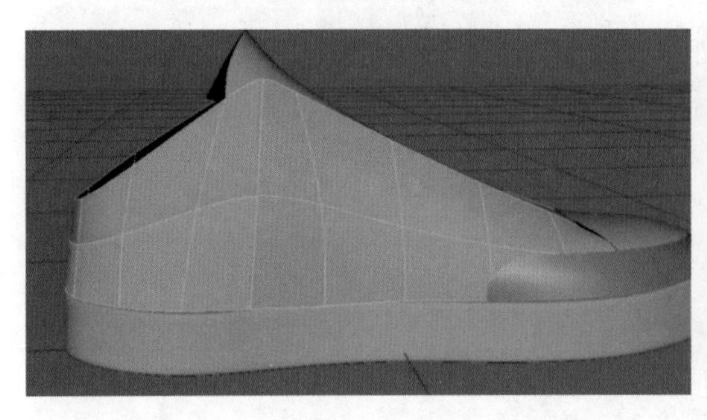

图　1-32

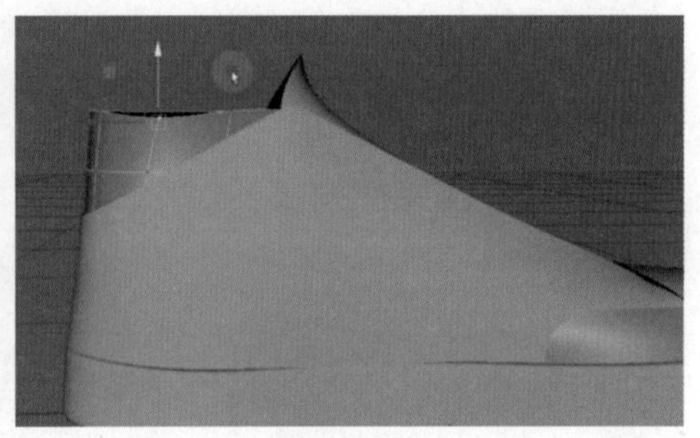

图　1-33

(25) 选择“晶格”命令，调整鞋子在各视角下的形状，效果如图1-34所示。

(26) 选中鞋头顶面和鞋舌，隐藏其他模型，再选择“编辑网格”下的“结合”命令，然后合并对应的顶点。选择“网格工具”下的“目标焊接”工具，使这两部分真正合成为一个对象，效果如图1-35所示。

(27) 对该部分进一步编辑，插入循环边并调整位置，让鞋头和鞋舌衔接位置产生一个凹痕效果，如图1-36所示。

(28) 为各部分挤出厚度，让边缘看起来有厚度即可。不需要在看不到的地方挤出厚度，以免为后期蒙皮时增加困难，效果如图1-37所示。

(29) 大体形状确定后，可以开始调整细节，如各部位衔接处的缝隙，效果如图1-38所示。

(30) 调整后整体效果如图1-39所示。

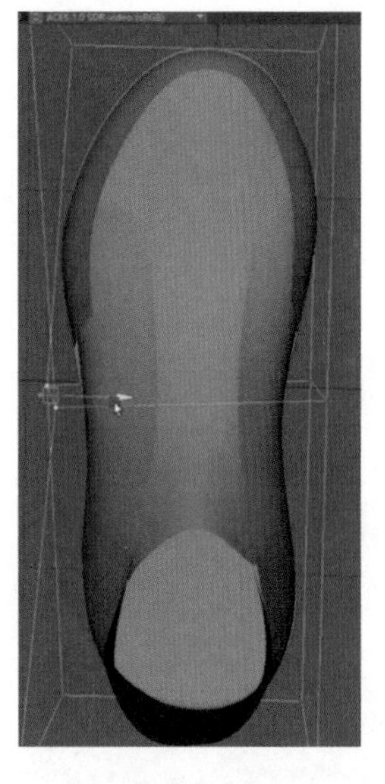

图 1-34

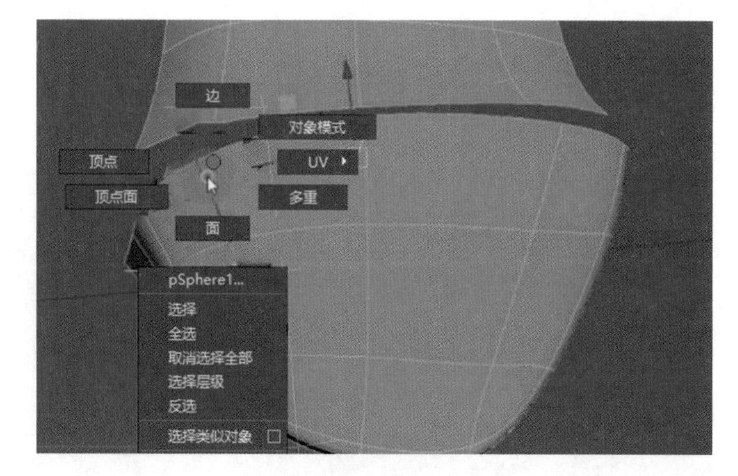

图 1-35

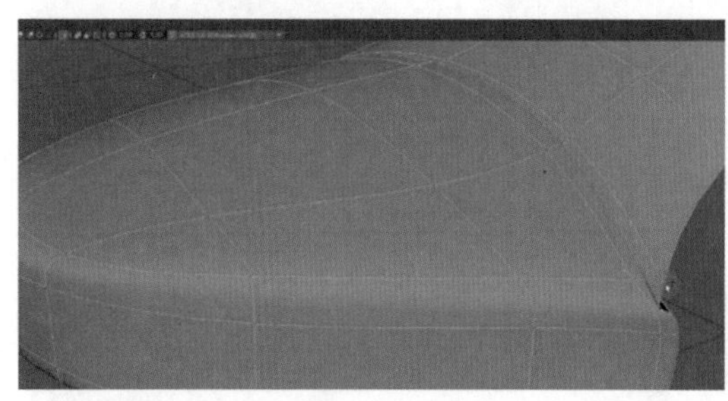

图 1-36

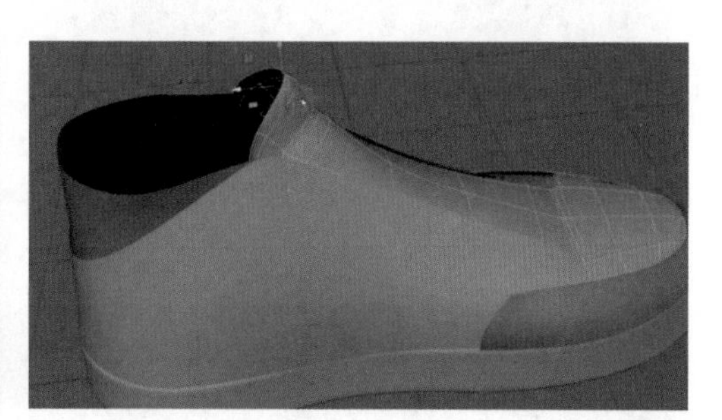

图 1-37

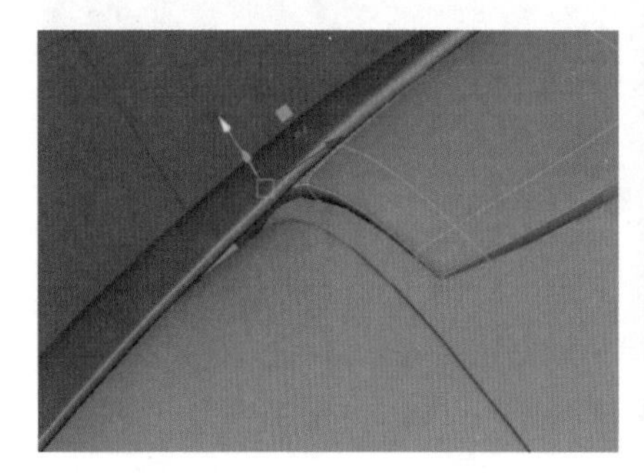

图 1-38

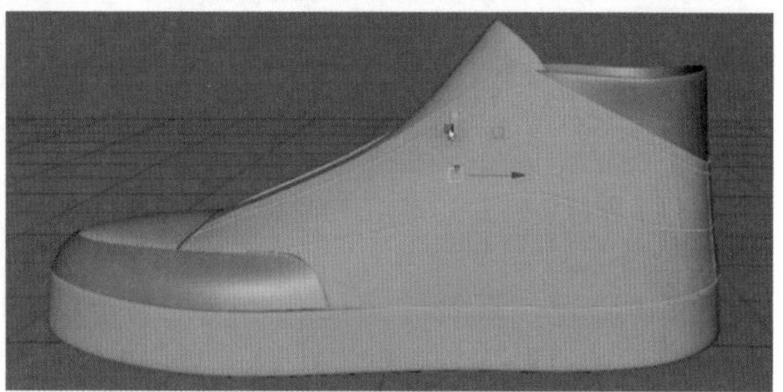

图 1-39

提示：调整细节的过程琐碎且漫长，但直接影响最终效果，因此在此环节有必要投入更多精力。

项目 1-任务 2

任务 2：鞋带的制作

Maya 中鞋带的制作方式有多种，本书中使用编辑曲线并沿曲线挤出的方式。鞋面上的鞋眼建议使用贴图的方式来表现，因为制作打孔需要较为密集的布线才能实现。

鞋带制作步骤如下。

(1) 创建多边形圆环并调整段数，效果如图 1-40 所示。

(2) 把调整好的圆环放置到鞋帮顶部，复制多个后再平均分布它们的排列间距，效果如图 1-41 所示。

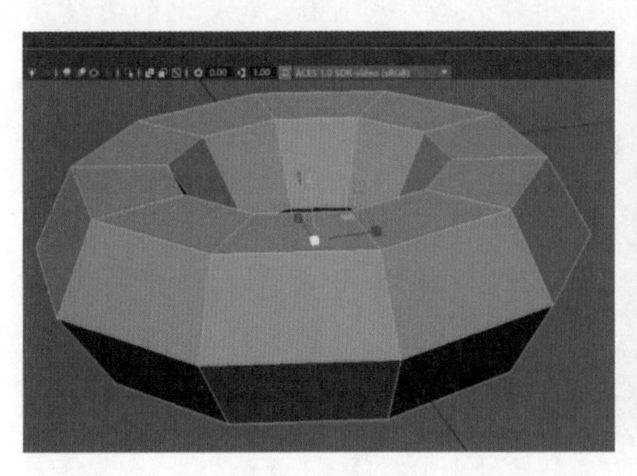

图　1-40

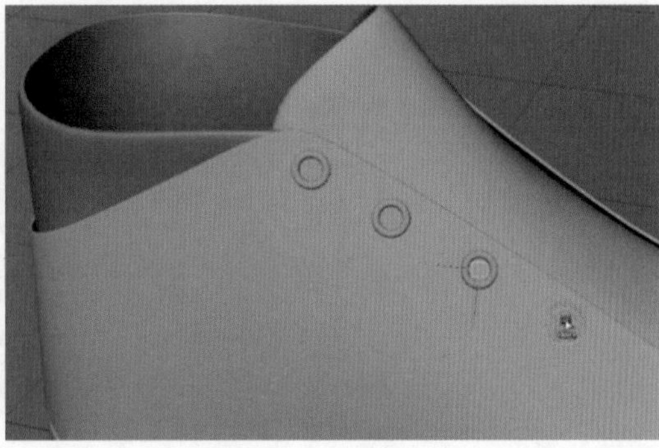

图　1-41

(3) 选择鞋舌和所有的鞋眼，选择“结合”命令，合并为一个对象，效果如图 1-42 所示。

(4) 选择鞋帮，单击工具架顶端的“激活选定对象”图标，效果如图 1-43 所示。

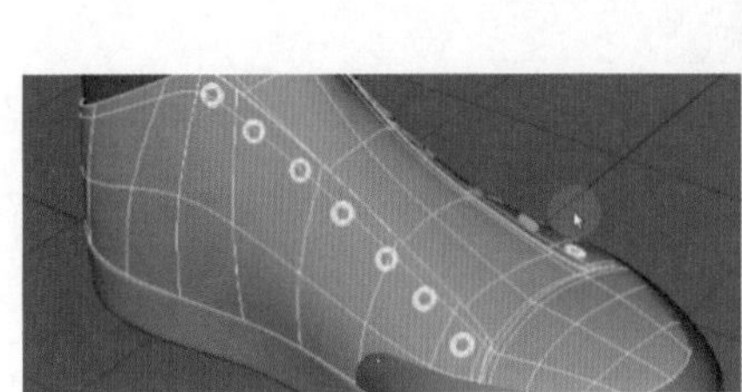

图　1-42

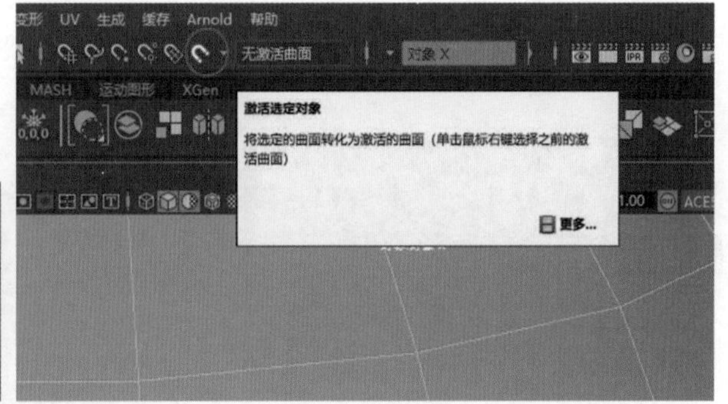

图　1-43

(5) 选择“创建”菜单下的“CV 控制曲线”命令，效果如图 1-44 所示。

图　1-44

（6）参考图 1-45 的方式绘制曲线，在曲线的转折处至少有 3 个点，线段中央位置为 1 个点。

（7）取消“磁吸”功能，调整曲线点位置到鞋舌的上部，并把转折处的曲线调整为穿插效果，如图 1-46 所示。

（8）复制曲线，并在通道中的“缩放 X”一项输入数字“-1”，则复制的曲线就会翻转，效果如图 1-47 所示。

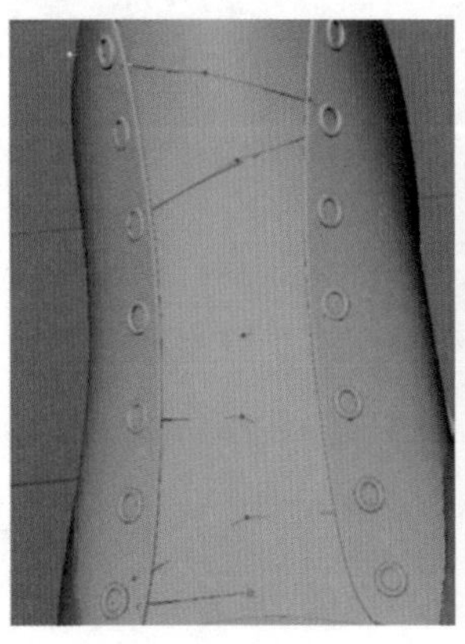

图 1-45

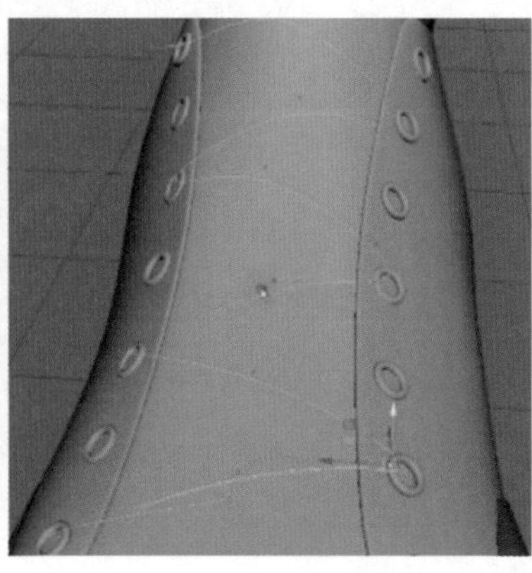

图 1-46

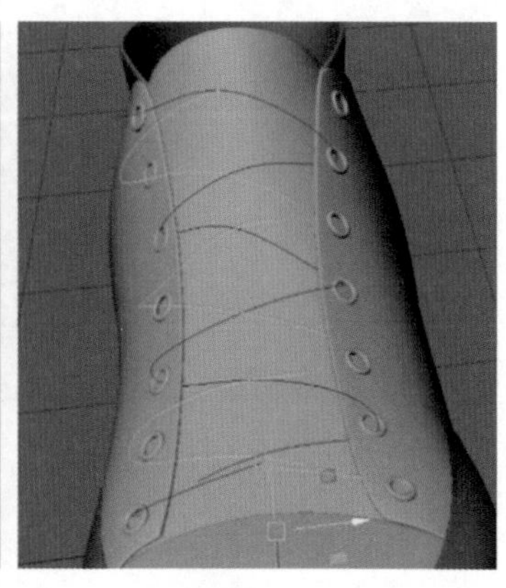

图 1-47

（9）单击“曲线”菜单下“附加”命令后面的小方框图标，效果如图 1-48 所示。

（10）在“附加曲线”对话框里选择“融合”，并进行应用，两段曲线就会连接为一段，效果如图 1-49 所示。

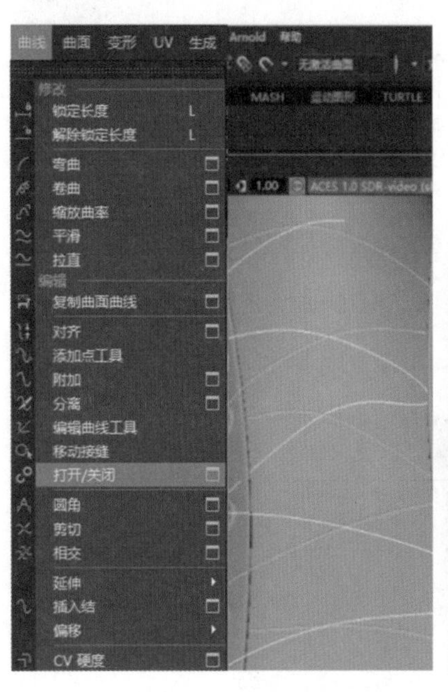

图 1-48

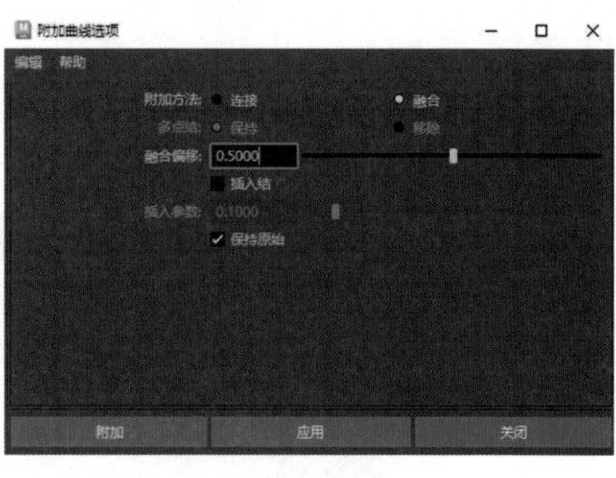

图 1-49

（11）选中调整好的曲线，选择“生成”菜单下的曲线工具，将笔刷附加到曲线上，即可生成笔刷效果。调整“通道”面板中的“全局比例”数值来确定鞋带的粗细，效

果如图 1-50 所示。

(12) 此时生成的模型不是多边形文件，如果要改为多边形，则需要选择“修改”菜单下的“转化”命令，将其转化为多边形，如图 1-51 所示。再单击后面的小方框图标，设置模型为四边形，单击“应用”按钮即可生成多边形鞋带。

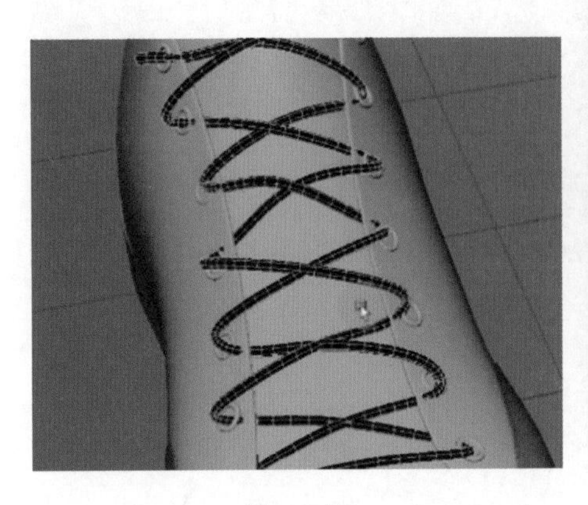

图　1-50

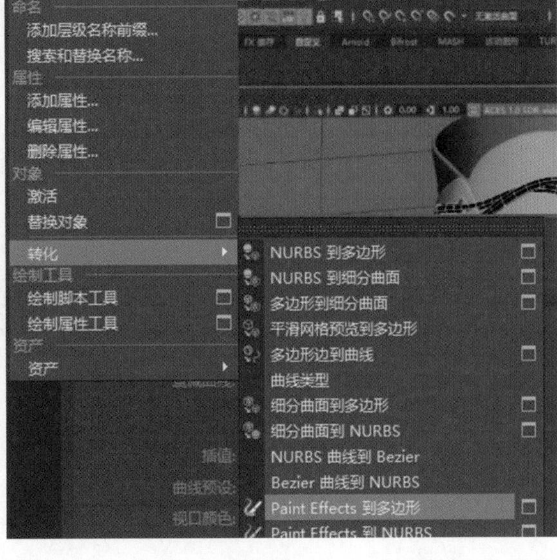

图　1-51

(13) 双击左侧工具栏里的“选择”图标，打开“工具设置”面板，单击“软选择”，设置衰减半径值以调整鞋带和鞋眼部分，效果如图 1-52 所示。

(14) 新建圆柱体，调整其大小，将它放置于鞋带末端，效果如图 1-53 所示。

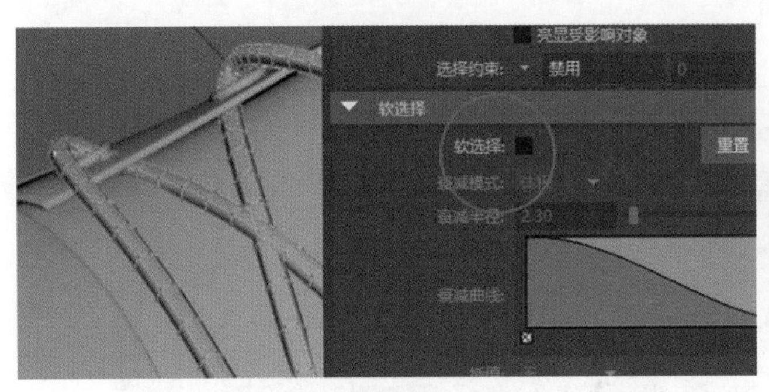

图　1-52

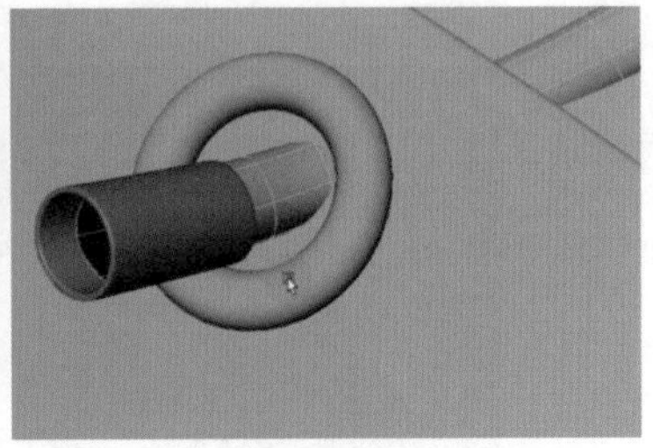

图　1-53

(15) 调整后效果如图 1-54 所示。

(16) 增加鞋底细节。将鞋底的左右进行整体缩放，使其比鞋面略大一圈。鞋底顶端边线与鞋底主体形成斜角效果，按图 1-55 所示方式进行卡边。

(17) 在顶端斜角位置插入循环边，并向内收缩，效果如图 1-56 所示。

(18) 按“3”键进入“光滑显示”模式，并观察其效果，如图 1-57 所示。

图 1-54

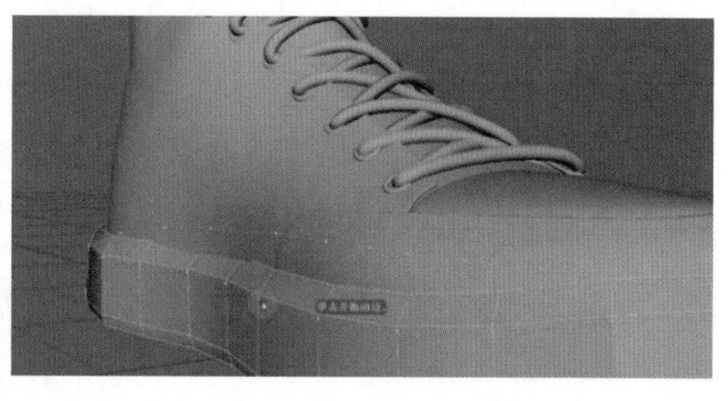

图 1-55

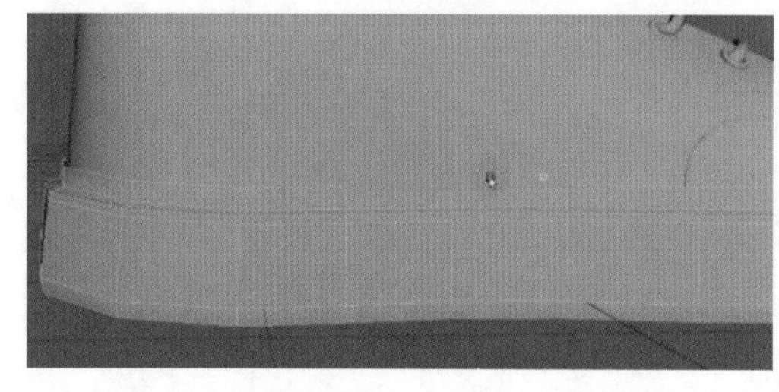

图 1-56

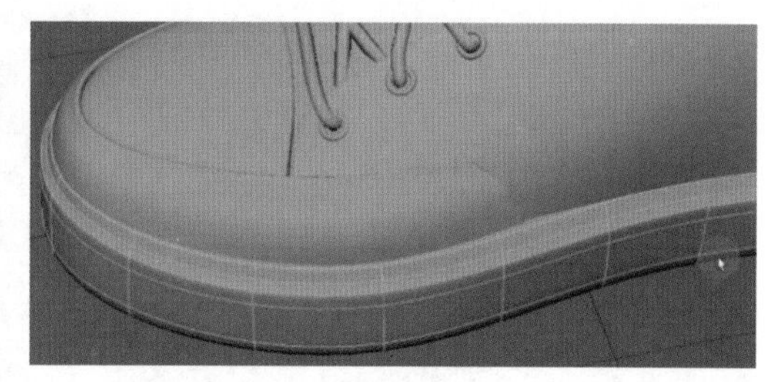

图 1-57

项目 1-任务 3

任务 3：Maya 中的 UV 拆分

UV 的操作步骤可分为 UV 投射、UV 切割、UV 调整三部分。其中 UV 投射一般采用平面投射方式；UV 切割尽量避免出现在明显的地方。本项目中的鞋带 UV 由于过长，可以切割为多段。

操作步骤如下。

(1) 在主界面右上角工作区选择“UV 编辑”模式，选中物体后，可见 UV 已经混乱。按住 Shift 键并单击 UV 工具包里的创建“平面”选项，弹出“平面映射选项”对话框，投射源选择“X 轴”并单击“应用”按钮，如图 1-58 所示。

图 1-58

(2) 缩放选中部分的 UV，使其棋盘格贴图不会出现严重拉伸现象，效果如图 1-59 所示。

(3) 旋转视角到鞋跟位置，发现鞋子后部已经产生严重拉伸。选择中间的线，选

择工具包里的“剪切”工具,可把模型的UV从此处切开,效果如图1-60所示。

图　1-59

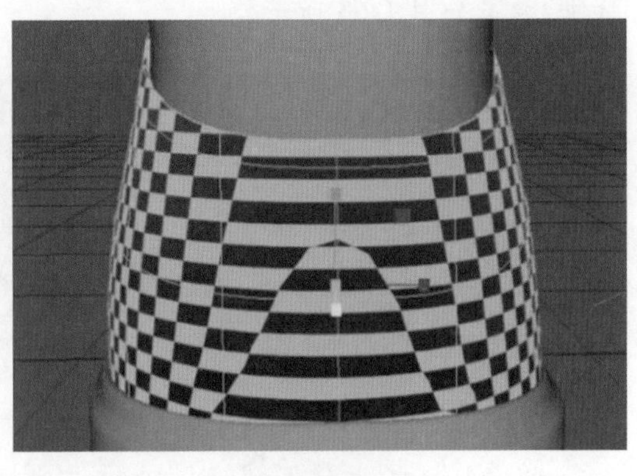

图　1-60

(4) 选中拉伸部分的UV点,调整位置到正常状态。由于切开后已经变成两部分UV,所以可双击一个UV,选中后移动到其他位置以避免操作重合,效果如图1-61所示。

图　1-61

(5) 选中鞋舌部分,创建平面UV,投射源选择“Y轴”,如图1-62所示。然后选择工具包中的“展开”工具。

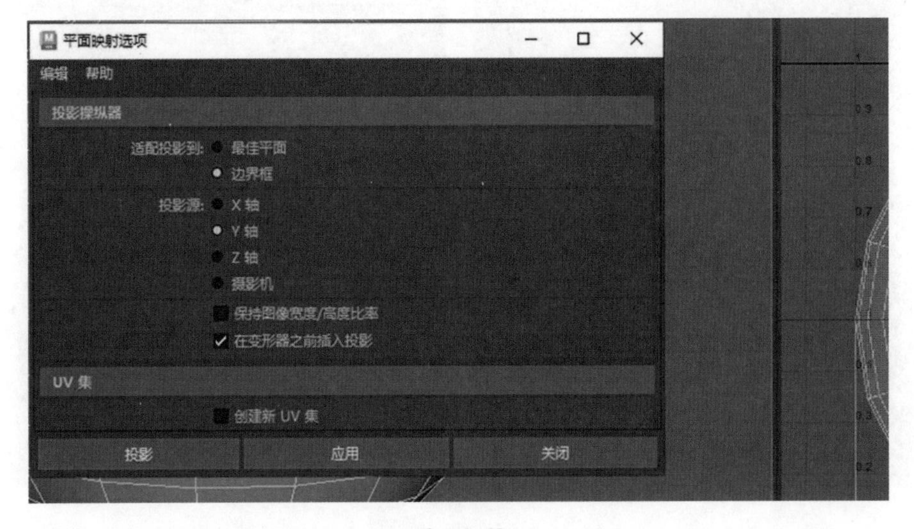

图　1-62

（6）选中鞋头的外侧部分，选择工具包中的“圆柱形投射”，调整 UV 点以避免拉伸，效果如图 1-63 所示。

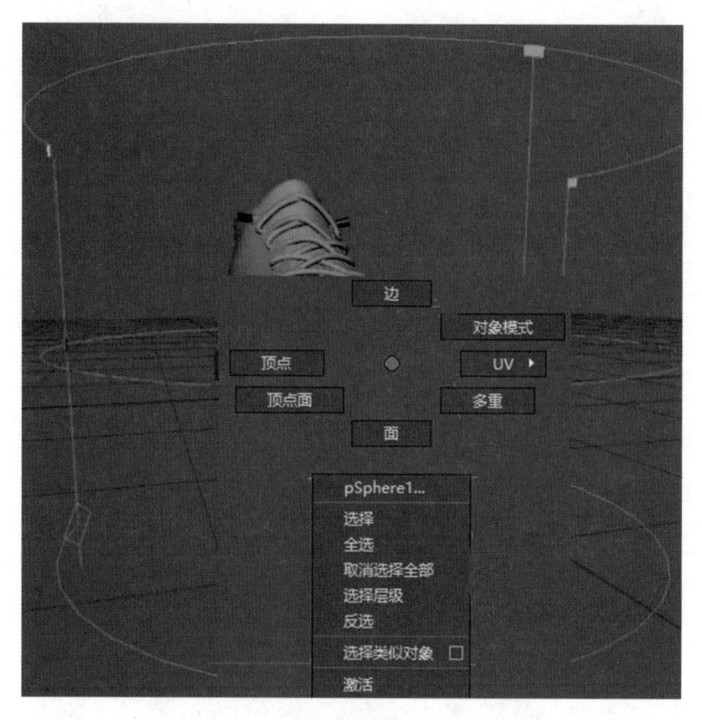

图 1-63

（7）使用上述方法把其他部分的 UV 相继展开。在 UV 视窗中进行整体排列，保持在 0 ~ 1 的单位视图内，效果如图 1-64 所示。

（8）使用“平面”投射方式单独展开鞋带 UV。由于鞋带 UV 过于细长，可从模型转折处切开 UV，然后进行排列，效果如图 1-65 所示。

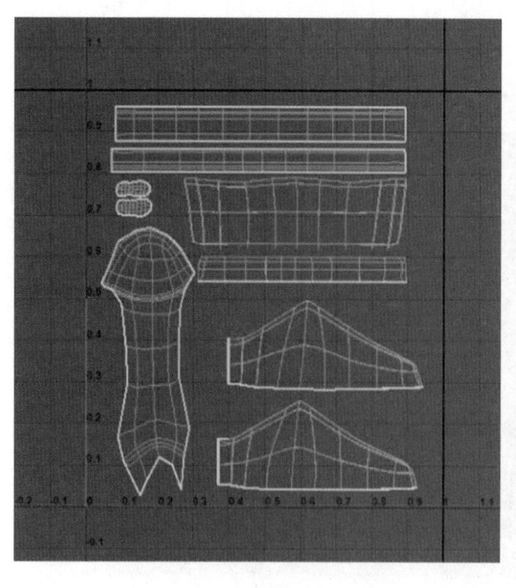

图 1-64

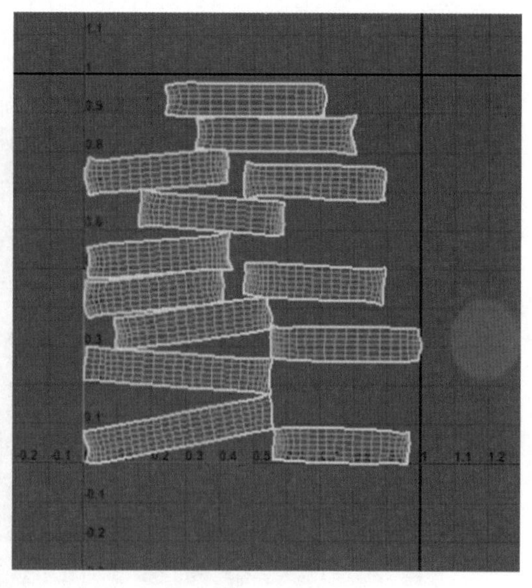

图 1-65

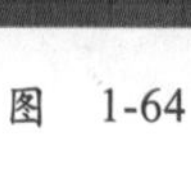

(9) 选择鞋的主体部分，在“图像”菜单下找到“UV 快照”选项，选择输出的路径，图像格式选择 TIFF，像素设置为 2048，单击“应用”按钮，即可导出 UV 贴图，参数如图 1-66 所示。使用同样的方法导出鞋带 UV 贴图。

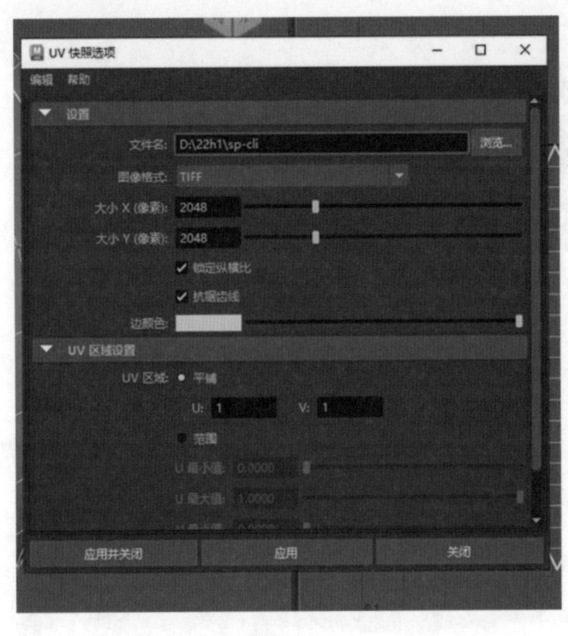

图　1-66

任务 4：用 Photoshop 绘制贴图

本部分我们将使用 PS 软件绘制鞋表面的纹理和颜色。PS 绘制贴图是在 UV 网格图的基础上进行绘制的。为了避免 UV 偏差，可以先绘制一部分，然后导入 Maya 中观察是否有问题，再继续绘制。

操作步骤如下。

(1) 在 PS 中打开鞋的 UV 贴图，可以看见透明背景的 UV 网格图。为了让 UV 图能够清晰显示在“图层”面板中，首先新建图层，并为该图层填充黑色，然后在图层顺序排列中拖到最底层，面板如图 1-67 所示。

项目 1- 任务 4

(2) 把预备好的皮革素材拖入新建图层中，使用变换工具（快捷键为 Ctrl+T）调整素材大小，效果如图 1-68 所示。

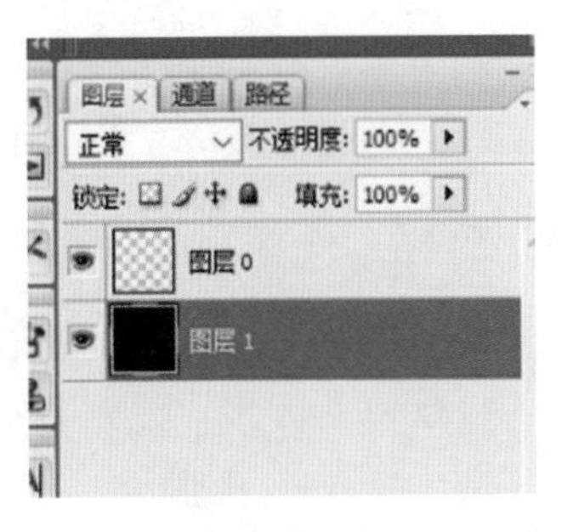

图　1-67

图　1-68

（3）复制皮革素材，填充至整个画面中，效果如图 1-69 所示。

（4）使用 Ctrl+U 和 Ctrl+L 快捷键调整皮革颜色，效果如图 1-70 所示。

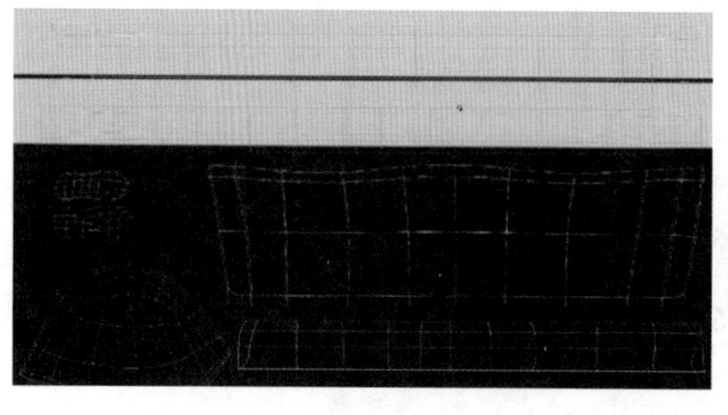

图　1-69

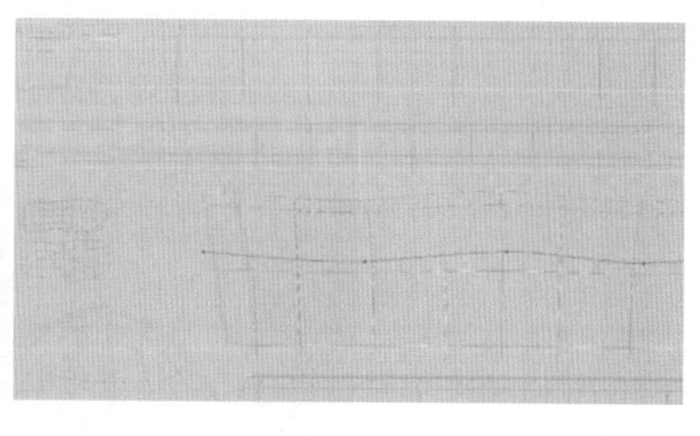

图　1-70

（5）使用钢笔工具在松紧带位置绘制一条路径，并在新建图层中给路径选择“描边”效果，如图 1-71 所示。

（6）把描边图层再复制一层，在新复制的图层上选择“图案叠加”操作，效果如图 1-72 所示。

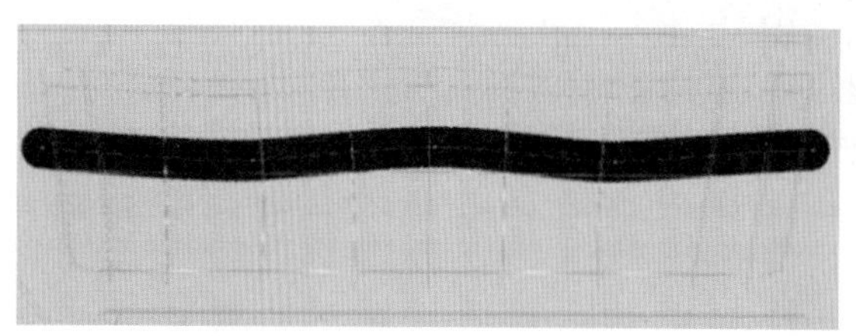

图　1-71

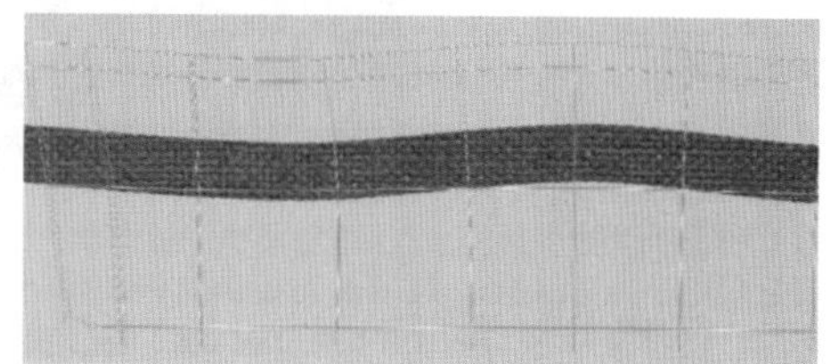

图　1-72

（7）新建图层，填充任意颜色。在该图层添加“图案叠加”效果并调整颜色，如图 1-73 和图 1-74 所示。

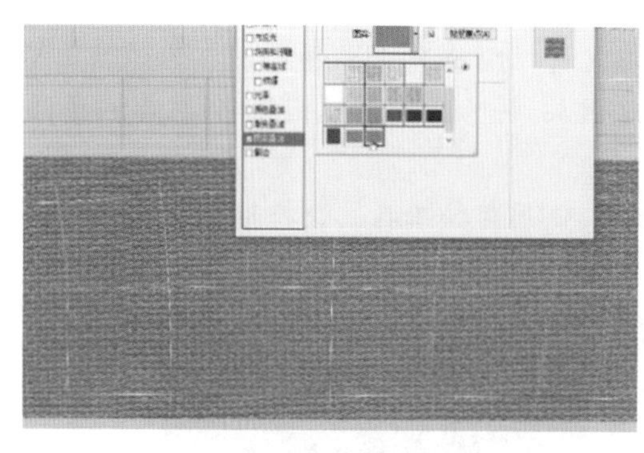

图　1-73

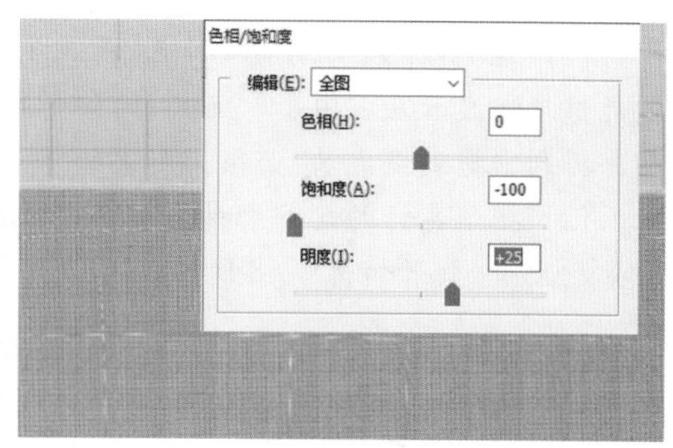

图　1-74

（8）把之前的描边图层拖入图层顶端，并调整颜色，效果如图 1-75 所示。

（9）使用单行选区工具建立选区，填充深灰色。复制深灰色图层，使用 Ctrl+U 快捷键调整颜色为浅灰色。向下移动浅灰色图层，形成一组凹凸效果。复制多个凹凸区域，效果如图 1-76 所示。

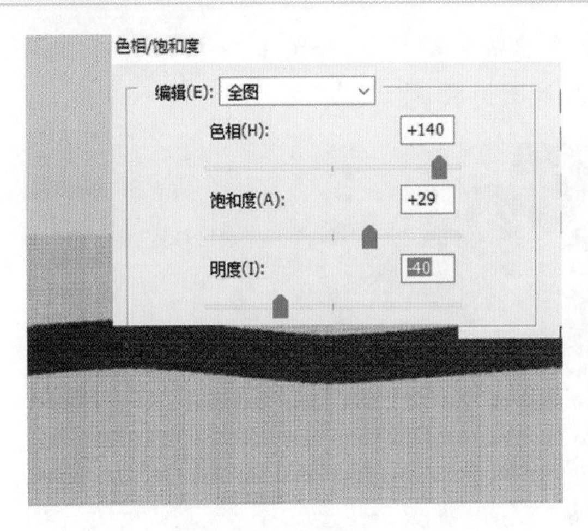

图　1-75

图　1-76

(10) 为了防止把已经做好的贴图导出为PNG模式，在Maya中赋予材质，贴入“颜色”通道，观察效果，如图1-77所示。

(11) 选择形状图层，单击画笔工具（选择粗细适合的线条），在“路径”面板下选择画笔描边路径工具，绘制鞋底顶端缝纫线效果，如图1-78所示。

图　1-77

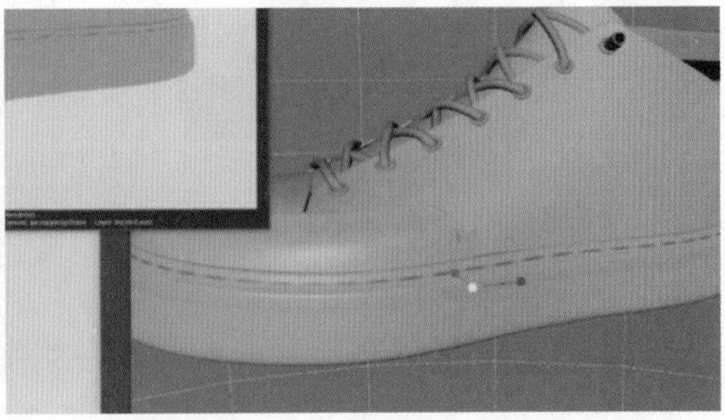

图　1-78

(12) 使用与松紧带相同的方法为鞋带添加纹理效果，如图1-79所示。

(13) 调整贴图为红色，并贴入Maya中。Maya视图的贴图颜色不完全与最终颜色一致，仅作参考，效果如图1-80所示。

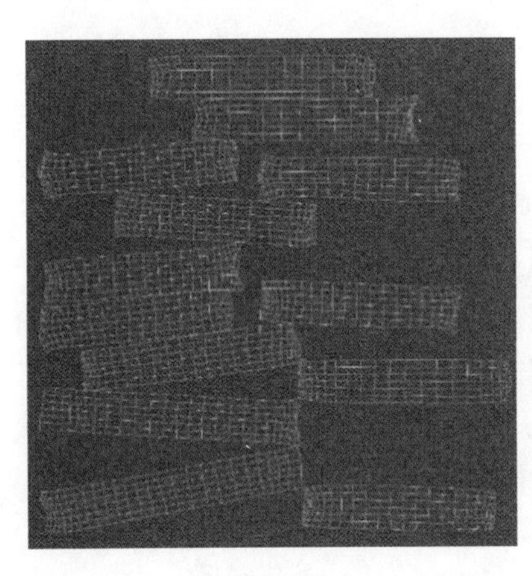

图　1-79

图　1-80

（14）再次使用“画笔描边路径”方式创建缝纫线效果，如图 1-81 所示。

（15）在 Maya 中加上贴图并渲染，效果如图 1-82 所示。

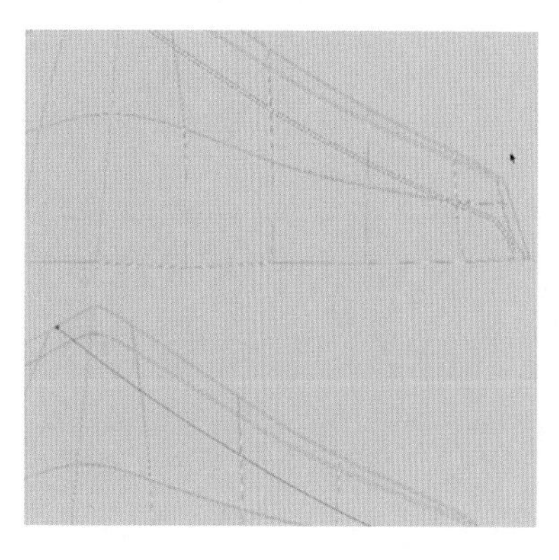

图 1-81

图 1-82

（16）导入松紧带部分的贴图，效果如图 1-83 所示。

（17）在鞋面上加入 Maya 的标识，效果如图 1-84 所示。

图 1-83

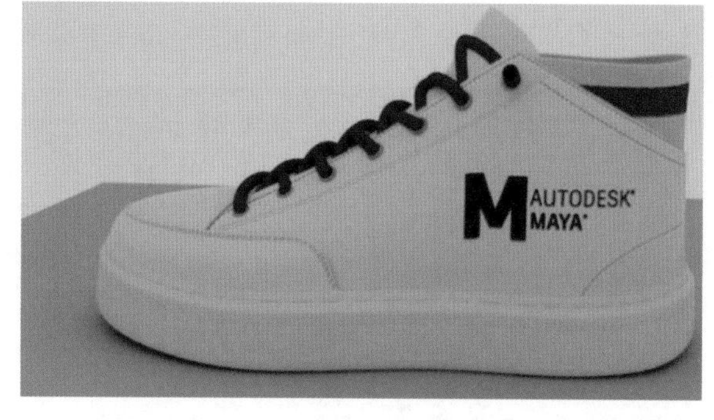

图 1-84

任务 5：Rizom UV 拆分

项目 1-任务 5 之 1

Rizom UV 是一款更加高效的 UV 处理软件，当出现一些比较难处理的 UV 或者需要提高效率的时候，Rizom UV 经常会被采用。在本任务中，我们将在该软件中学习基础的展开 UV 的方法。

操作步骤如下。

项目 1-任务 5 之 2

（1）选中鞋子模型，选择“网格”菜单下的“平滑”命令，为模型进行一次平滑处理，然后导出模型为 FBX 格式，效果如图 1-85 所示。

（2）打开 Rizom UV，在 File 菜单下选择 Load 命令，加载 FBX 文件，如图 1-86 所示。

（3）单击左侧工具中的球形网格图标，选择鞋底整体，单击图 1-87 中箭头指示的 Isol 标签，以孤立显示鞋底。

（4）在左侧工具栏中选择“边”模式。双击选中鞋底顶部的一圈线，然后单击顶部左上角的 Cut 图标，即可对模型进行 UV 分割，效果如图 1-88 所示。

（5）选中图 1-89 中的线段，进行与上一步同样的操作。

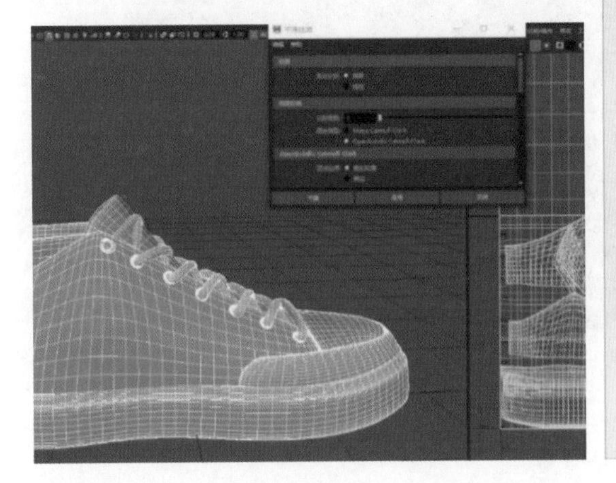

图　1-85

RizomUV Virtual Spaces 2020.1.107.g6f7cd53.master Perpetual (0

Files　Edit　Select　Island Groups　Unwrap　Constrain　Transform

Load...　Ctrl-O
Load with UV...　Ctrl-Shift-O
ReLoad　Ctrl-R
ReLoad with UVs　Ctrl-Shift-R
Save　Ctrl-S
Save As...　Ctrl-Shift-S
Save As New Version　Alt-Shift-S
Load Texture Map...　Ctrl-T
Export...　Ctrl-N
Recent File List Ignore UV Data Mode Enable
C:/Users/yu-dell/Desktop/ball.fbx
E:/book/shoeRIZ.fbx
E:/book/shoe.fbx
E:/book/back-uv.obj
E:/book/back.obj
C:/Users/yu-dell/Desktop/9.fbx
--
--
Load Clipboard's File　Ctrl-V
Copy File Path into Clipboard　Ctrl-C
Open Containing Folder
License Manager...
Quit　Ctrl-Q

图　1-86

图　1-87

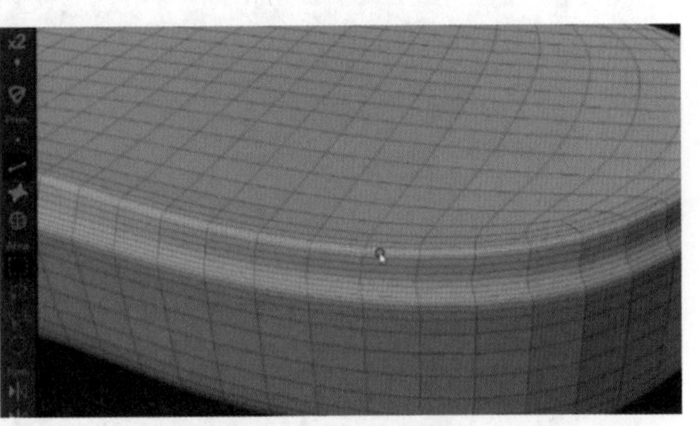

图　1-88

图　1-89

（6）单击顶端U形图标或按U键，为模型展开UV，效果如图1-90所示。

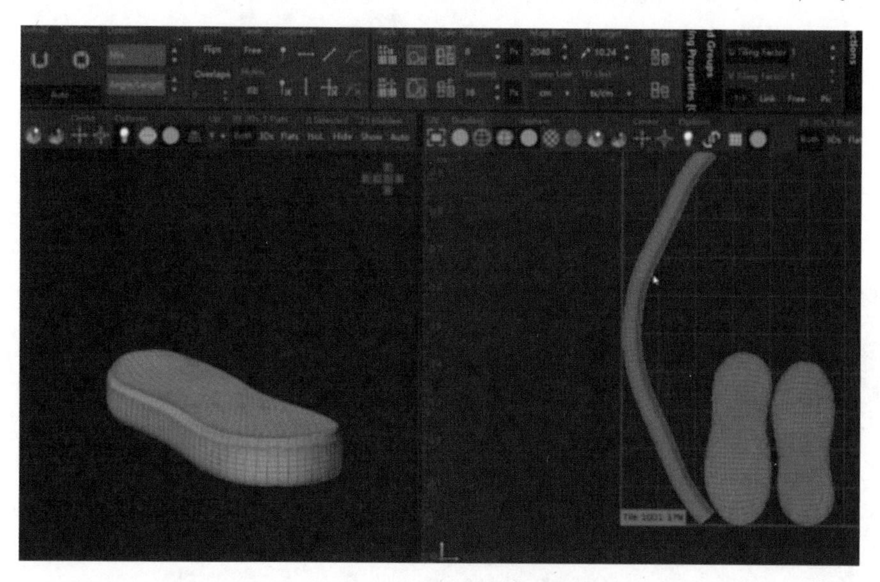

图 1-90

（7）在UV视图中选中弧形两侧的边线，然后单击顶部竖向约束图标，再次单击展开图标或按U键，效果如图1-91所示。

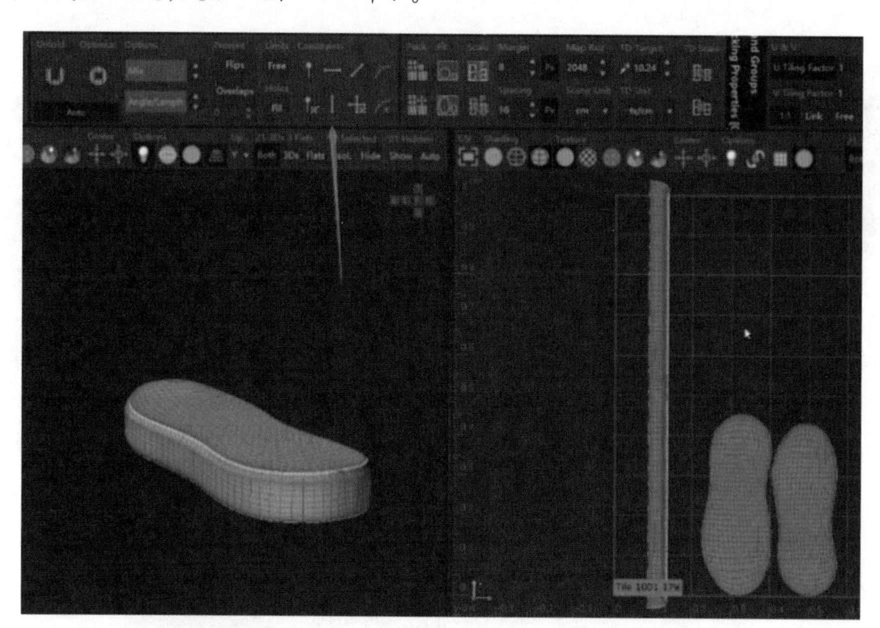

图 1-91

（8）使用相同方法为底部没有拉直的UV选择横向约束拉直，效果如图1-92所示。

（9）所有UV展开后，根据需要进行自动或手动排列，效果如图1-93所示。

（10）选中模型并存储为FBX格式。该文件再在Maya中打开时，就已是一个展好UV的模型了，效果如图1-94所示。

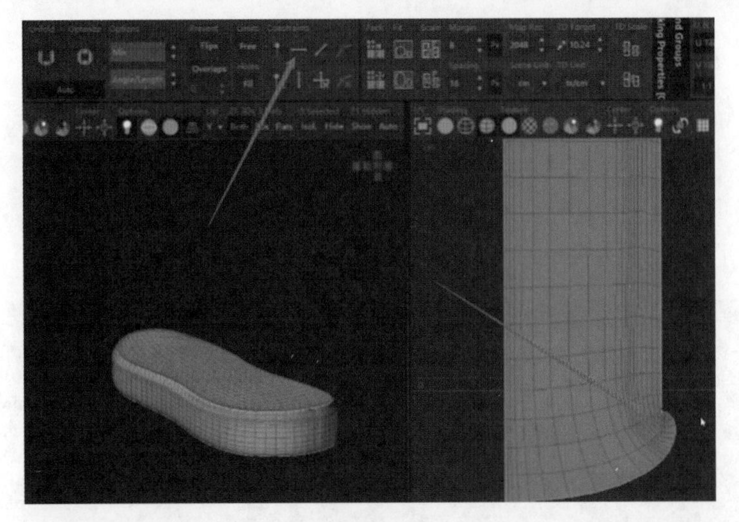

图　1-92

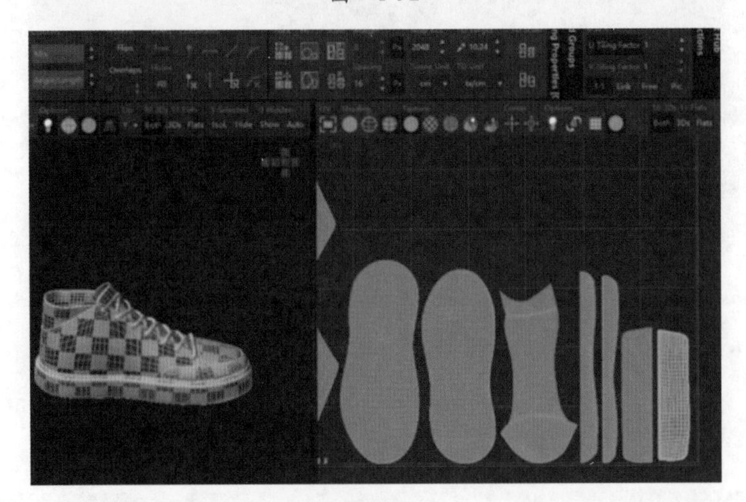

图　1-93

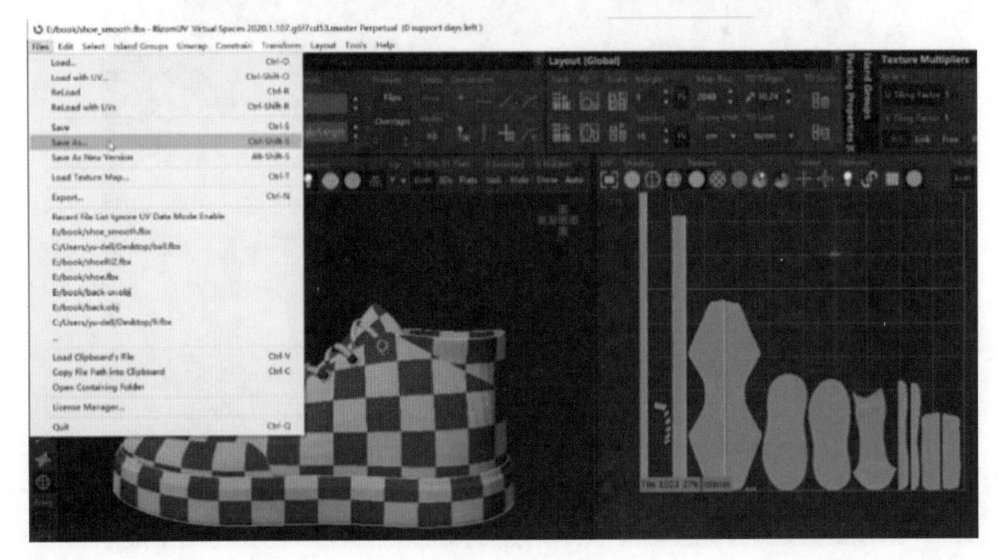

图　1-94

任务 6：灯光渲染

为了使模型呈现更好的效果，模型和贴图做完之后需要进行渲染。我们将采用 Maya 自带的 Arnold 渲染器进行简单渲染。

操作步骤如下。

（1）选中模型，右击，在弹出的面板中选择“指定新材质”，如图 1-95 所示。

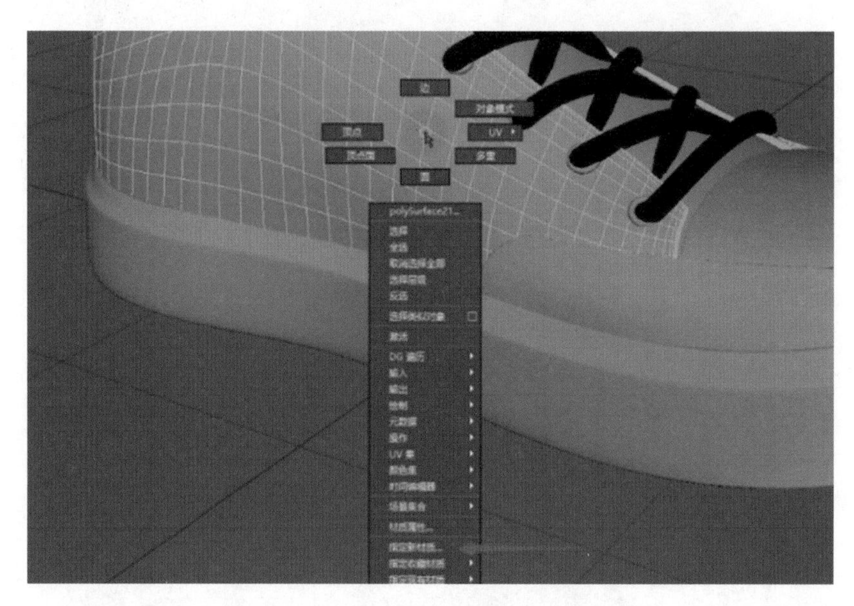

图　1-95

项目 1- 任务 6 之 1

项目 1- 任务 6 之 2

（2）在弹出的面板中选择 Arnold → Shader，右侧面板单击 aiStandardSurface 材质，如图 1-96 所示。

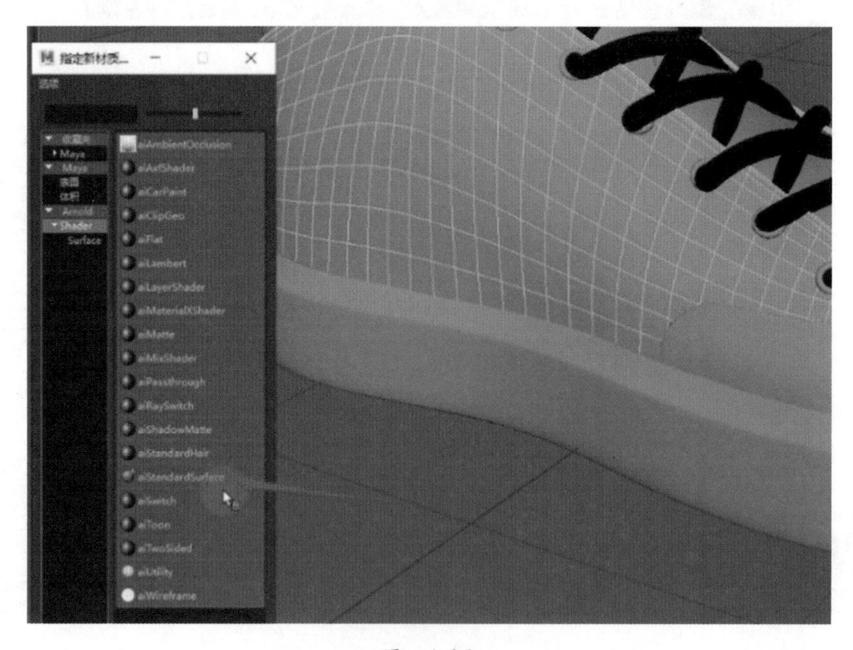

图　1-96

(3) 右侧会弹出 Arnold 材质的“属性”面板，为该材质改名字（勿用中文或特殊字符），并单击 Color 面板后面的棋盘格图标，参数如图 1-97 所示。

(4) 在新弹出的文件的“属性”面板下单击文件夹图标，即可选择已经做好的贴图文件，参数选项如图 1-98 所示。

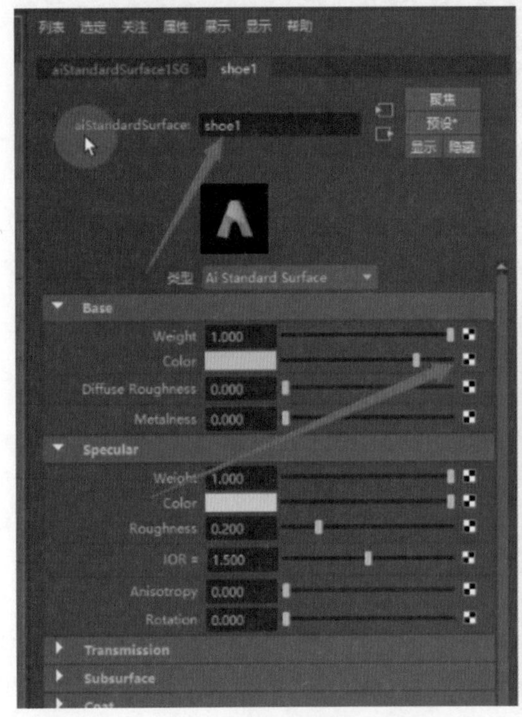

图　1-97

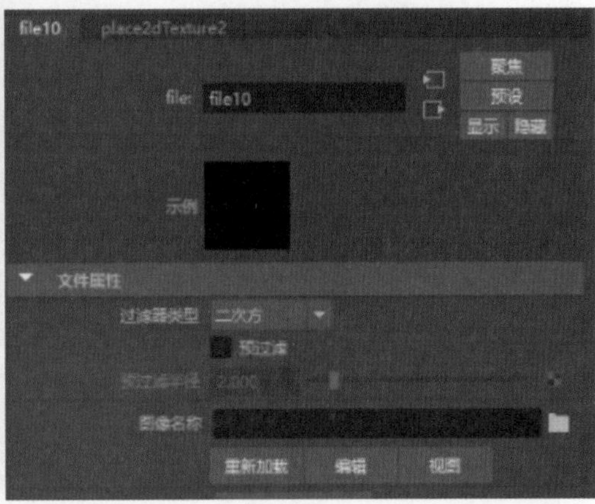

图　1-98

(5) 使用多边形平面为场景新建地面。

(6) 选择 Arnold → Lights → Skydome Light 命令，为场景创建灯光，参数如图 1-99 所示。

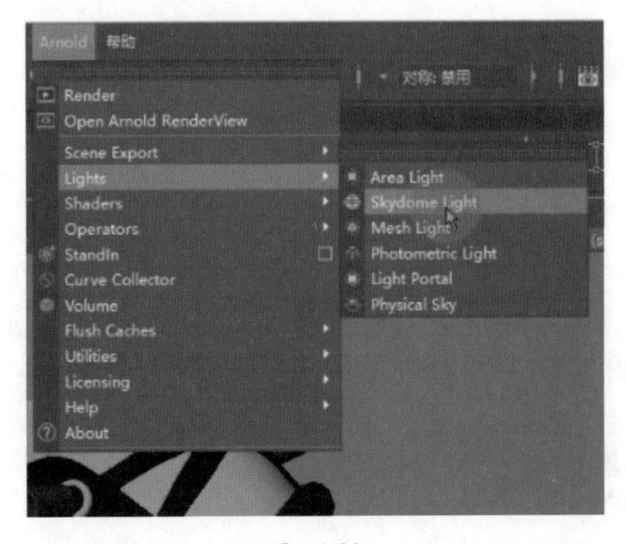

图　1-99

（7）在右侧弹出的“属性”面板中选择文件夹图标，为灯光添加 Hdr 贴图。

（8）选择 Arnold → Arnold RenderView，打开渲染窗口，单击红色三角图标即可进行渲染，效果如图 1-100 所示。

图 1-100

1.5 项目小结

在本项目中我们学习了多边形建模的常用方法，了解了基本的 UV 展开、贴图绘制、Rizom UV 拆分以及最基本的渲染方法。我们必须认真对待鞋子的制作，未来的脚部蒙皮绑定以及脚步动作都需要鞋子去承载，模型如果凌乱到自己都记不清布线结构，就会给后续工作带来很多的麻烦。

1.6 拓展项目

下面介绍 Substance Painter 贴图的绘制方法。

用 Substance Painter 绘制贴图可以提高效率。Substance Painter 内置丰富的材质和贴图，可以让制作者节省大量的时间，因此在动画及游戏领域备受推崇，现在已经成为主流贴图绘制方式。

相对 PS 来说，Substance Painter 更耗显卡内存。其使用方法不同于 PS 等平面软件，需要花费一定的时间去掌握。鉴于贴图绘制方式的发展现状，仍然建议大家对此进行深入学习和研究。

1．制作要求

（1）熟悉软件的操作方法。

（2）掌握基本纹理的制作。

（3）掌握如何使 SP 与 Maya 的导出与导入可以协同工作。

2．制作步骤

（1）在 Maya 中导出 OBJ 或 FBX 格式文件。

（2）在 Substance Painter 中导入鞋的 OBJ 模型。

（3）在“纹理”面板中单击烘焙贴图。如果没有选择此步骤，可能导致无法正常显示贴图的实际效果。

（4）拖动相应的材质球到“图层”面板，并适当调整参数。

（5）创建新的填充图层，选择缝纫线笔刷来绘制缝纫线。在“属性”面板下可以选择缝纫线的大小和样式。

（6）导出贴图，选择 Arnold 标准方式。

（7）在 Maya 的各通道中贴入相应的贴图，同时可导出 SP 的光照贴图给 Maya，以达到一致的渲染效果。

1.7　自主设计

使用 Substance Painter 软件为休闲鞋制作贴图。

项目2 角色建模

知识目标：

（1）掌握人体及五官的比例。

（2）了解骨骼造型及肌肉走向。

（3）熟悉多边形相关工具。

能力目标：

（1）提升布线能力，能够用不同的布线方式解决不同的造型问题。

（2）掌握卡通角色的造型规律。

（3）提升整体观察与表现能力。

素质目标：

（1）树立精益求精的精神和培养连续解决各种不同类型问题的能力。

（2）培养灵活的思维方式。

（3）养成严谨的工作作风。

2.1 项目导入

我们在各大网站的招聘启事里经常看到有一个招聘岗位是角色建模师，可见角色建模在行业里已经发展成为一个独立的工种。学好建模不仅仅是制作动画的需要，也是影视及游戏领域必备的技能。角色建模是动画最核心的部分之一，没有角色也就没有动画演出，它既是动画片的组成基础，又是人物性格和故事表现的载体。

角色建模所用到的软件知识并不比之前的鞋子建模多，但却更难做好，这是因为除了需要基本的建模工具之外，还需要掌握角色结构及其布线规律，需要全面地分析和无数次地尝试，每一次尝试可能都会产生新的状况，导致不同的解决办法，因而可以在角色建模方面获得更深入的体会和更全面的经验。

2.2 项目分析

（1）头部模型：头部建模首先就是布线。头部布线要求相对严谨，因为一般角色都会有表情，所以头部布线不仅仅关系到造型问题，而且将会影响到表情的刻画。布线要依附于结构本身，同时尽量避免出现三角面和五边面。

（2）耳朵模型：耳朵模型结构较为复杂，推荐单独完成，然后与头部结合在一起。由于涉及耳朵和头部连接的问题，所以耳朵外围的段数要尽量与头部预留的耳朵孔洞的段数基本一致。耳朵的风格要与角色的风格保持一致，尤其比较写实的角色，耳朵结构一般不能过于简单。

(3) 手部模型：手部模型制作的难点在于手指伸开和握拳后的效果是否自然，很多手部模型伸开的时候感觉问题不大，但是握拳后给人一种不紧实的感觉，对于手部各关键部位的比例和布线都要反复推敲和测试才能达到自然的效果。

(4) 服装模型：服装看起来是最容易制作的一部分了，但往往后期角色的动作上频频出问题的就是服装，所以主要关节位置的布线应相对多一些。

2.3　项 目 准 备

根据自己预设的角色风格和形象，可以把角色分为写实和卡通两大类。书中的案例对两类角色进行了折中，属于接近写实的卡通形象，这种人物结构跟写实人物基本相同，但又不需要把结构表现得那么清晰。

1．身体结构特点

写实人物建模的难度非常高，因为我们每天都会见到现实中的人，甚至每天都会观察自己，所以人物有一点不合理我们就能马上感知到，尽管我们并不知道问题出在哪里。对于写实建模来说，仅各部位的比例就需要我们投入时间去深入学习研究，还要反复地通过实际操作进行检验。在制作写实人物时首先要确定身高与头部的比例。一般来说，普通人的身高与头部比例为7头身，少数模特可能接近8头身。在平面视图中，人物五官一般遵循三庭五眼原则。三庭指发际线到眉心，眉心到鼻子底部，鼻子底部到下巴底部。五眼是指脸的宽度大约为五个眼的长度。在实际模型制作中，对五眼的把握其实不必过于苛求，具备一定经验后靠感觉就能比较准确地做出正常的比例。

卡通类角色建模时身体比例的要求相对宽松，上至“9头身”，下至“2头身”都是合理的；五官比例的要求也一样宽松，所以卡通风格的造型相对来说简单一些，但并不意味着造型可以不严谨，好的卡通模型都要规范在一定的造型规律之内。

2．多边形的面数与布线

控制面数是多边形建模最大的特点。从理论上讲，多边形面数越少越好，但前提是不影响模型的表现。面数多了意味着工作量增加，可控难度提高，后续工作更复杂。布线始终是多边形要考虑的重要问题，而面数的增多意味着布线的影响因素也更多。模型完成后，为了实现更光滑的效果，可以多次用“平滑”命令。

3．低模

一般来说，布线比较精练的模型称为“低模”，布线较多且结构复杂的模型称为“高模”。

目前建模的两大主流方式包括雕刻建模和多边形建模。雕刻建模拥有更多的细节，可以更加丰富细腻，有更多的结构变化，但目前影视场景或游戏场景对计算机资源都有一定要求。通常情况下，雕刻的模型由于面数太多而无法应用于动画场景中，所以仍然需要建立一个低模，用来承接高模导出的法线贴图。而这个“低模”就成了动画流程中实际使用的模型。目前，直接使用雕刻出来的“高模”做动画的案例很难见到。

4. 对称操作

由于人体左右基本呈对称状态，所以在角色建模时用对称操作就成了必不可少的一个环节。在角色建模中，我们一般选择位于工具架顶端的对称框，选择对称框中的轴向，即可实现对称操作效果。

5. 镜像模型

有时我们在选择命令时需要取消对称操作，在编辑过程中又忘记恢复对称操作，就会形成左右不对称的状态，这时就需要用到另外一种对称方式——镜像，操作方法是先选中物体的“对象”模式，再选择镜像命令。镜像中首先要注意的是中线问题，左右对称的模型中间的那一条线一定要完全位于中间位置，不能出现偏离，这样即使模型没有位于世界坐标中心，也可以以自身坐标中心进行镜像。

6. 毛发

对于角色模型来说，很多时候毛发是必不可少的。制作毛发的方式主要有模型制作和毛发系统制作，前者较为简单，后者效果好但更耗硬件资源。对于角色制作来说，现在主流的计算机硬件配置都可以运行毛发系统。本案例中使用了 XGen 毛发系统。

运用 XGen 毛发系统需要注意三个问题：一是必须删除模型的历史记录；二是尽可能保持模型为四边形；三是需要给施加毛发的模型分 UV。

提示：这一部分并非多边形建模的重点，但掌握后可以为角色制作增色不少。如果项目时间较为紧迫，可采用边形建模方法制作一个一体化头发。

2.4 项 目 实 施

本项目包括头部制作、耳朵制作、手部制作、服装制作 4 部分。无论是头部建模还是身体建模，在制作之前都需要积累大量的参考资料，包括角色风格特点、人体比例、五官比例、骨骼形状、肌肉走向等参考图。

任务 1：头部的制作

项目 2-任务 1 之 1

头部建模的难点在于处理鼻子周围的布线，这部分布线尽量不要记忆具体布线走向，一是难记忆，二是不同造型的布线方式也不同。要坚持以结构为基础的原则，如果你自己制作的造型和本案例的造型有较大差异，而你采用了本案例的布线方式，则可能会导致新问题产生。

项目 2-任务 1 之 2

头部制作步骤如下。

(1) 新建一个多边形立方体，设置细分宽度为 4，细分高度为 3，深度为 3，效果如图 2-1 所示。

(2) 双击工具栏的箭头图标，打开“软选择”面板，将“软选择”的衰减半径值适当提高，效果如图 2-2 所示。

(3) 打开“对称”模式，开始调整顶点，效果如图 2-3 所示。

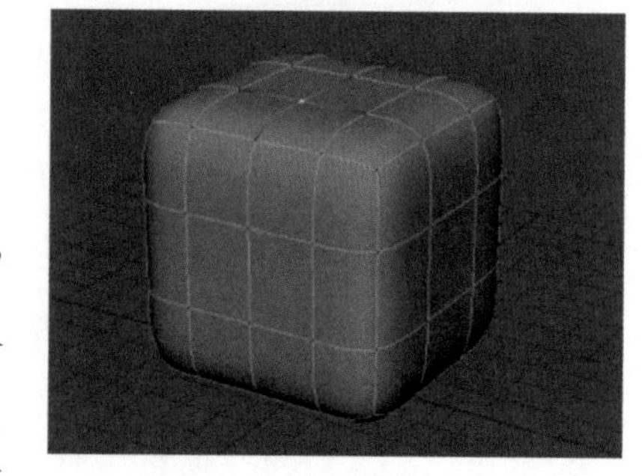

图 2-1

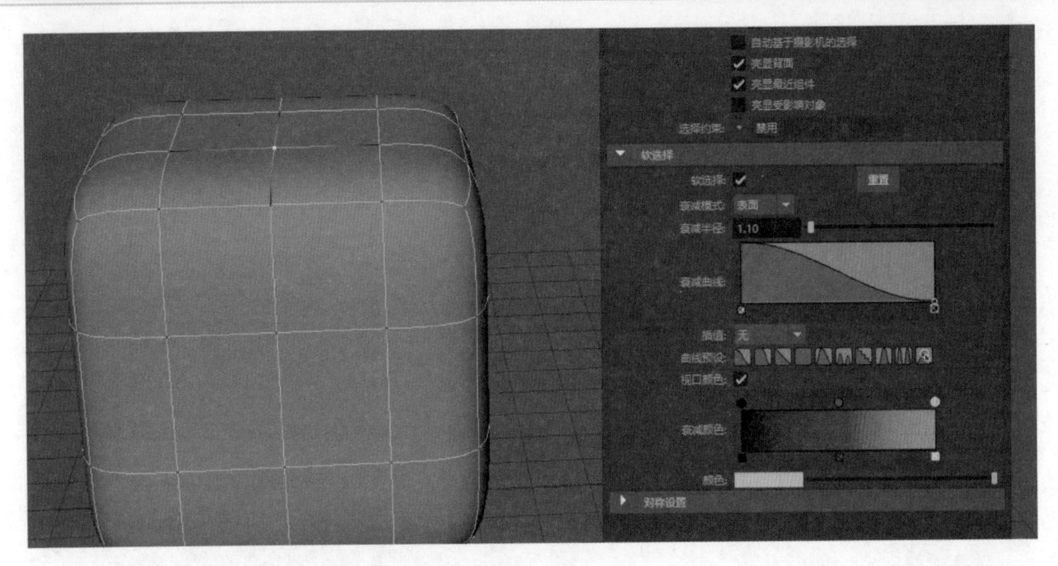

图　2-2

(4) 多角度调整侧面轮廓,效果如图 2-4 所示。

项目 2- 任务 1 之 3

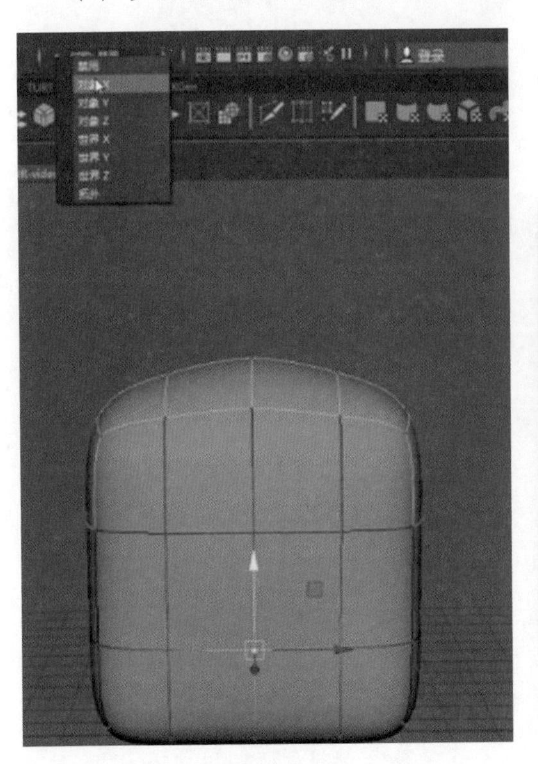

图　2-3

项目 2- 任务 1 之 4

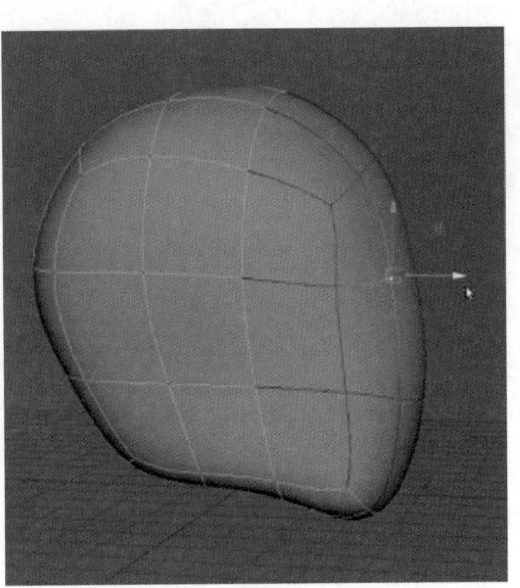

图　2-4

(5) 调整正面轮廓,效果如图 2-5 所示。

(6) 将视图旋转到仰视视角,调整底部轮廓,头部整体是圆的,轮廓线也基本是弧线,如图 2-6 所示。

(7) 选中底部的一圈线,挤出脖子,效果如图 2-7 所示。

(8) 使用“多切割”命令,按住 Ctrl 键插入两条循环边,效果如图 2-8 所示。

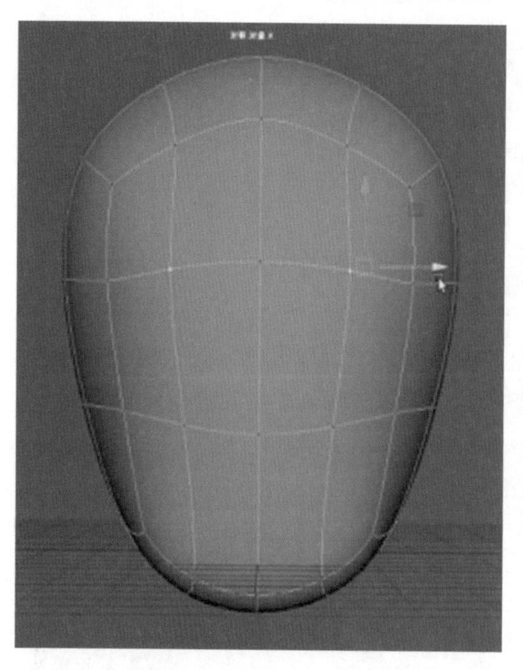

图 2-5

图 2-6

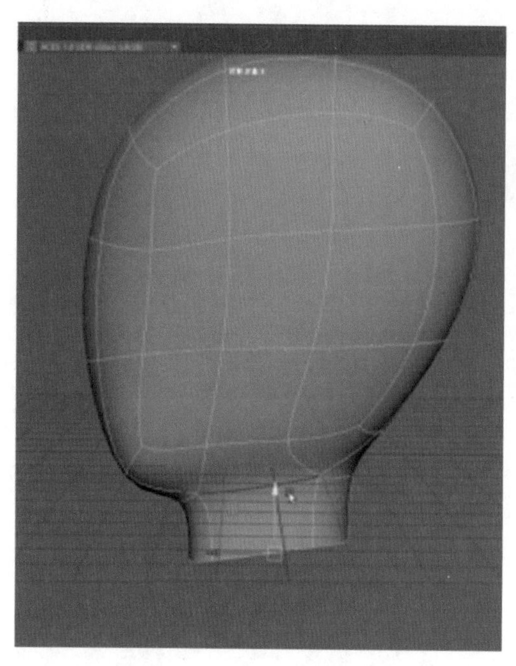

图 2-7

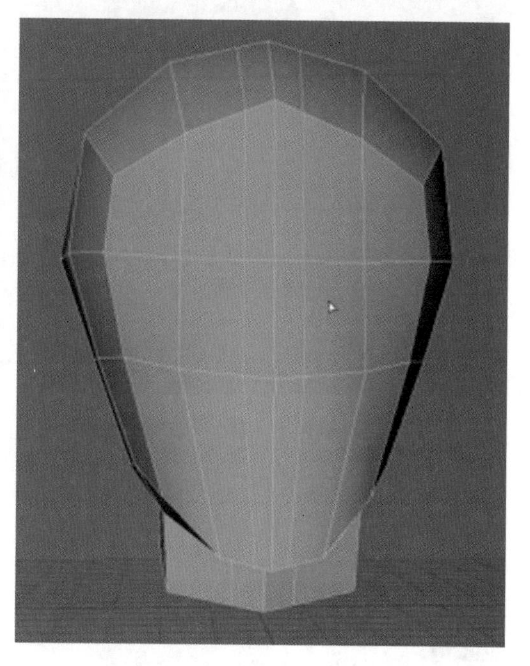

图 2-8

（9）在键盘上按“3”键，在光滑显示模式下，会发现头部顶端中央位置出现了比较尖的效果。对两边的点进行均匀化调整，效果如图 2-9 所示。

（10）使用“多切割工具”勾勒眼睛轮廓，按回车键结束操作，效果如图 2-10 所示。

（11）选中轮廓内部的 4 个面并向内侧移动，让眼睛的间距缩小一些，然后在不同视角下调整眼睛轮廓周边顶点的位置，效果如图 2-11 所示。

（12）选择“多切割”命令，连接眼睛轮廓和额头，效果如图 2-12 所示。

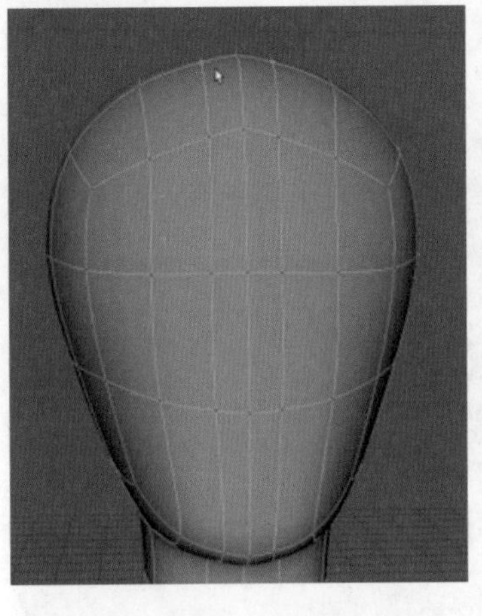

图 2-9

图 2-10

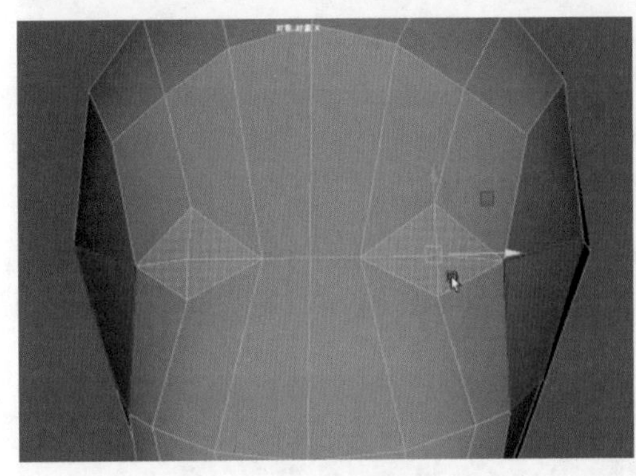

图 2-11

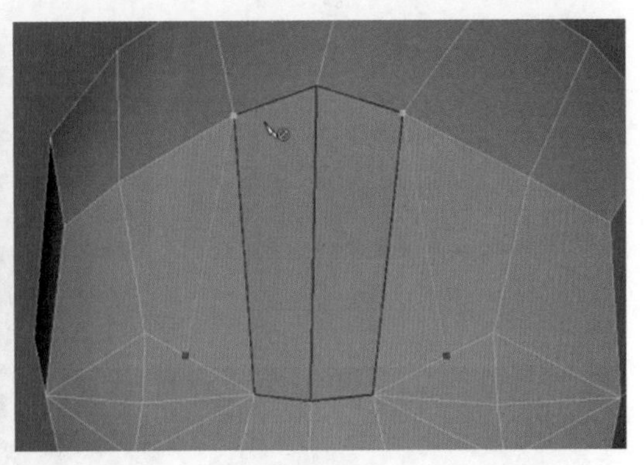

图 2-12

(13) 使用相同方法连接其他 4 个位置，效果如图 2-13 所示。

(14) 使用“多切割”命令再次连接内眼角轮廓，解决三角面问题，效果如图 2-14 所示。

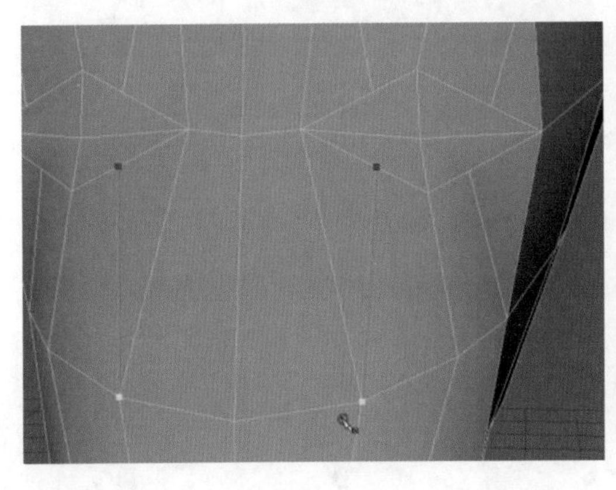

图 2-13

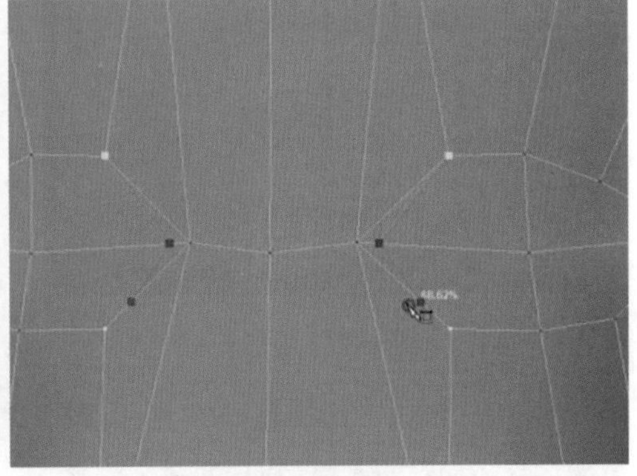

图 2-14

(15) 删除原有的一对边，三角面变四边面，效果如图 2-15 所示。

(16) 使用“多切割”命令在鼻梁处增加线段，并调整顶点，效果如图 2-16 所示。

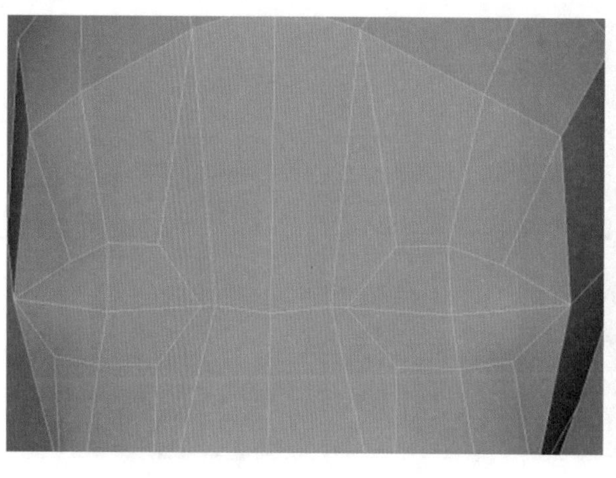

图 2-15

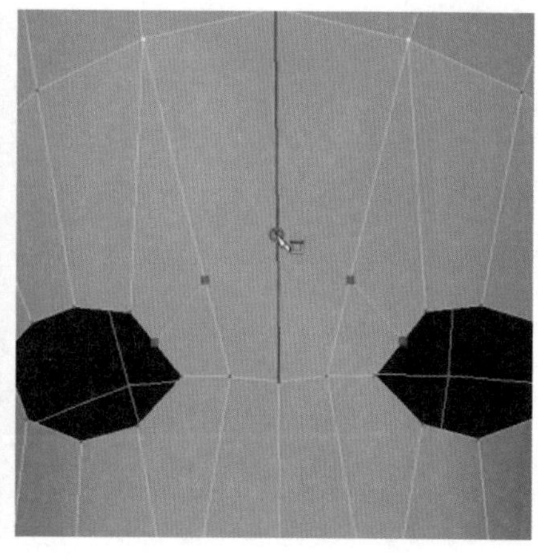

图 2-16

(17) 选中面，选择“挤出”命令，然后以镜像光滑方式显示，并调整相应顶点，效果如图 2-17 所示。

(18) 将眉心顶点向脑后移动，注意结合眼睛轮廓一起向后移动，否则会出现眼睛突出的问题，如图 2-18 所示。

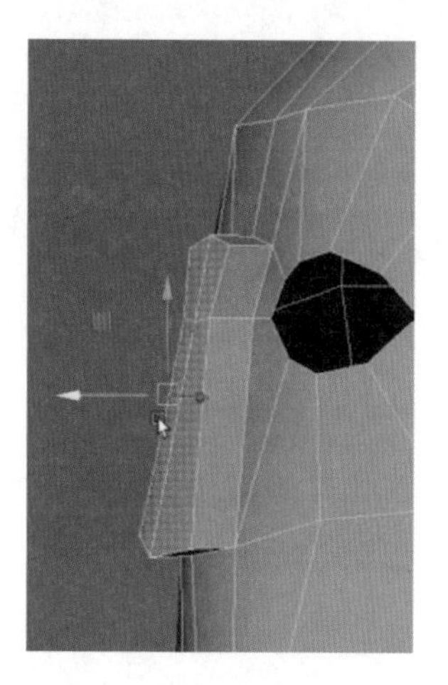

图 2-17

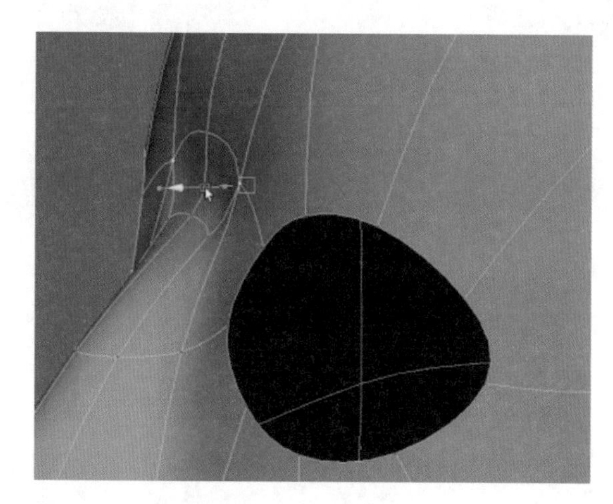

图 2-18

(19) 将眼睛轮廓线也向后移动，使眼皮位置深于眉弓，效果如图 2-19 所示。

(20) 为嘴部插入循环边，作为嘴部中线，效果如图 2-20 所示。

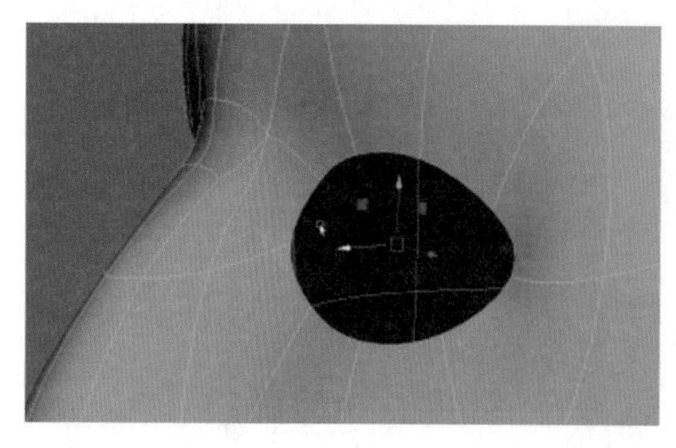

图 2-19

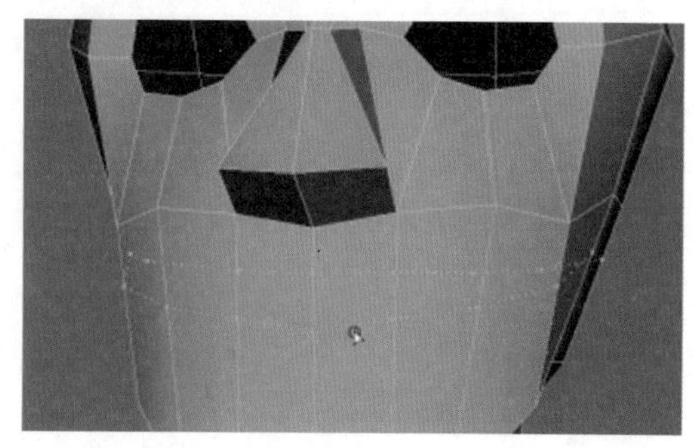

图 2-20

(21) 使用“多切割”命令建立嘴部轮廓，效果如图 2-21 所示。

(22) 使用“多切割”命令，在嘴部 4 个斜角位置切割五边面为四边面，并调整嘴部轮廓顶点，效果如图 2-22 和图 2-23 所示。

(23) 删除轮廓内的面，嘴部不再封闭，效果如图 2-24 所示。

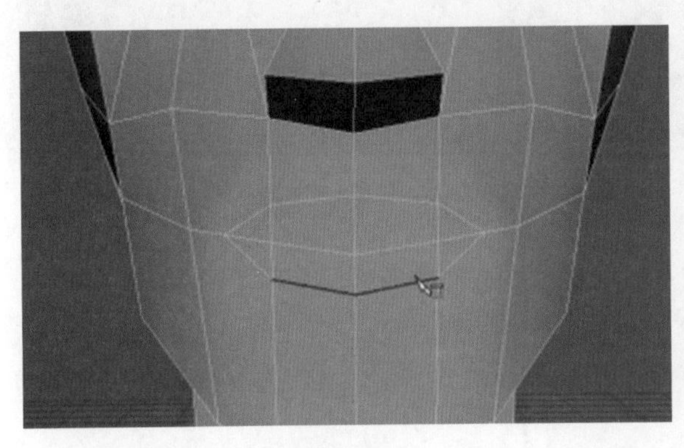

图 2-21

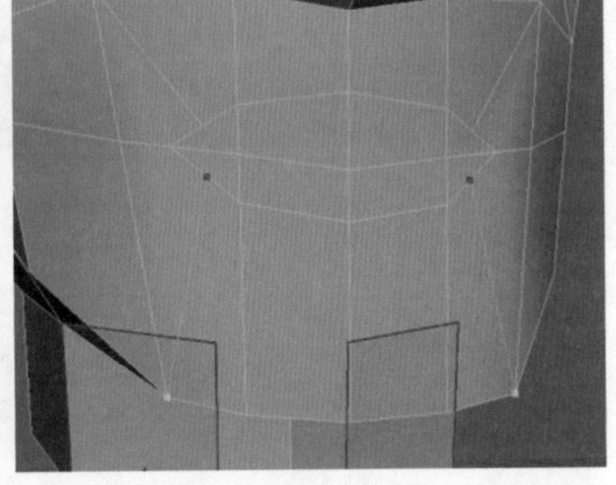

图 2-22

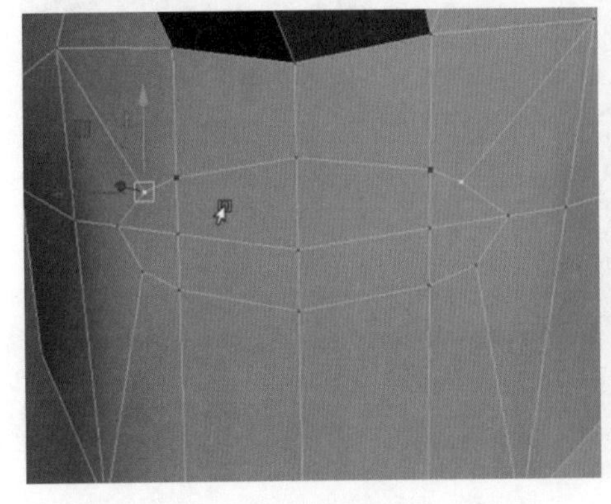

图 2-23

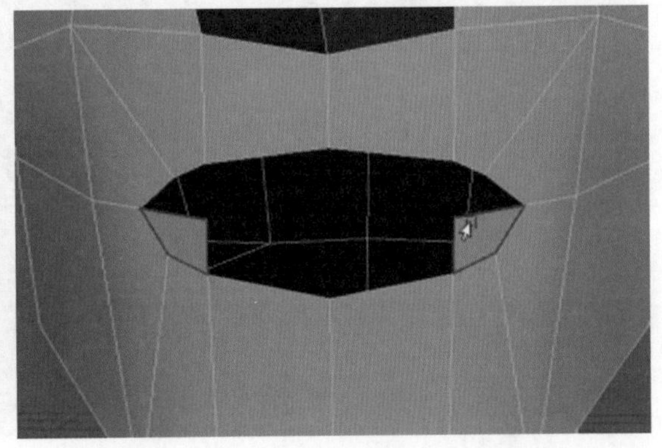

图 2-24

(24) 将眉弓处顶点统一向下调整，效果如图 2-25 和图 2-26 所示。

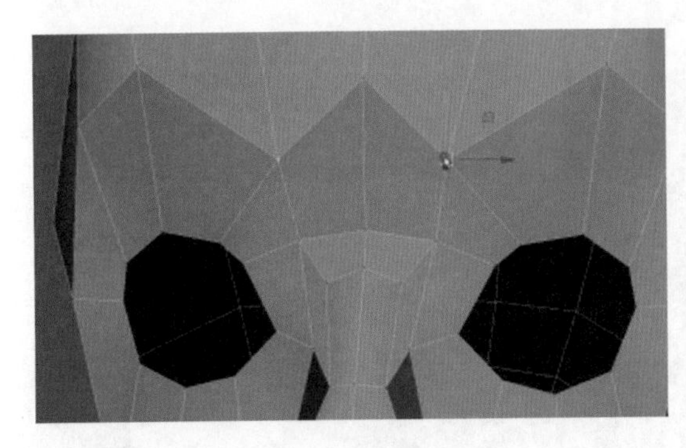

图 2-25

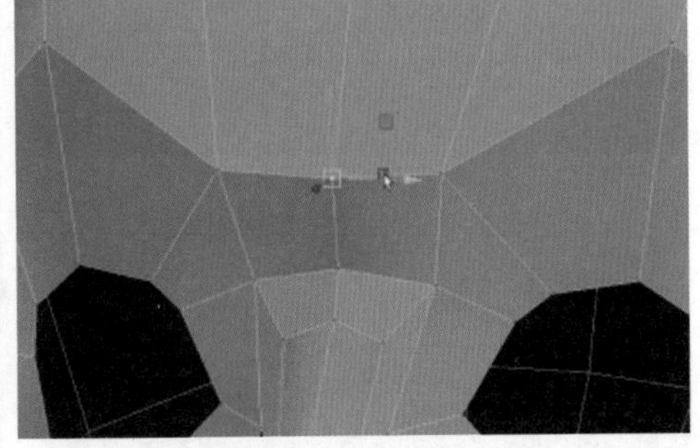

图 2-26

(25) 向外侧调整脸颊周围顶点，效果如图 2-27 所示。

(26) 调整太阳穴周围顶点，让头部看起来更圆润一些，效果如图 2-28 所示。

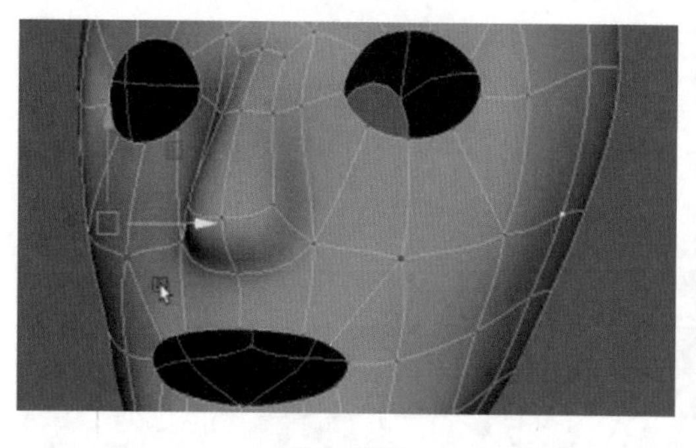

图　2-27

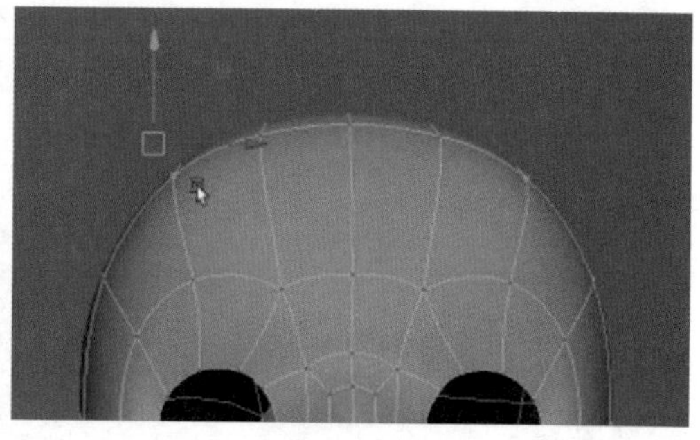

图　2-28

（27）调整下巴底部顶点，保持一定的弧度，效果如图 2-29 所示。

（28）将鼻梁处顶点向内移动。此时只能大概调整顶点的位置，在眼球没有确定的情况下，眼睛轮廓就无法确定，因此鼻子底部的顶点不容易一步到位，效果如图 2-30 所示。

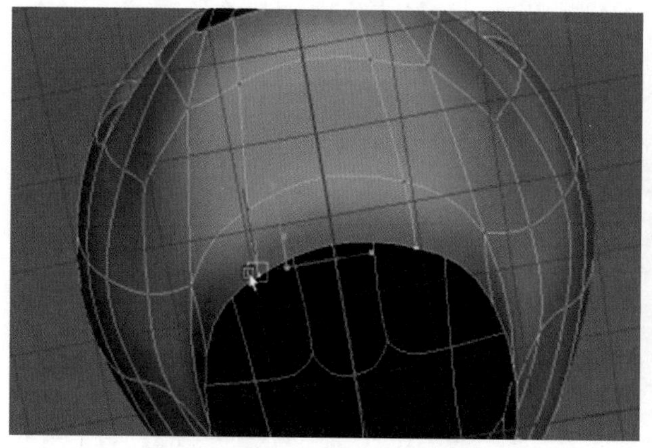

图　2-29

图　2-30

（29）在眼部周围增加轮廓线，注意避免三角面和五边面，效果如图 2-31 所示。

（30）增加鼻翼和嘴部外围轮廓线，效果如图 2-32 所示。

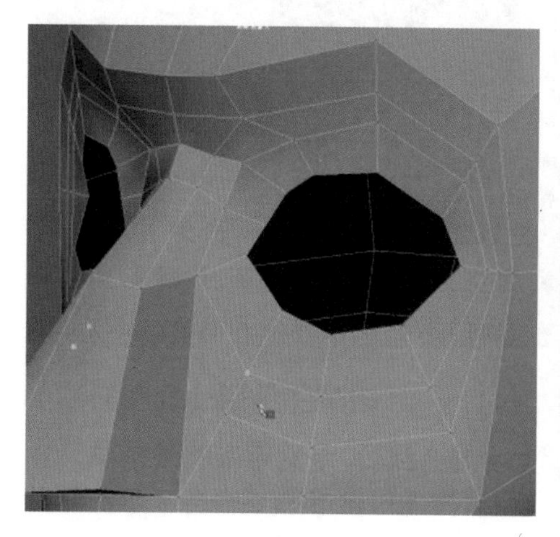

图　2-31

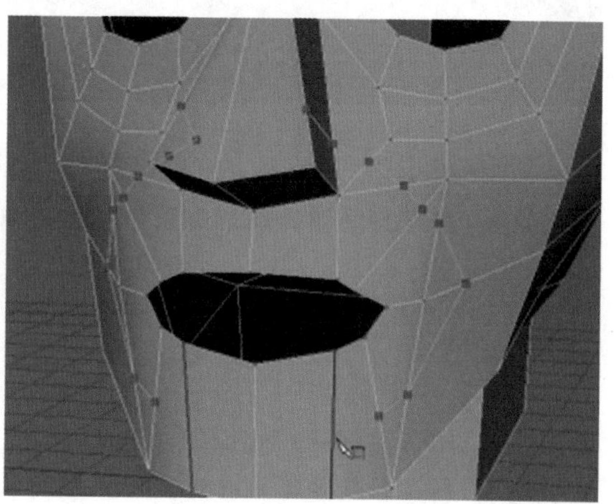

图　2-32

(31) 在内侧再增加轮廓线，效果如图 2-33 所示。

(32) 删除边，让两个三角形合为一个四边形，如图 2-34 所示。

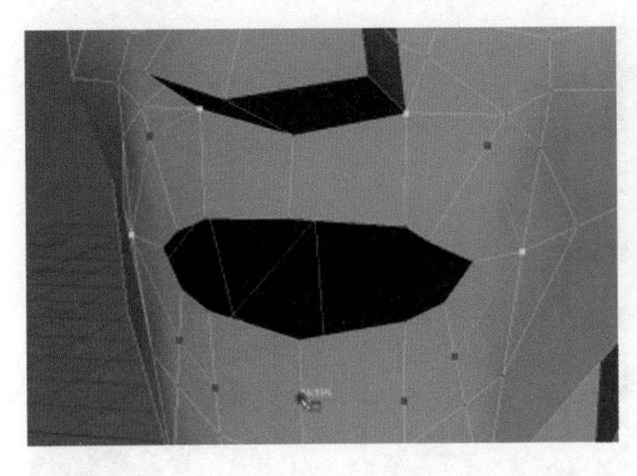
图　2-33

图　2-34

(33) 补齐鼻梁处未连接的两条边，效果如图 2-35 所示。

(34) 从选定的顶点处向嘴部增加一条边，效果如图 2-36 和图 2-37 所示。

(35) 删除选中的边，解决有两个三角面的问题，效果如图 2-38 所示。

图　2-35

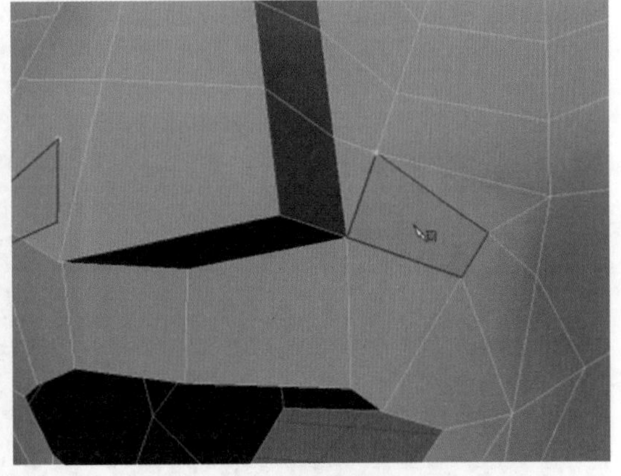
图　2-36

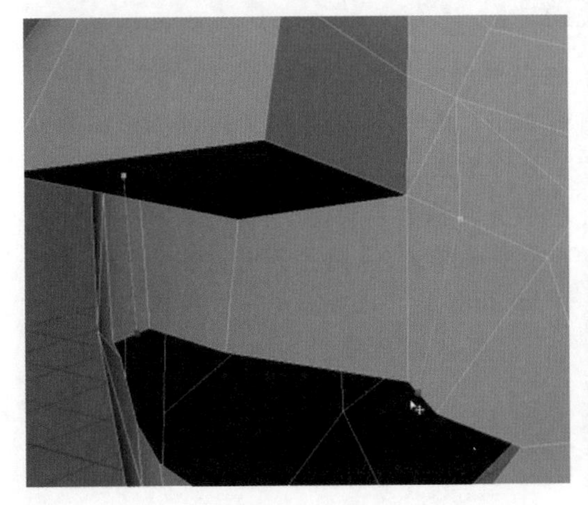
图　2-37

图　2-38

(36) 合并选中的顶点，解决遗留的三角面，效果如图 2-39 所示。

(37) 调整嘴部周边顶点，让布线更均匀，效果如图 2-40 所示。

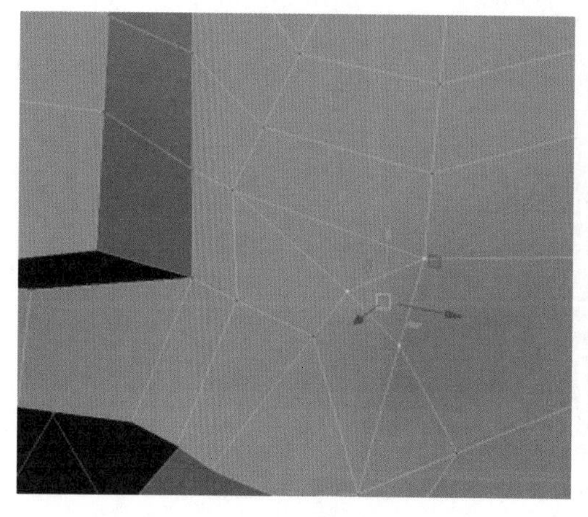

图 2-39

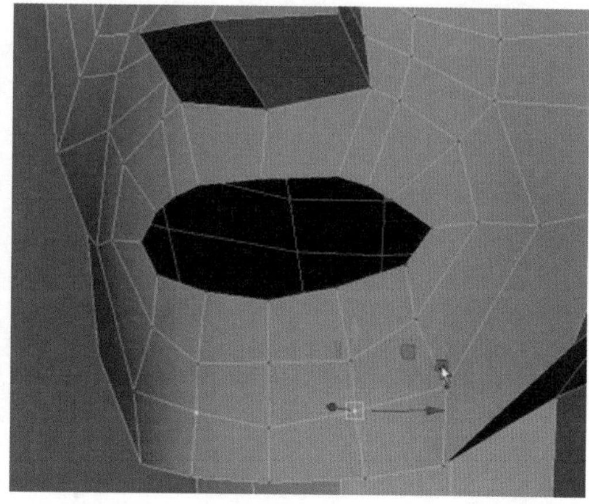

图 2-40

(38) 选中眼睛的轮廓线，缩小眼睛的高度，效果如图 2-41 所示。

(39) 解决嘴部右下角遗留的五边面问题，效果如图 2-42 所示。

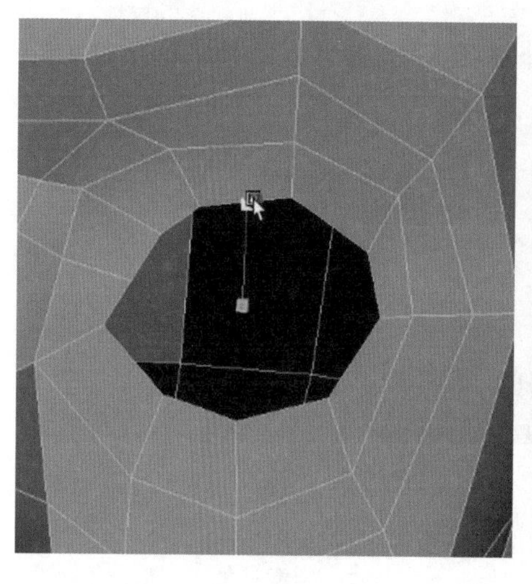

图 2-41

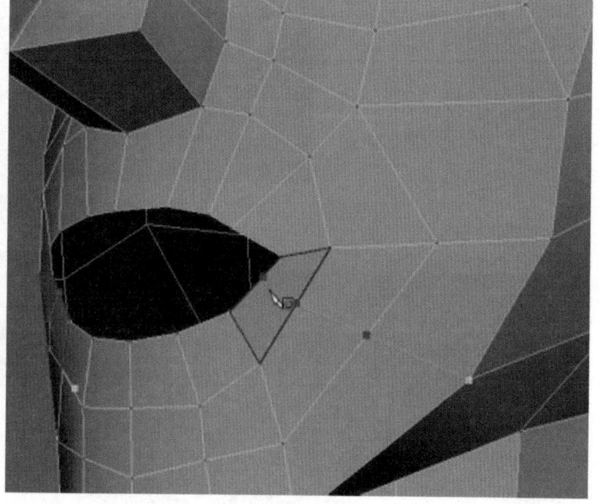

图 2-42

(40) 调整凹陷下去的颧骨位置的顶点，效果如图 2-43 所示。

(41) 在左侧调整鼻子的顶点。处理中线顶点时尽量不要碰 X 轴，以免产生左右不对称的问题，效果如图 2-44 所示。

(42) 如果鼻头位置过低，选择鼻头所属顶点并向上移动，效果如图 2-45 所示。

(43) 使用“多切割”命令连接太阳穴到下巴底部，效果如图 2-46 所示。

(44) 删除选中的边，效果如图 2-47 所示。

(45) 合并选中的顶点，效果如图 2-48 和图 2-49 所示。

(46) 删除选中的边，效果如图 2-50 所示。

(47) 使用“多切割”命令向耳朵位置分割多边形，效果如图 2-51 所示。

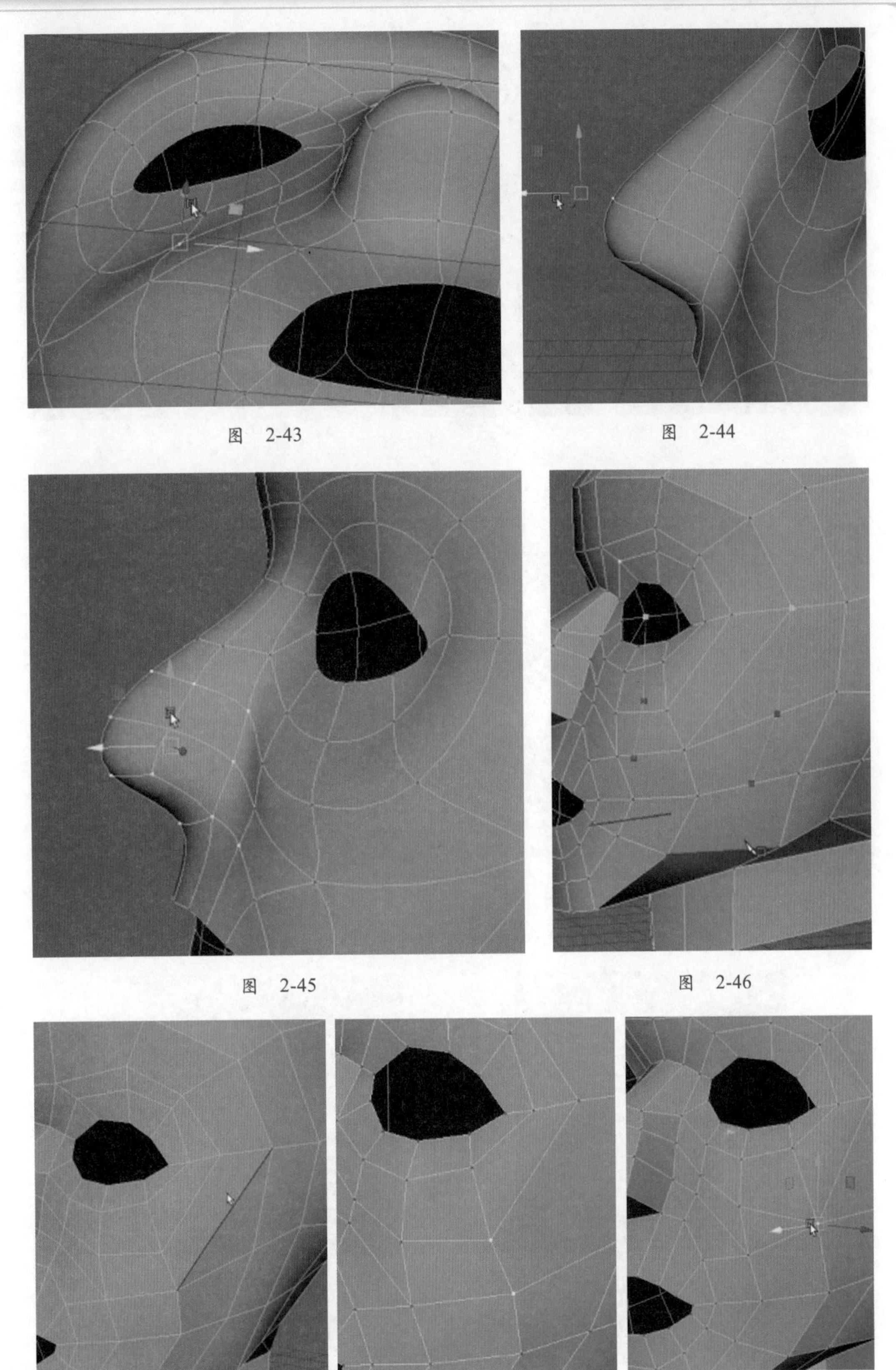

图　2-43

图　2-44

图　2-45

图　2-46

图　2-47

图　2-48

图　2-49

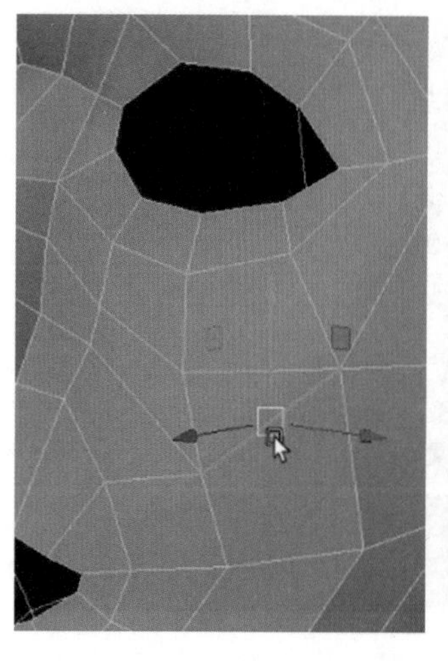

图 2-50

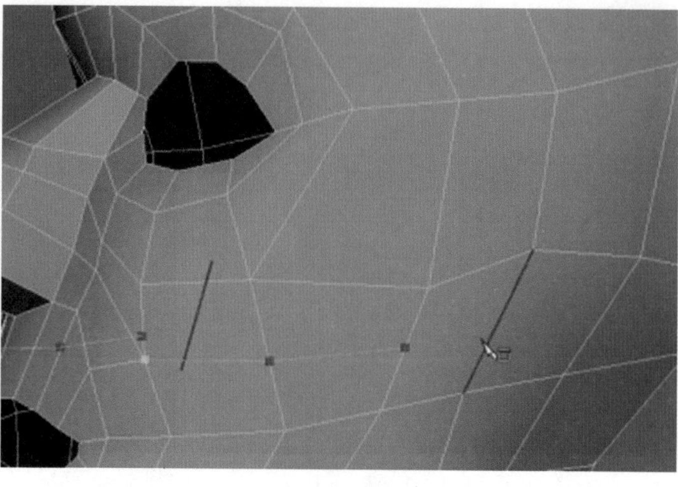

图 2-51

（48）在嘴部增加中间轮廓线，效果如图 2-52 所示。

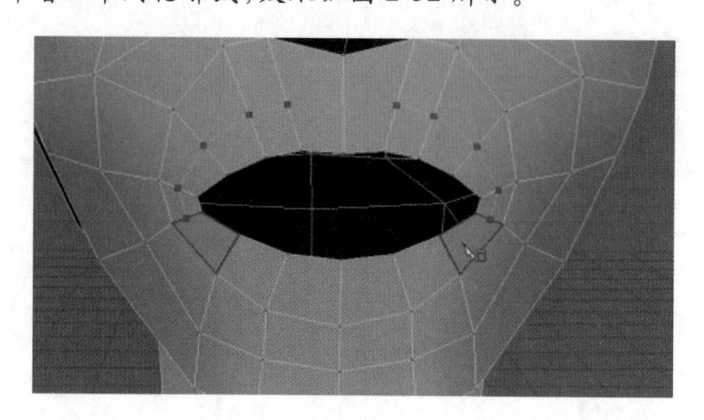

图 2-52

（49）选择内部轮廓线并向内挤出嘴唇的厚度，效果如图 2-53 所示。

（50）再次向内挤出并调整深度，效果如图 2-54 所示。

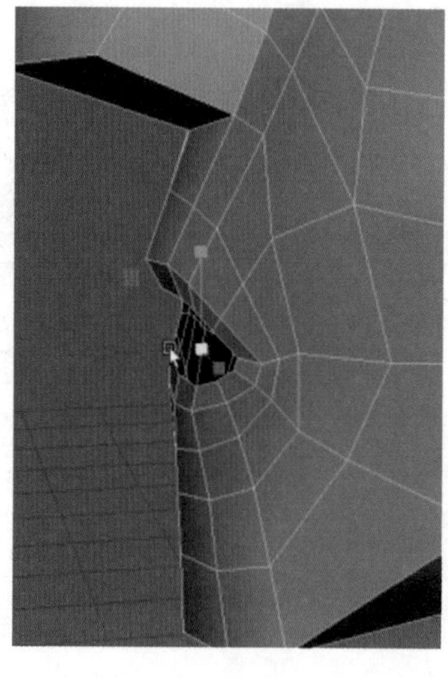

图 2-53

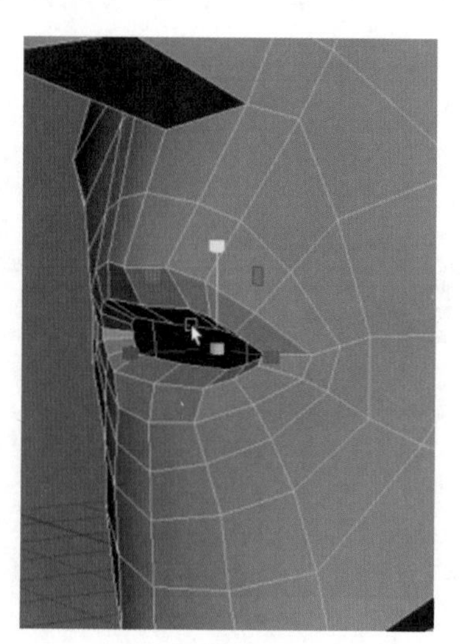

图 2-54

(51) 第三次向内挤出，效果如图 2-55 所示。

(52) 在“光滑模式”下调整上嘴唇中线两侧顶点，塑造嘴唇的形状，效果如图 2-56 所示。

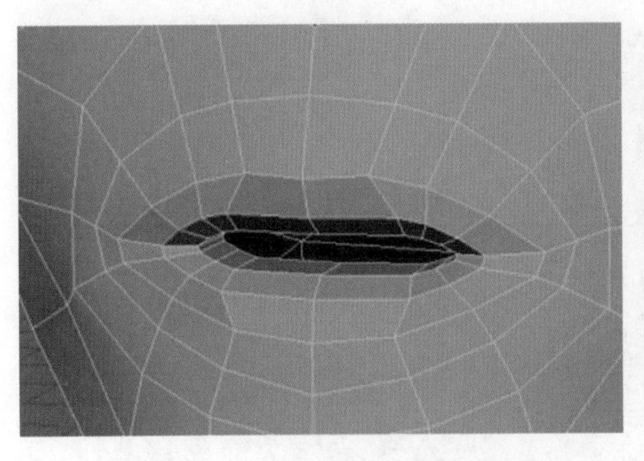
图 2-55

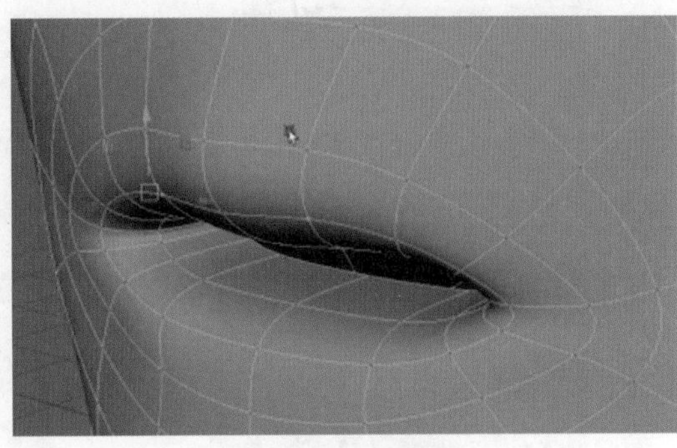
图 2-56

(53) 使用“滑动边”命令均衡嘴唇内部的布线，效果如图 2-57 所示。

图 2-57

(54) 增加下嘴唇的厚度，嘴唇下端的两条边靠近一些，会形成下嘴唇轮廓线效果。选择下嘴唇顶点并选中“软选择”选项，解决下嘴唇过于突出的问题，如图 2-58 和图 2-59 所示。

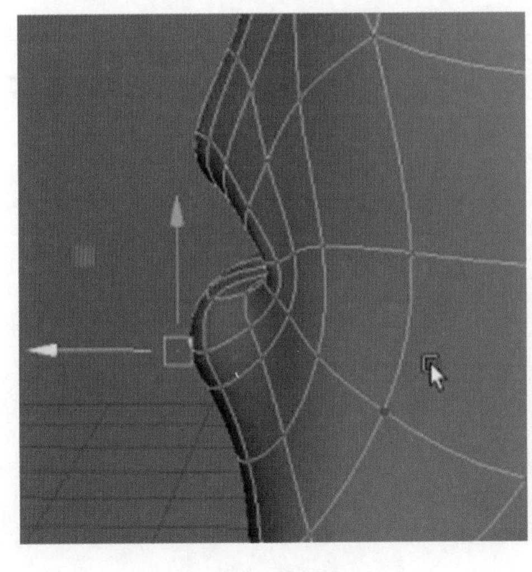
图 2-58

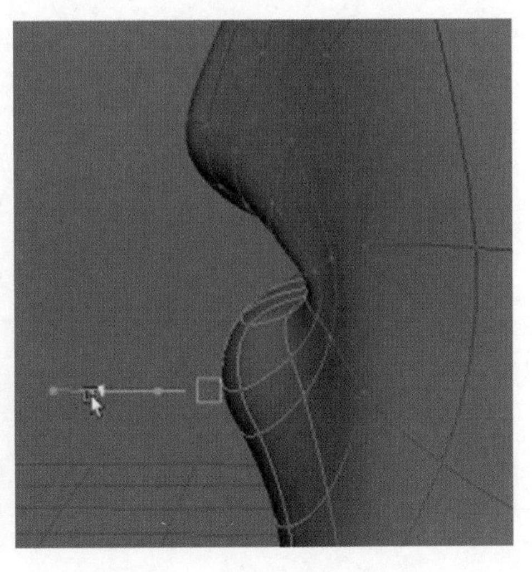
图 2-59

（55）用相似的方法调整上嘴唇的厚度，效果如图 2-60 所示。

（56）选中三组边，调整下巴厚度，效果如图 2-61 和图 2-62 所示。

（57）再次调整全局顶点，以协调整体造型，效果如图 2-63 所示。

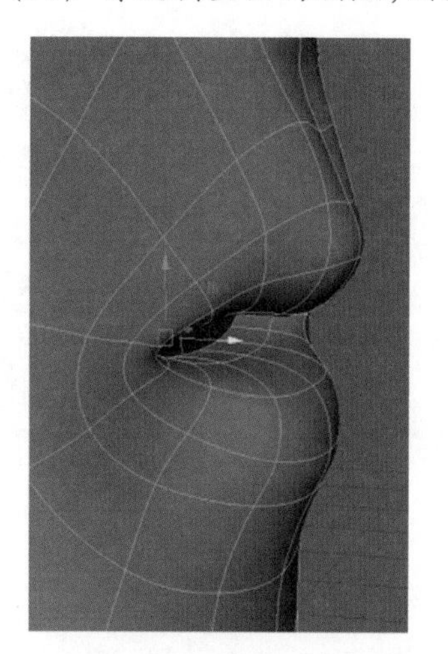

图 2-60

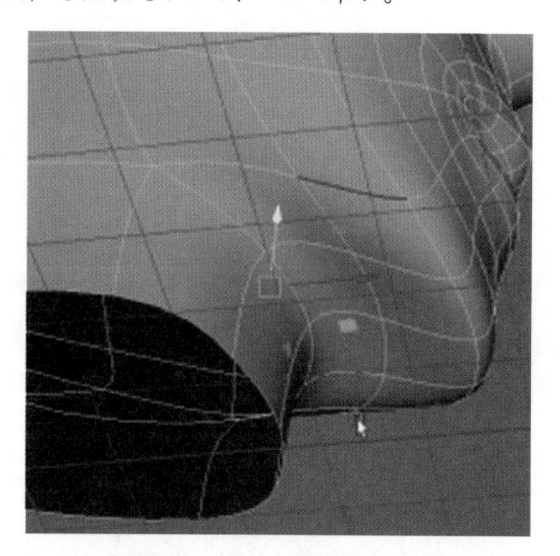

图 2-61

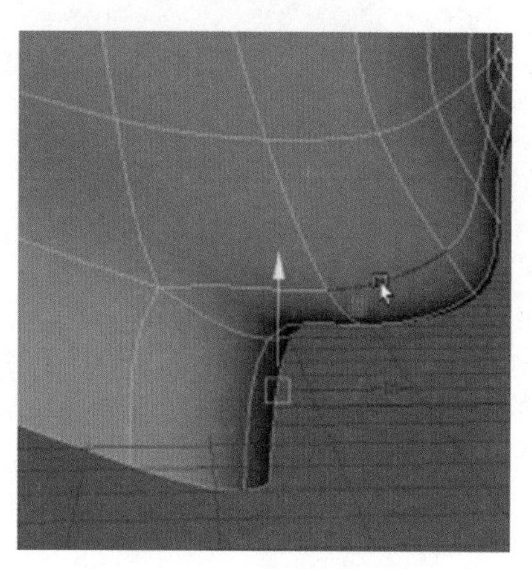

图 2-62

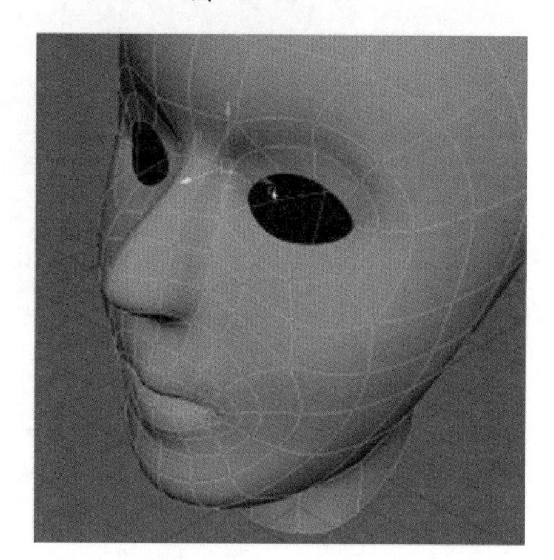

图 2-63

（58）调整眼睛内侧和鼻梁下端顶点，让鼻子与脸直接形成合适的高度。以光滑方式显示图形以查找问题，如图 2-64 和图 2-65 所示。

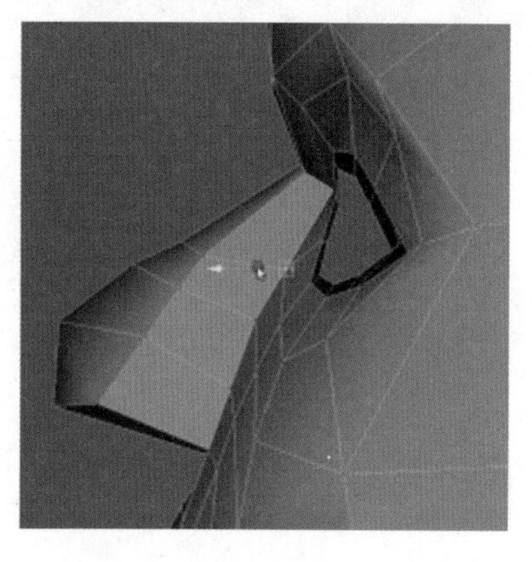

图 2-64

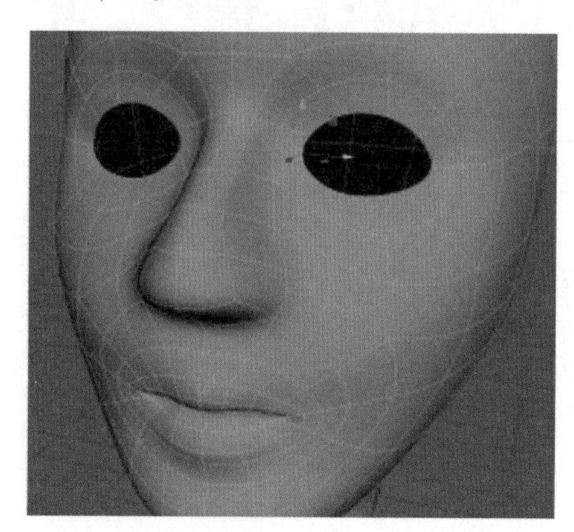

图 2-65

(59) 为鼻翼两侧添加布线，效果如图 2-66 所示。

(60) 合并鼻翼右下角顶点，解决三角面问题，效果如图 2-67 所示。

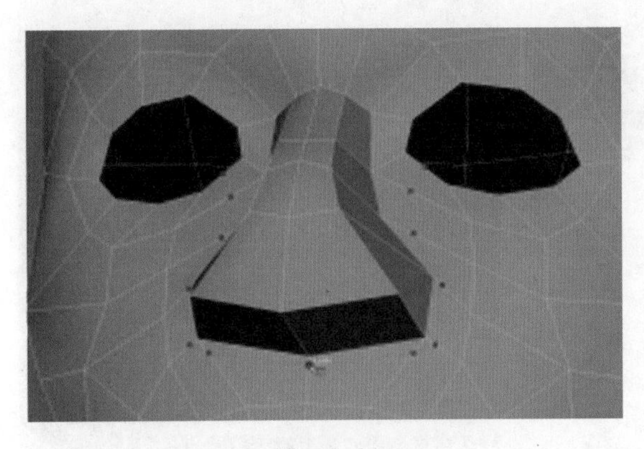

图 2-66

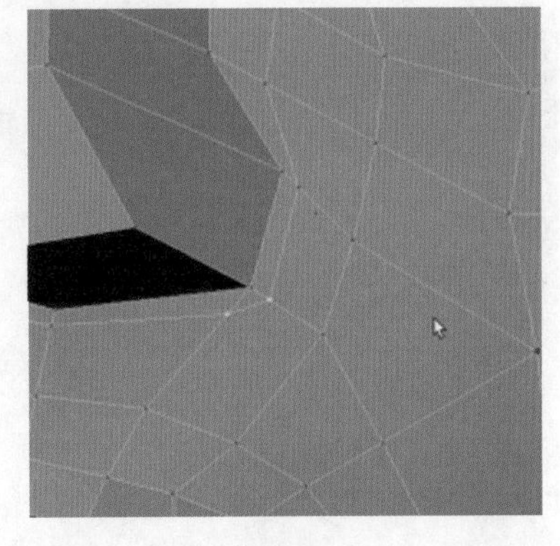

图 2-67

(61) 挤出鼻孔，并调整鼻子的造型，效果如图 2-68 所示。

(62) 连接鼻子底端线段，解决鼻头不光滑的问题，如图 2-69 所示。

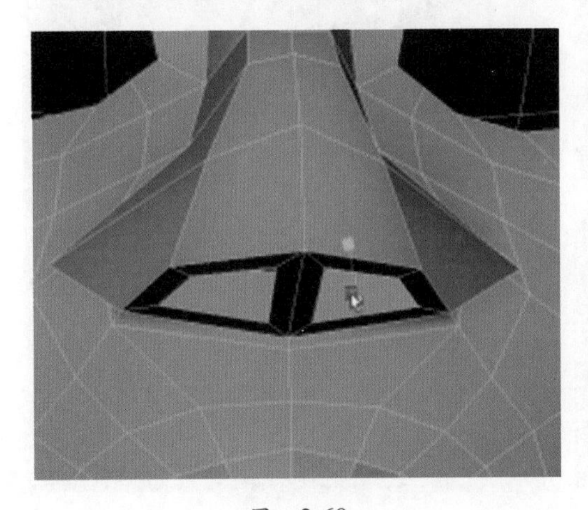

图 2-68

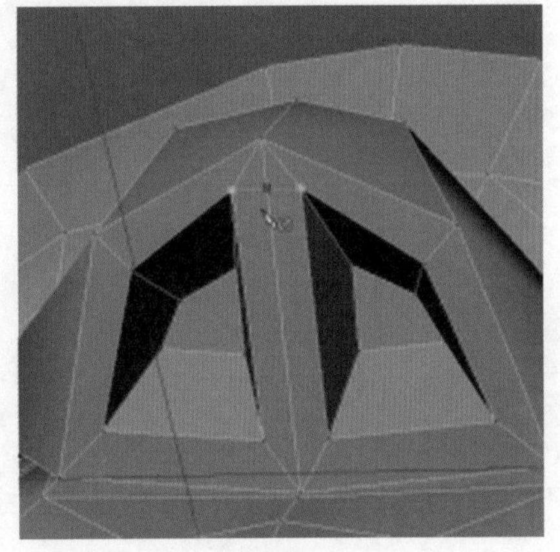

图 2-69

(63) 删除选中的斜线，如图 2-70 所示。

图 2-70

（64）向上增加线段，并均匀化纵向布线，如图 2-71 ～图 2-74 所示。

图　2-71

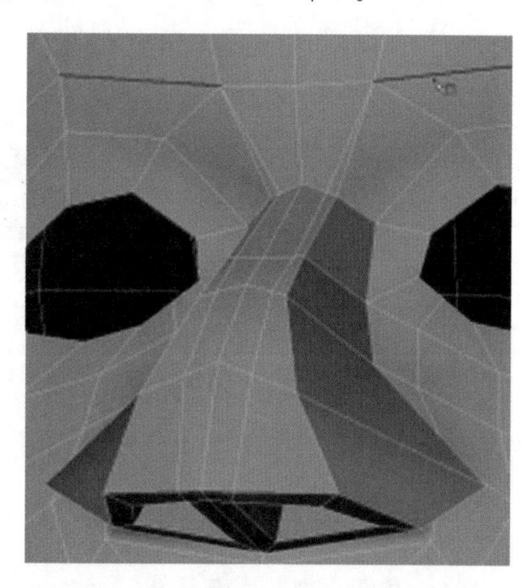

图　2-72

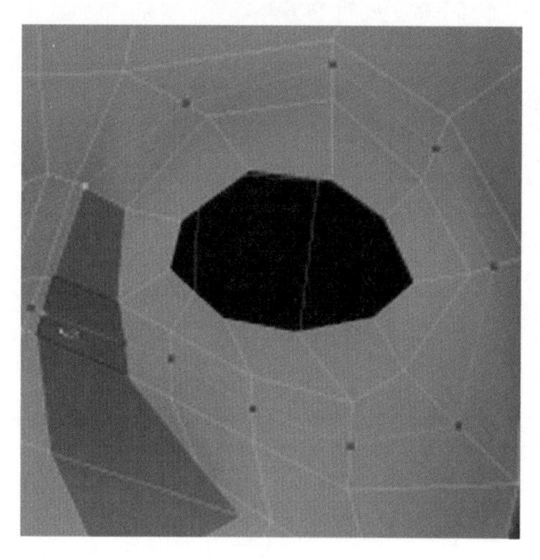

图　2-73

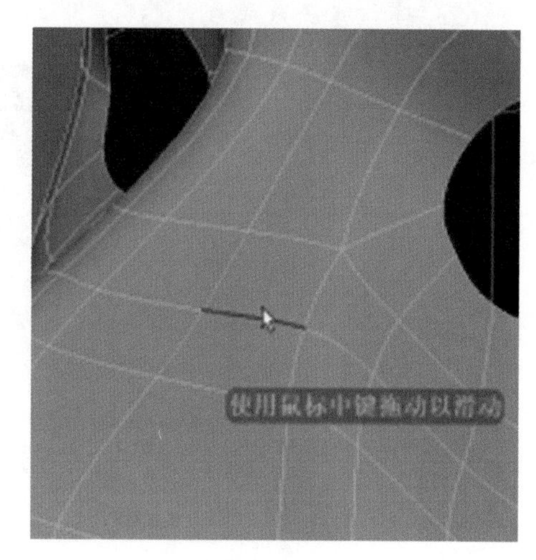

图　2-74

（65）将鼻子的布线进行均匀化调整，如图 2-75 所示。

（66）为鼻翼添加布线，如图 2-76 所示。

（67）继续加线，解决右侧的三角面问题，如图 2-77 所示。

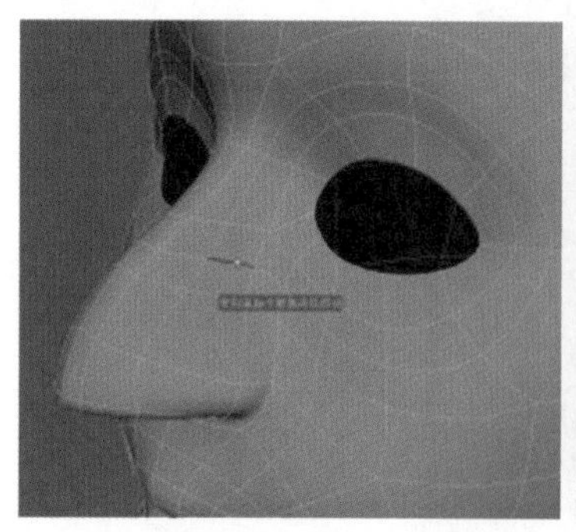

图　2-75

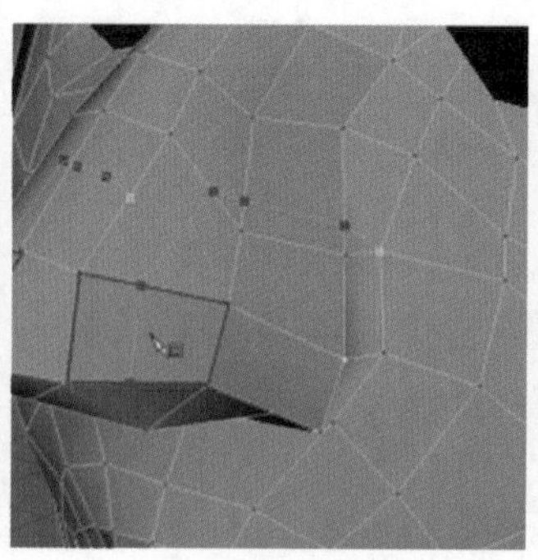

图　2-76

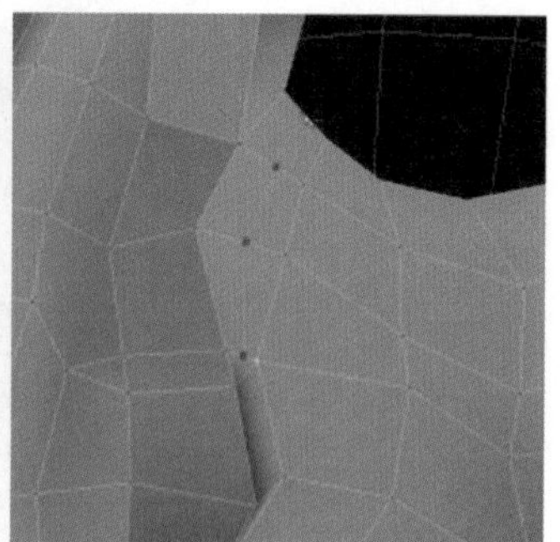

图　2-77

(68) 合并顶点,解决左侧三角面和五边面的问题,如图 2-78 所示。

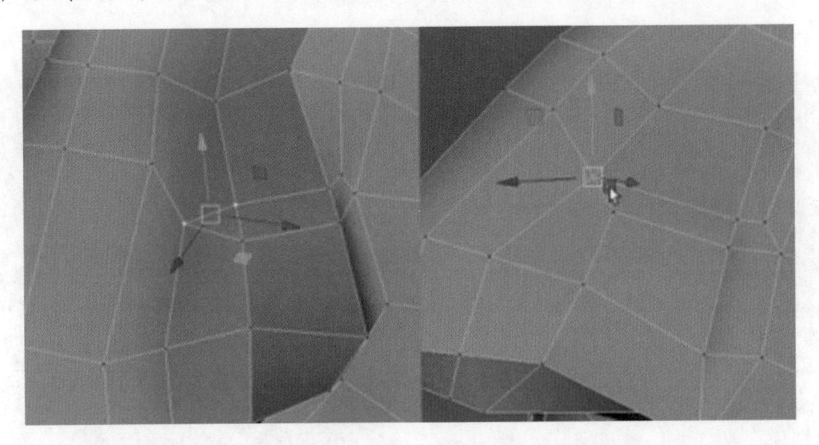

图　2-78

(69) 在“光滑模式”下调整鼻头造型,如图 2-79 和图 2-80 所示。

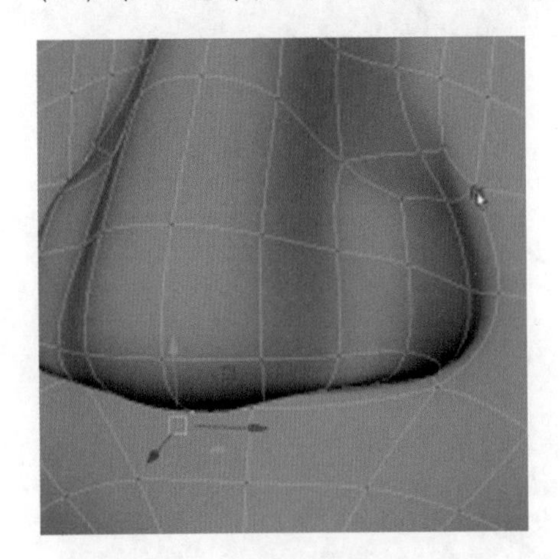

图　2-79

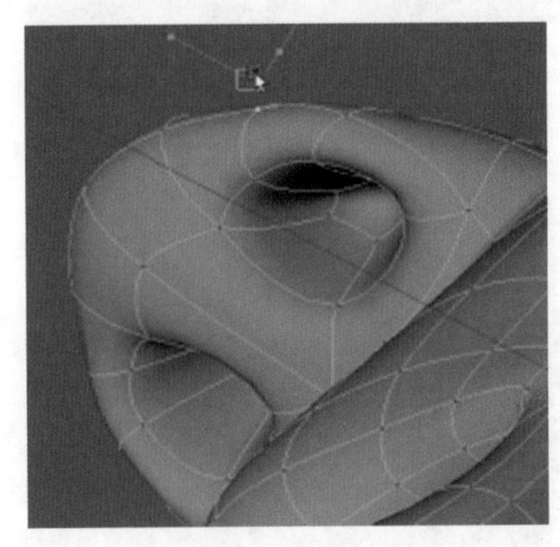

图　2-80

(70) 加选鼻梁附近的顶点,选择编辑网格下的“平均化顶点”命令,如图 2-81 和图 2-82 所示。

图　2-81

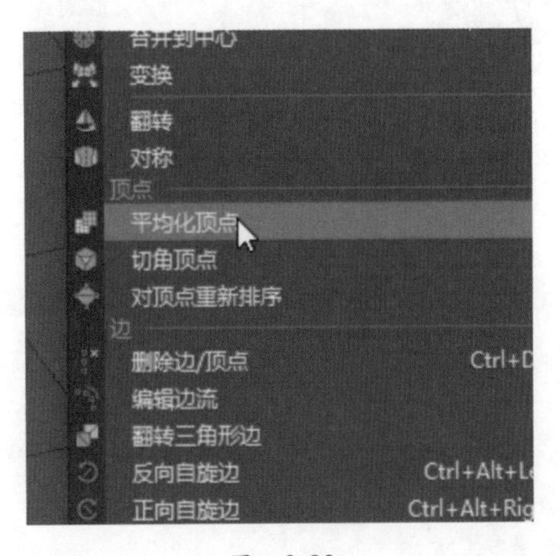

图　2-82

（71）在“光滑模式”下可见眼睛下面凹凸不平，回到面块模式就可以发现是哪些顶点导致的问题，如图 2-83 和图 2-84 所示。

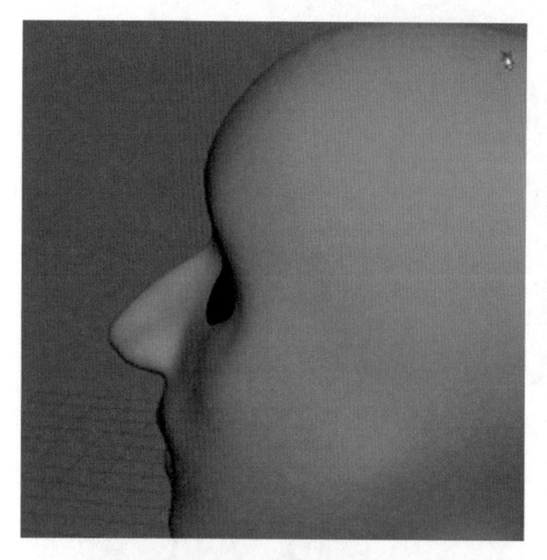

图 2-83

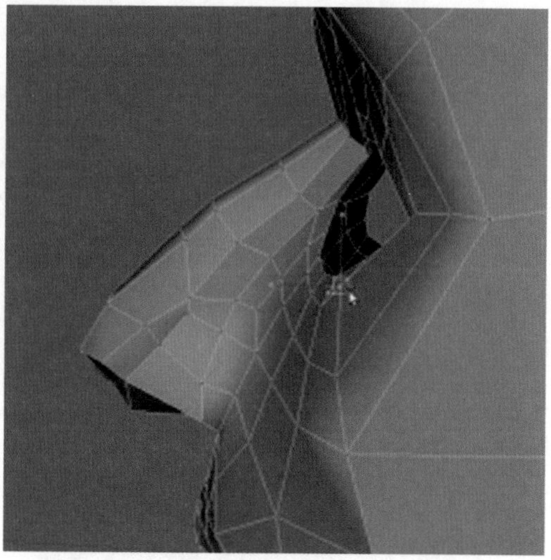

图 2-84

（72）上提鼻翼底部的点，使造型更加丰富，如图 2-85 和图 2-86 所示。

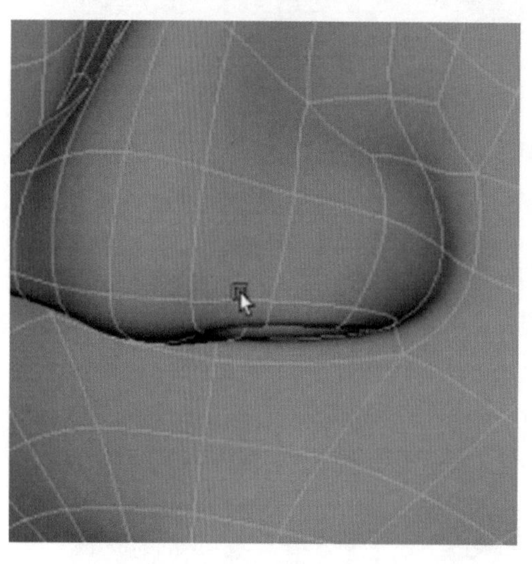

图 2-85

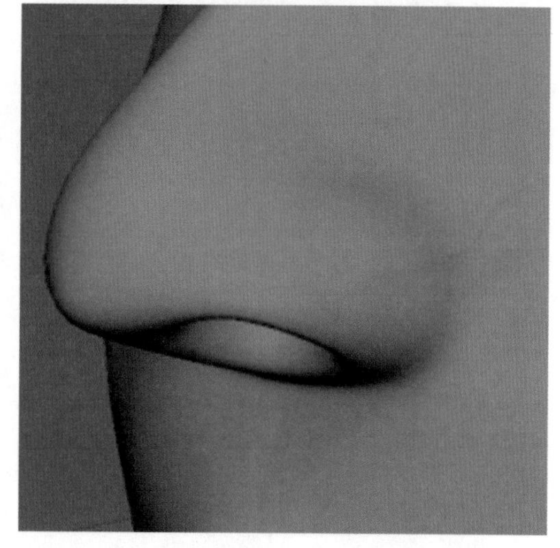

图 2-86

（73）下拉鼻子底部的点，使平直的底部产生弧度，如图 2-87 和图 2-88 所示。

（74）全角度调整鼻子的造型，如图 2-89 所示。

（75）为鼻孔内部到嘴唇位置添加线段，解决鼻孔底部台阶式凸起问题，如图 2-90 和图 2-91 所示。

（76）选择中心顶点向内移动，如图 2-92 所示。

（77）用软选择方式选中鼻头部分并缩小鼻头，如图 2-93 和图 2-94 所示。

（78）因为缩小鼻头导致人中过长，因此需要用同样的方法缩短人中，如图 2-95 和图 2-96 所示。

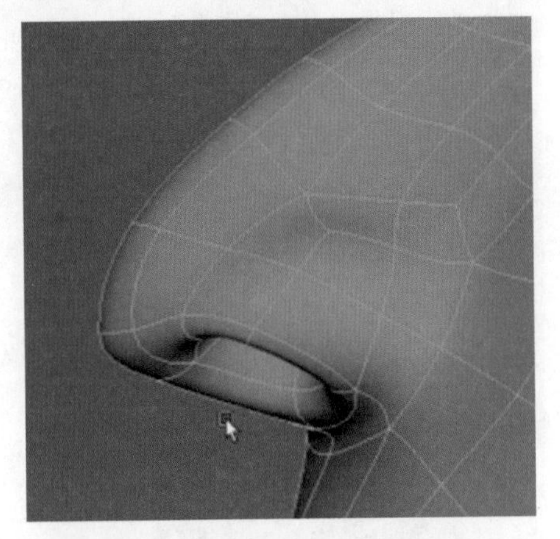

图 2-87

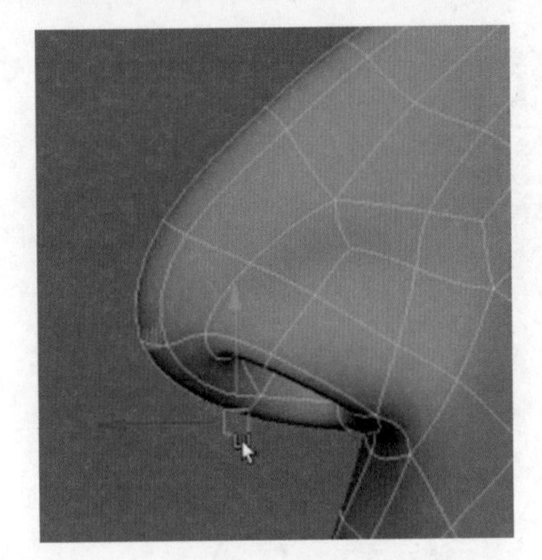

图 2-88

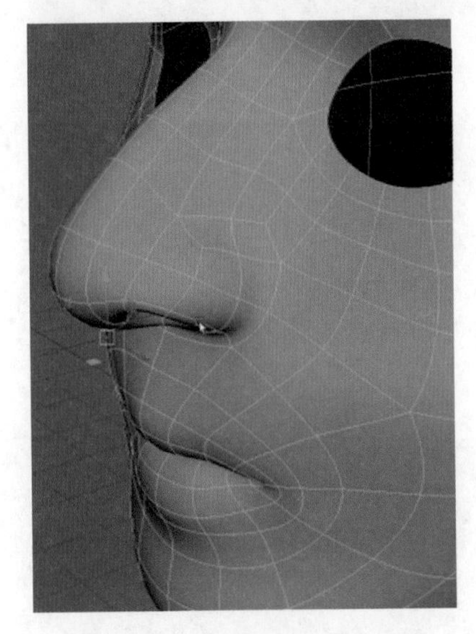

图 2-89

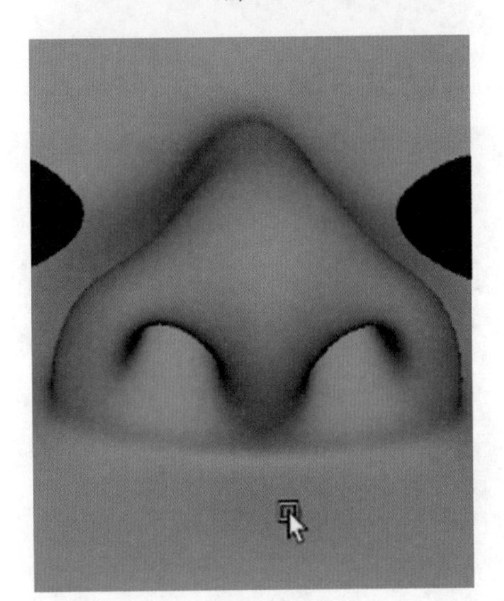

图 2-90

图 2-91

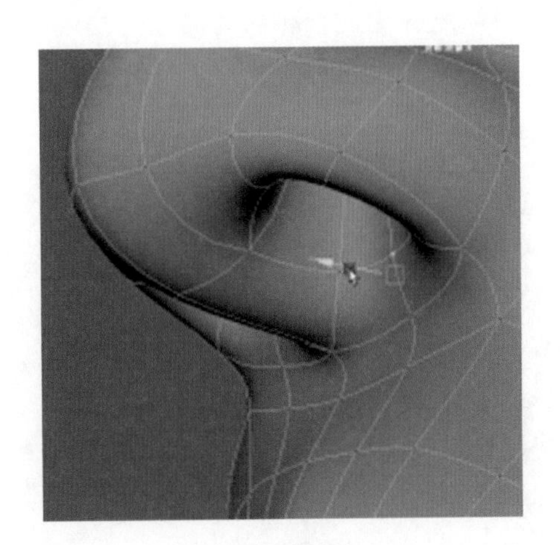

图 2-92

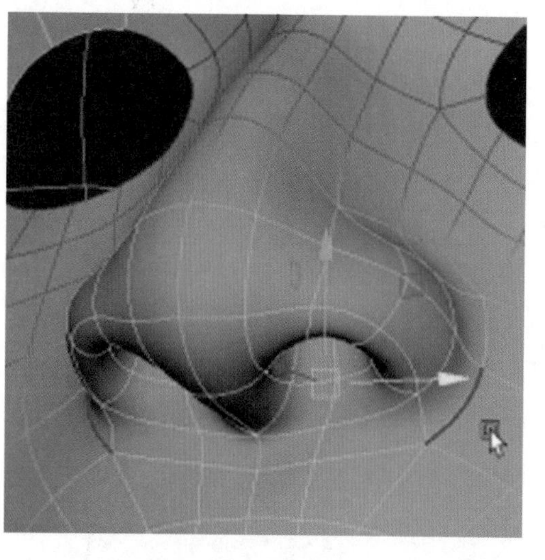

图　2-93

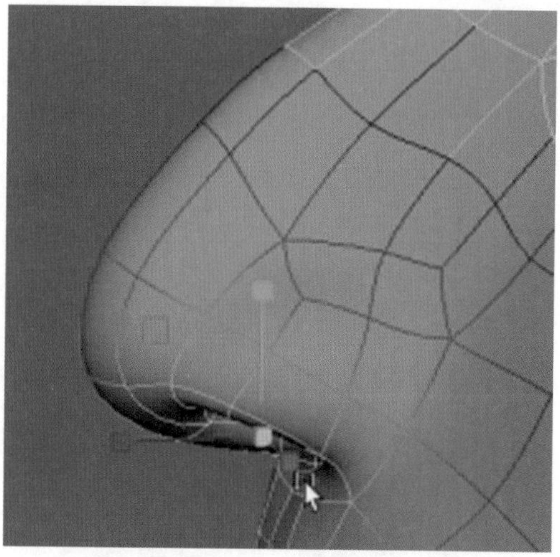

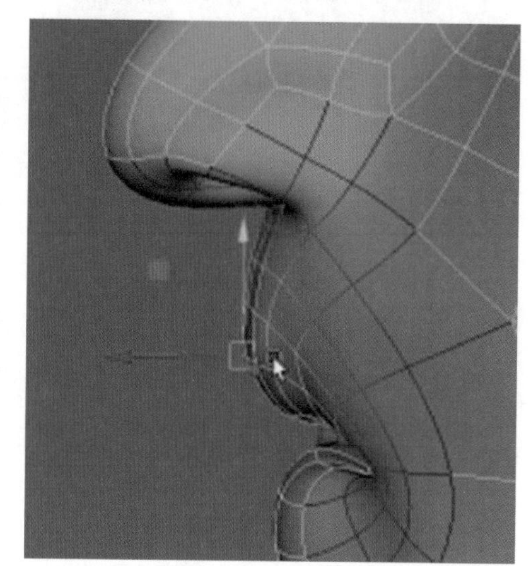

图　2-94

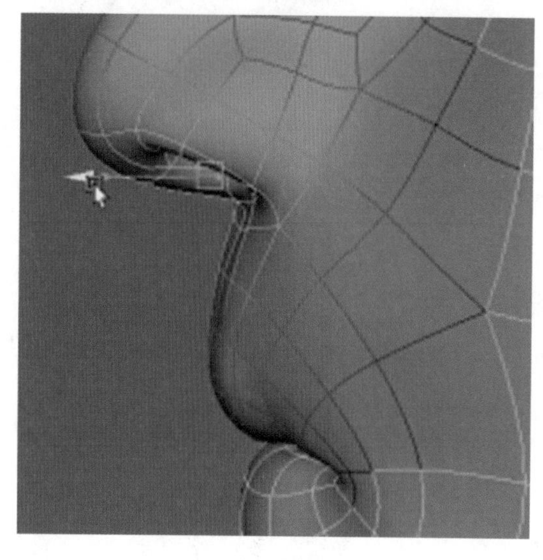

图　2-95

图　2-96

（79）此时嘴唇造型过于平坦，可以选中内侧的边，调整位置使上嘴唇更加饱满，如图 2-97 和图 2-98 所示。

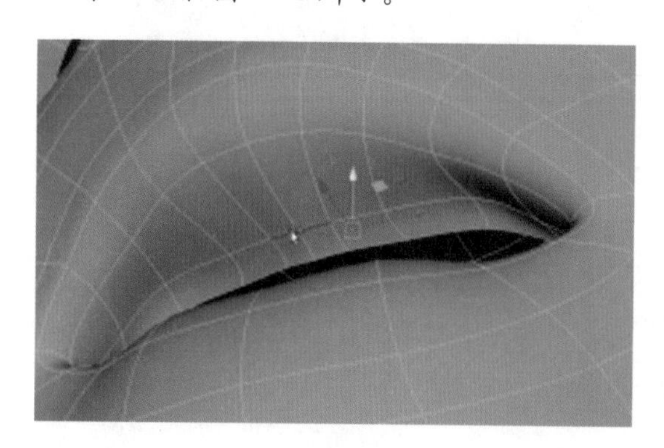

图　2-97

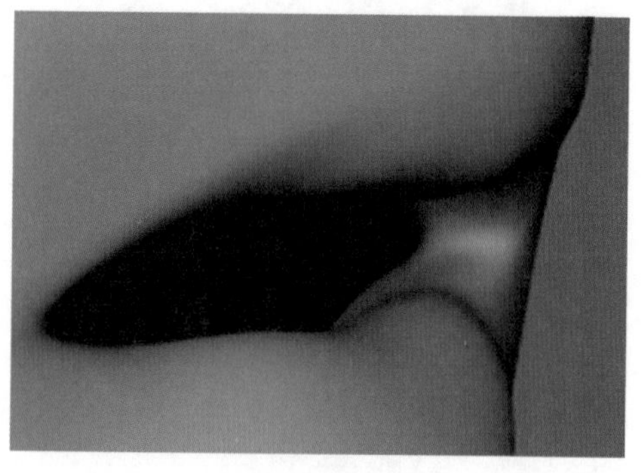

图　2-98

(80) 继续调整嘴唇各位置顶点,让其看起来更饱满,效果如图 2-99 所示。

(81) 如果额头高度过低,可以使用“软选择”方式抬高头顶的顶点。收缩脸部侧面的相关顶点让脸部变窄,效果如图 2-100 和图 2-101 所示。

(82) 用仰视角度调整后脑的轮廓,效果如图 2-102 所示。

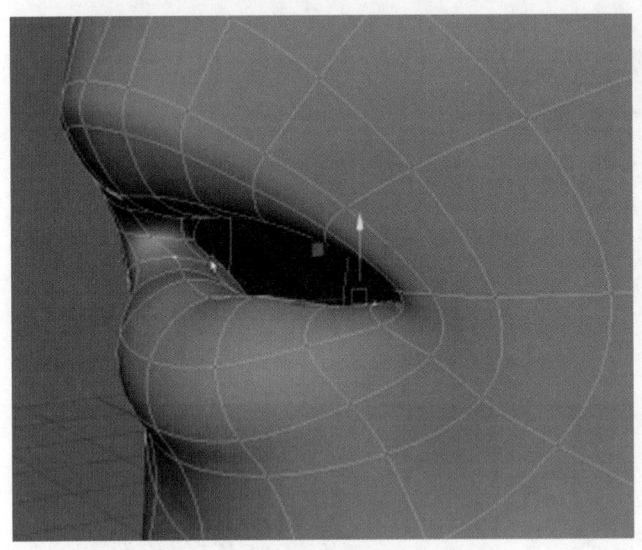

图　2-99

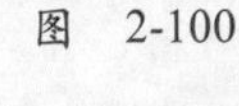

图　2-100

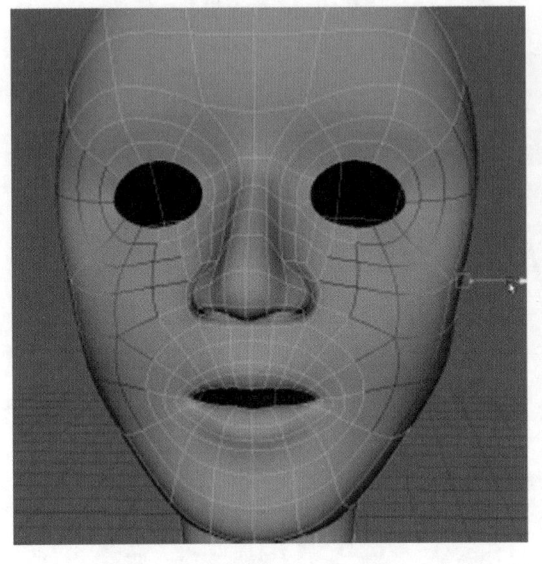

图　2-101

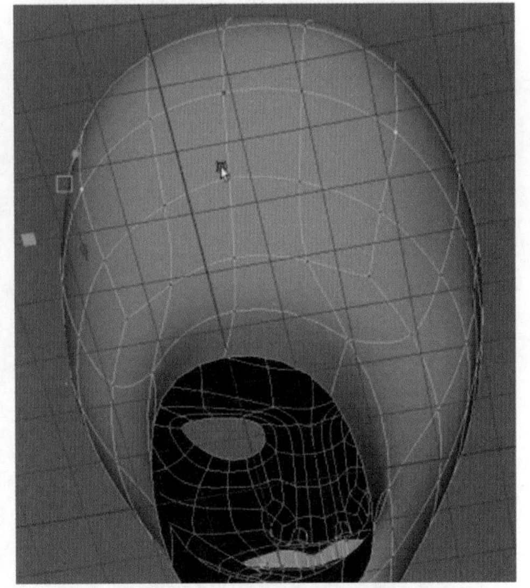

图　2-102

(83) 为鼻梁两侧增加线段,继续丰富鼻子结构,效果如图 2-103 所示。

(84) 删除三角面左侧的边,继续向上走线,然后均匀化头顶布线,如图 2-104 所示。

(85) 选中鼻子两侧的顶点收缩,以缩小鼻头宽度,如图 2-105 和图 2-106 所示。

(86) 整体调整各部分顶点,让模型看起来整体性更强一些,效果如图 2-107 所示。

(87) 更改脸部侧面的布线,让侧脸看起来更饱满,效果如图 2-108 所示。

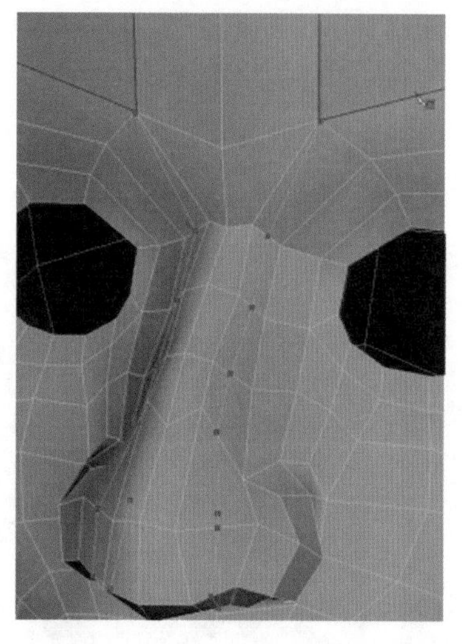

图 2-103

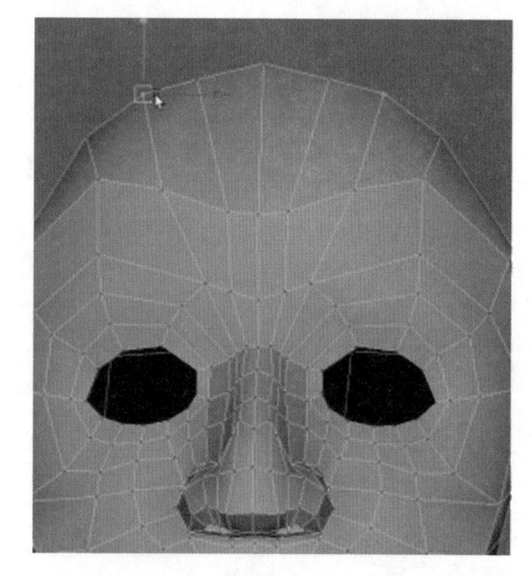

图 2-104

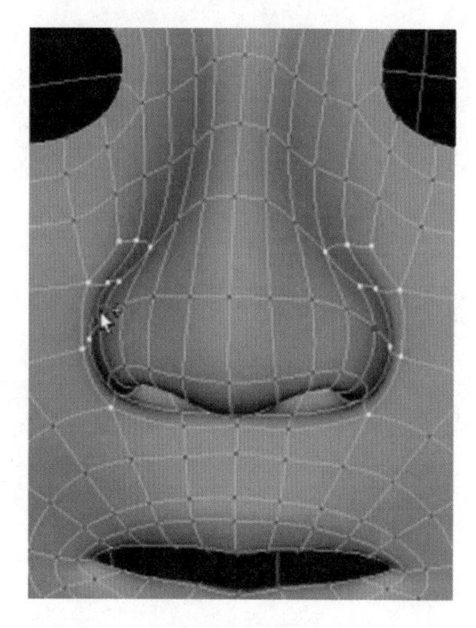

图 2-105

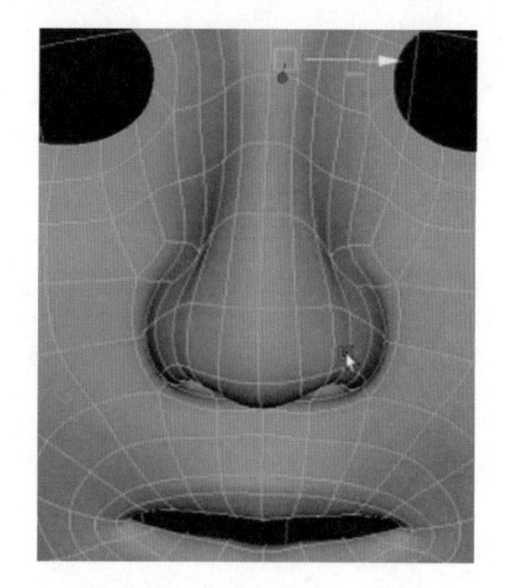

图 2-106

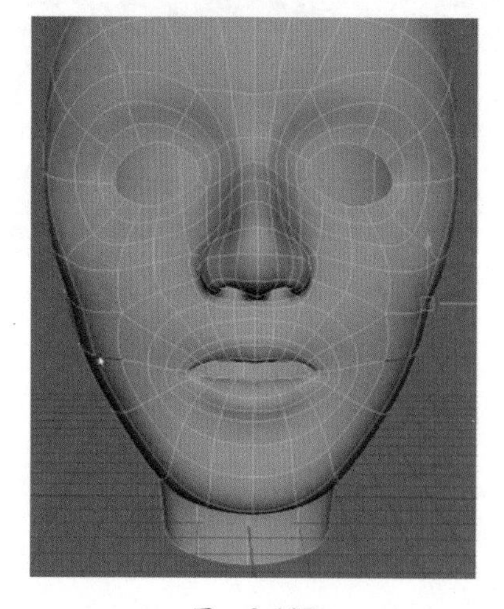

图 2-107

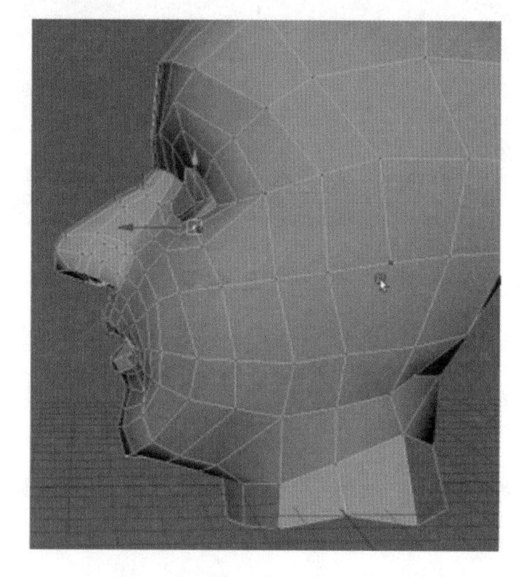

图 2-108

(88) 调整下巴前端顶点的位置,让下巴显得更圆润饱满,效果如图 2-109 所示。

(89) 对脖子的布线进行删减优化,效果如图 2-110 所示。

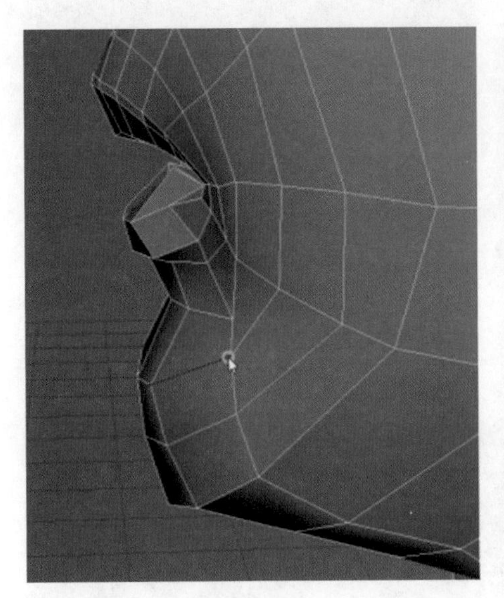

图　2-109

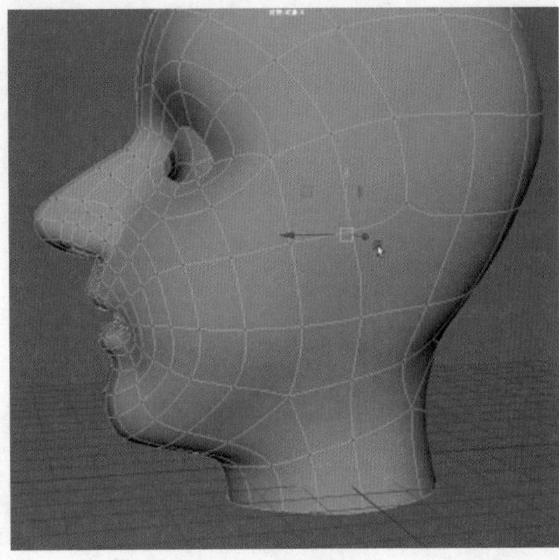

图　2-110

(90) 连接之前未完成的后脑布线,然后进行统一调整,效果如图 2-111 所示。

(91) 调整下巴到耳朵底部之间的布线,让下颚骨比较明显,效果如图 2-112 所示。

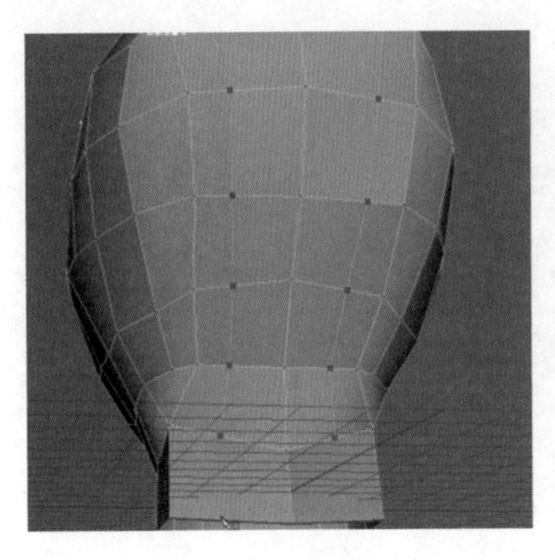

图　2-111

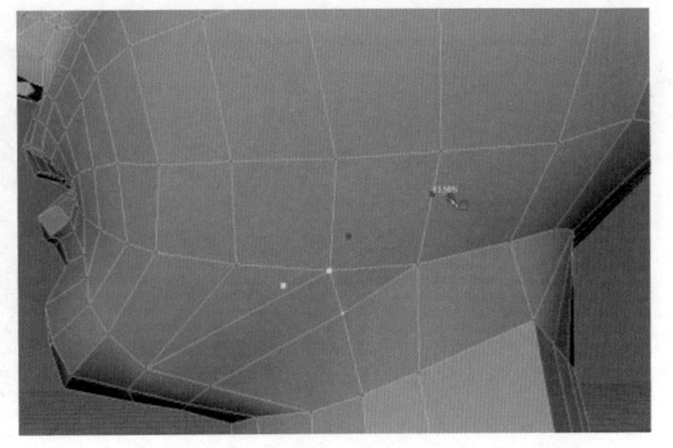

图　2-112

(92) 下颌骨布线需要对周边布线进行较大的修改,具体步骤请参考视频教学,如图 2-113 所示。

(93) 调整头部侧面的布线,留出制作耳朵的空间,效果如图 2-114 所示。

(94) 新建多边形球体作为眼球,调整大小和位置。有了眼球作参考,就可以调整眼皮的位置,如图 2-115 所示。

(95) 为眼皮挤出厚度,一般至少需要挤出 3 次,效果如图 2-116 所示。

(96) 调整挤出线段的位置和厚度,效果如图 2-117 所示。

(97) 多角度观察效果,尽可能多地找出并解决存在的问题,效果如图 2-118 所示。

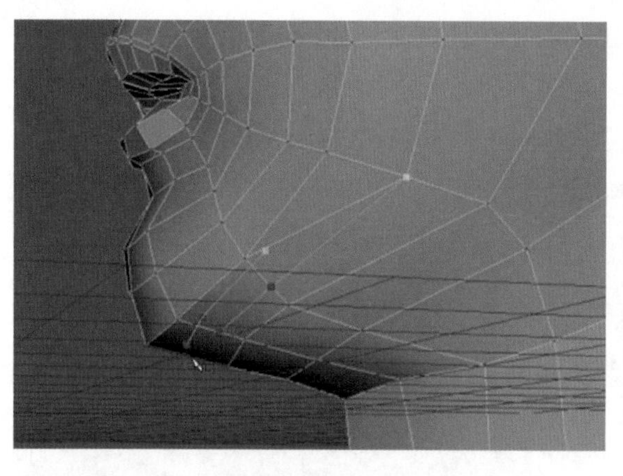

图 2-113

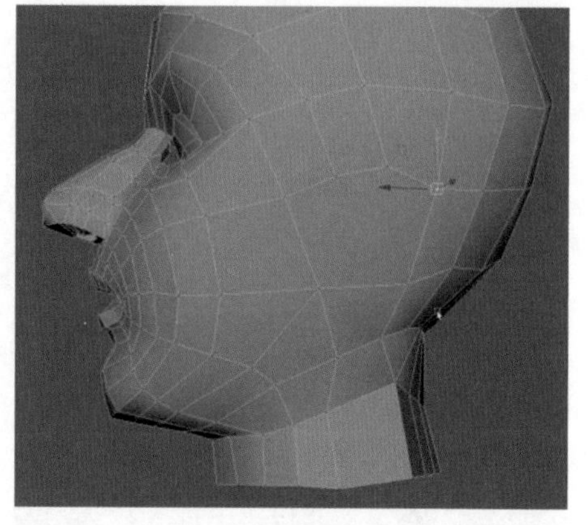

图 2-114

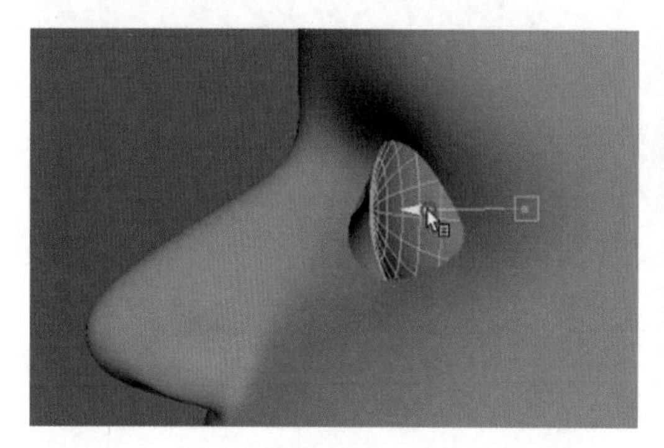

图 2-115

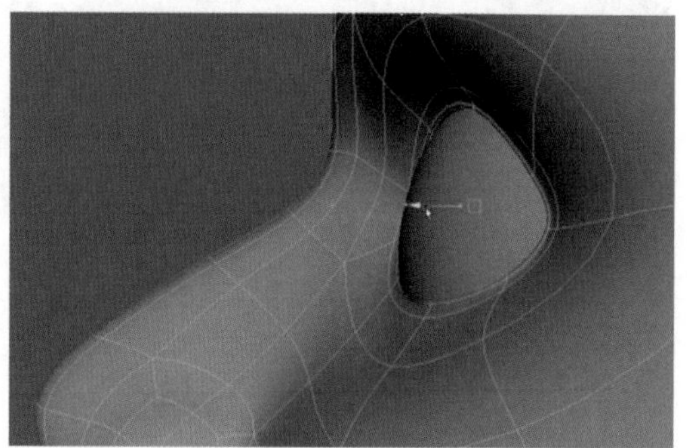

图 2-116

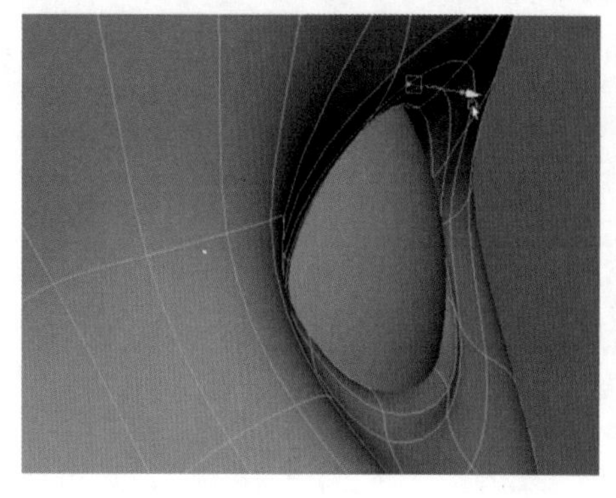

图 2-117

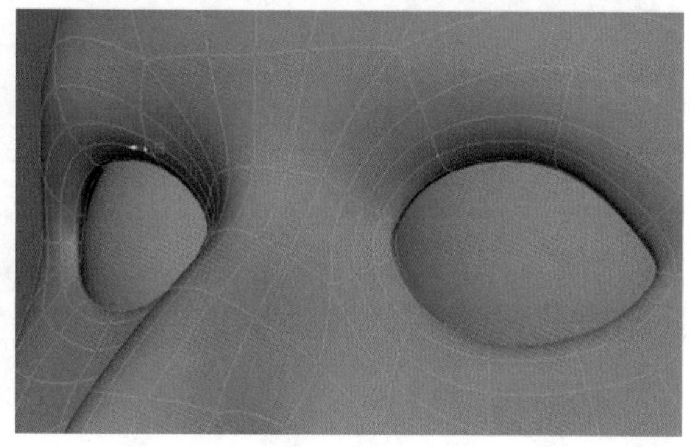

图 2-118

(98) 使用“晶格”整体调整造型，侧面晶格的段数根据实际情况来定，如果需要调整更多细节，可以增加到 10 段左右，如图 2-119 所示。

(99) 删除耳朵轮廓线内侧的面，预留耳朵合并空间，效果如图 2-120 所示。

任务 2：耳朵的制作

耳朵结构比较复杂，但是在很多卡通风格项目中耳朵造型一般很简单，与卡通风格的造型不会产生违和感。本案例中我们仍然采用了较为写实的制作方法，以避免耳朵与头部布线不匹配的问题，为大家提供更多的建模解决方案。

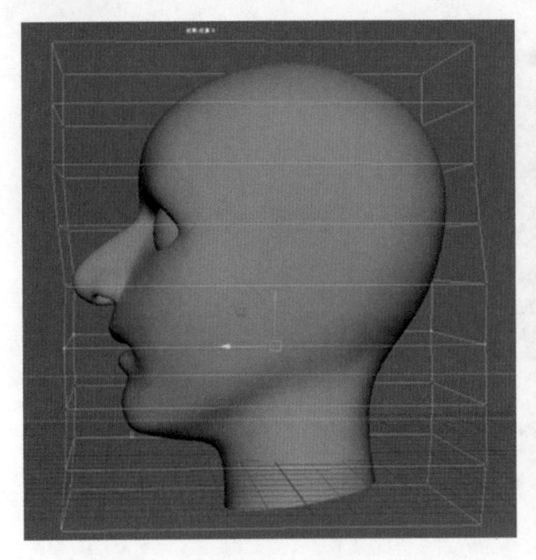

图　2-119

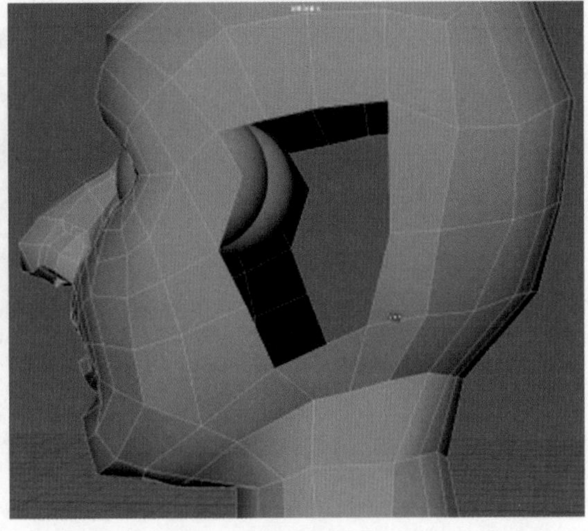

图　2-120

耳朵的制作步骤如下。

(1) 创建多边形圆环，调整圆环半径和截面半径以适配耳朵大小。调整轴向细分数和高度细分分别为 9 和 5，效果如图 2-121 所示。

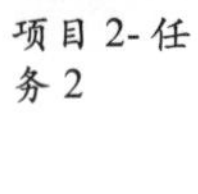

项目 2- 任务 2

(2) 双击选中内侧的一圈面，删除并移动靠近脸部的顶点，效果如图 2-122 和图 2-123 所示。

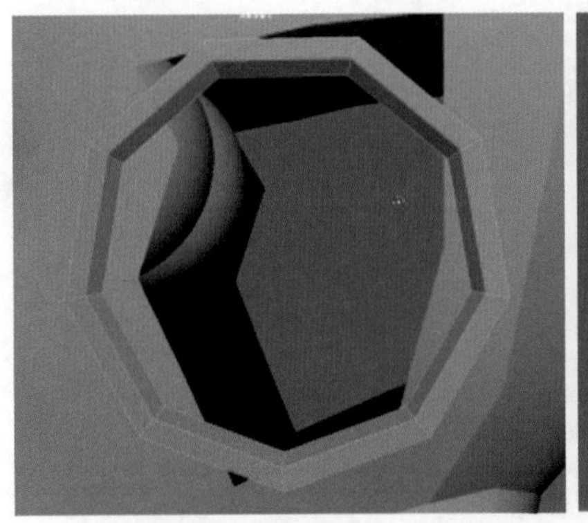

图　2-121

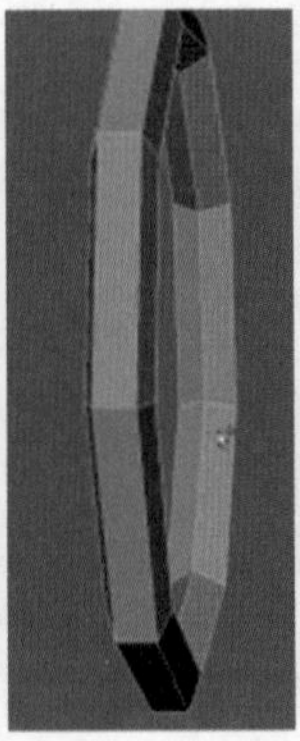

图　2-122

图　2-123

(3) 选中各组点并调整耳朵的外轮廓造型。左侧插入循环边，并删除选中的面，将断面顶端向内侧挤出，效果如图 2-124 ～图 2-126 所示。

(4) 将断面底部向下移动，效果如图 2-127 所示。

(5) 向左侧挤出边，并焊接断裂处的两个顶点，效果如图 2-128 和图 2-129 所示。

(6) 合并对应面的顶点，效果如图 2-130 所示。

(7) 使用“附加多边形”工具补面，效果如图 2-131 所示。

(8) 在耳朵右侧轮廓内插入边线，继续补齐底部剩余的面，效果如图 2-132 和图 2-133 所示。

(9) 选中图中的一组面向内挤出，效果如图 2-134 所示。

(10) 补上最后一个空缺的面，效果如图 2-135 所示。

(11) 在耳朵左侧轮廓切割一条边，效果如图 2-136 所示。

图 2-124

图 2-125

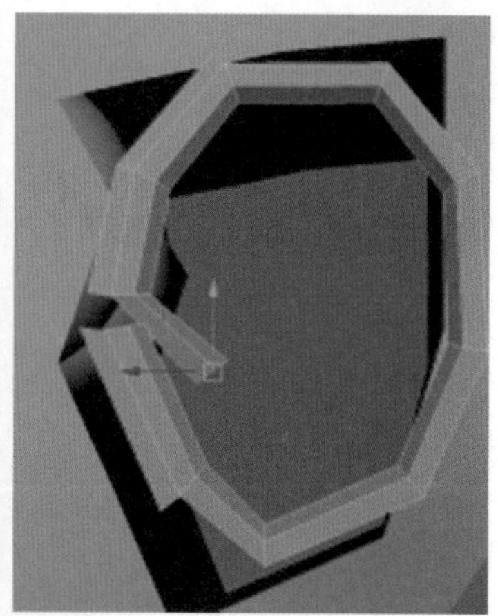

图 2-126

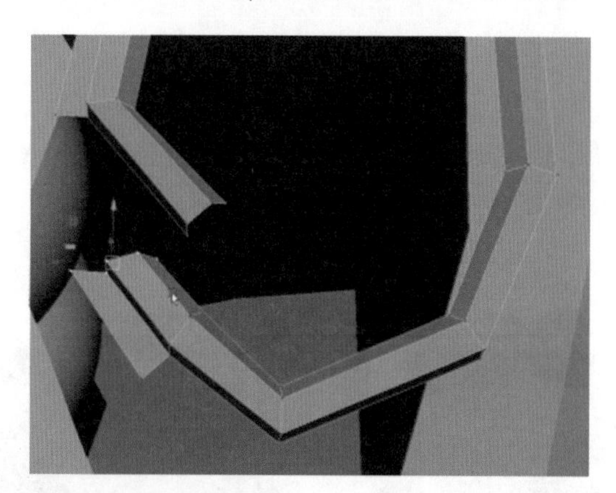

图 2-127

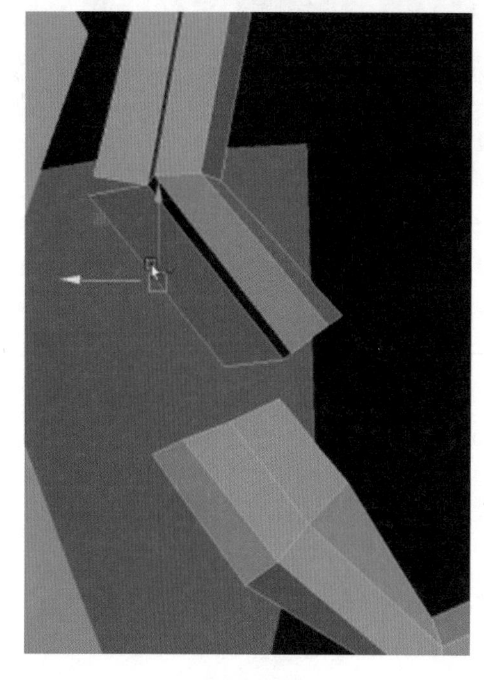

图 2-128

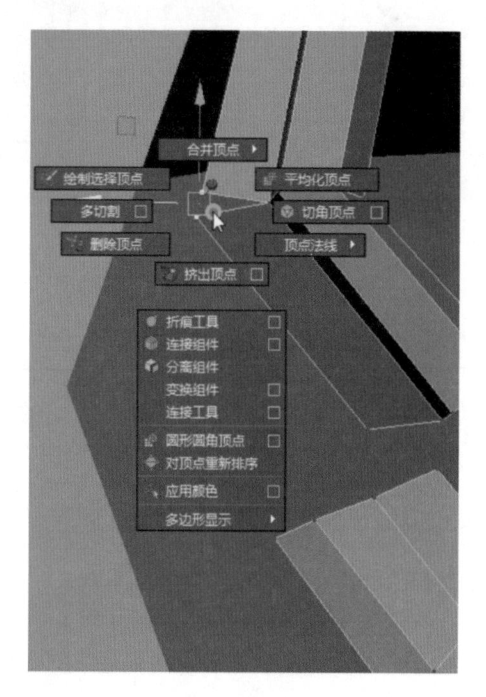

图 2-129

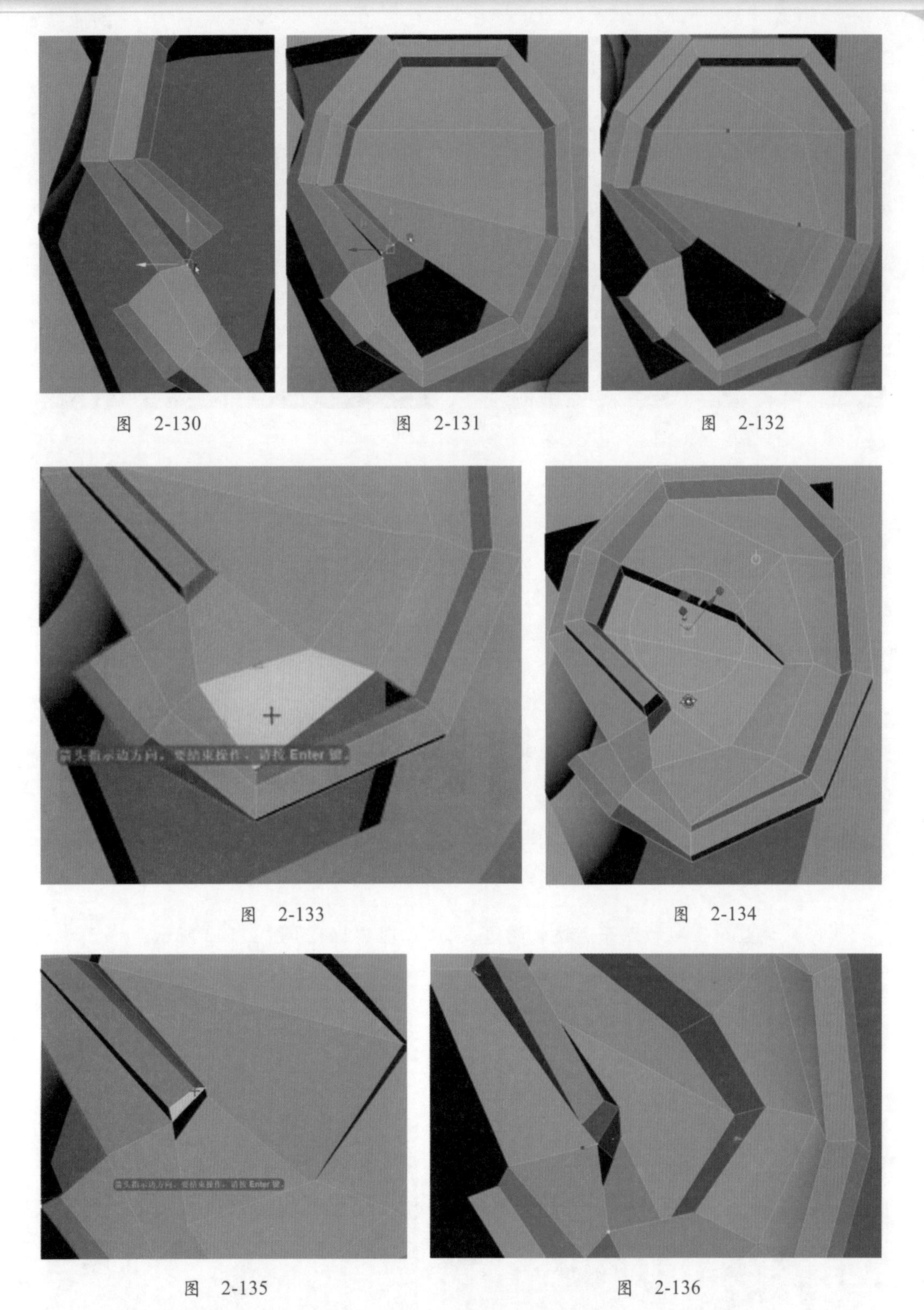

图　2-130　　图　2-131　　图　2-132

图　2-133　　图　2-134

图　2-135　　图　2-136

(12) 删除选中的边，效果如图 2-137 和图 2-138 所示。

(13) 连接新的边，解决出现的五边面，效果如图 2-139 所示。

(14) 删除红色边，使两个三角面合为四边面，效果如图 2-140 所示。

图　2-137

图　2-138

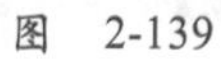

图　2-139

图　2-140

（15）调整该区域的点并连接新的边，效果如图 2-141 和图 2-142 所示。

图　2-141

图　2-142

（16）新加高亮显示的边，以光滑方式显示并调整相应的顶点，效果如图 2-143 和图 2-144 所示。

图　2-143　　　　图　2-144

（17）依据耳朵的软骨结构对耳朵内部布线做出必要的调整，效果如图 2-145 所示。

（18）新加连接边，效果如图 2-146 所示。

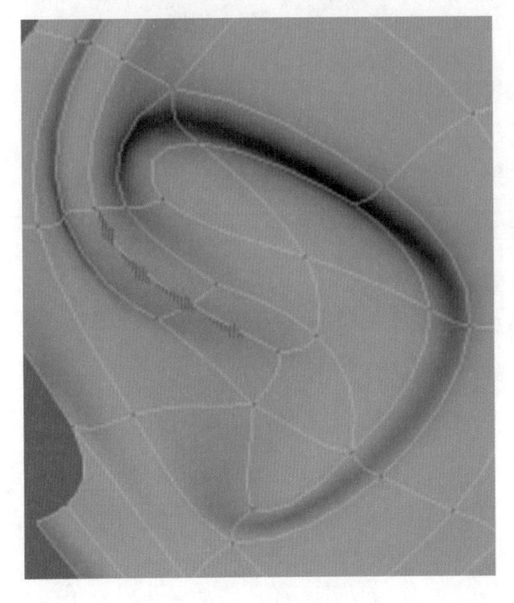

图　2-145

图　2-146

（19）向上连接边，解决五边面问题，效果如图 2-147 所示。

（20）用相同的方法继续向左连接边，解决其他三角面问题，效果如图 2-148 所示。

图 2-147

图 2-148

（21）调整内侧线段的走向，效果如图 2-149 所示。

（22）将内轮廓底部再次向内挤出，效果如图 2-150 所示。

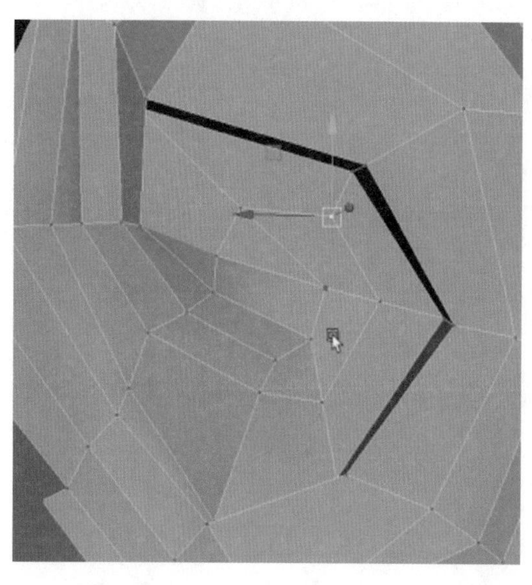

图 2-149

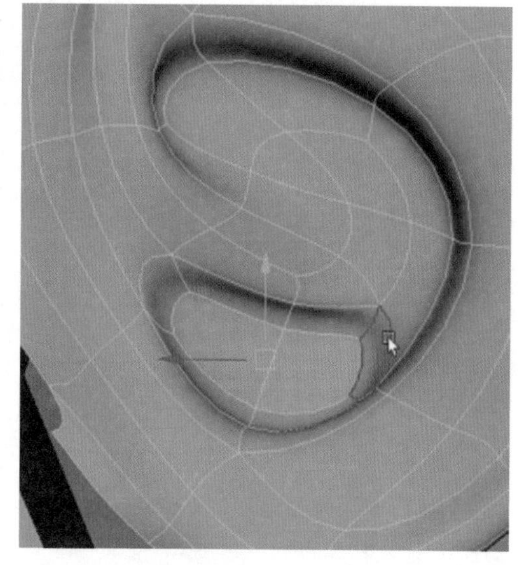

图 2-150

（23）以软选择方式调整耳朵的整体造型，效果如图 2-151 所示。

（24）使用向外侧连线的方式解决内侧遗留的三角面问题，效果如图 2-152 所示。

（25）从侧视角观察耳朵的造型，并拖动顶点让耳垂看起来更有肉感，效果如图 2-153 所示。

（26）在耳道处向内挤出，效果如图 2-154 所示。

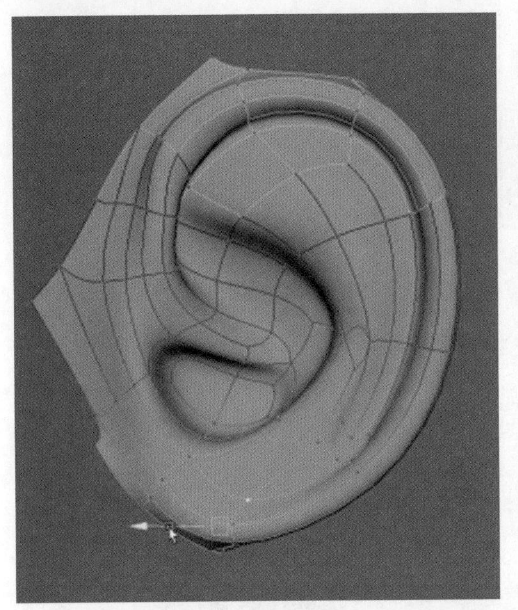

图 2-151

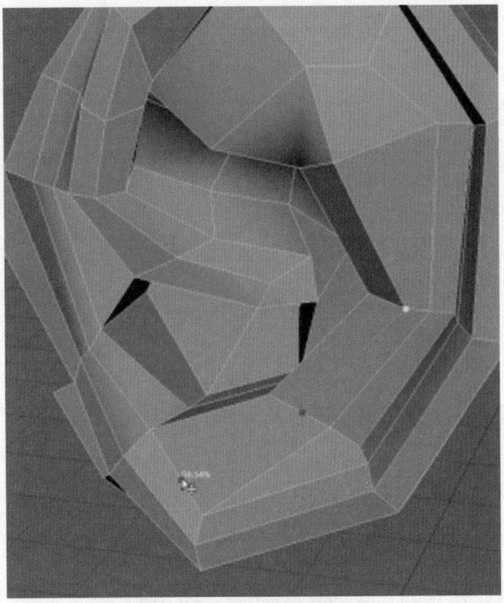

图 2-152

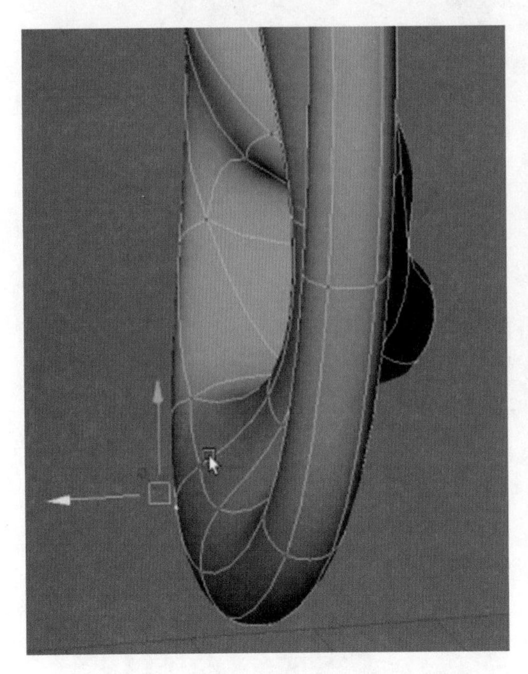

图 2-153

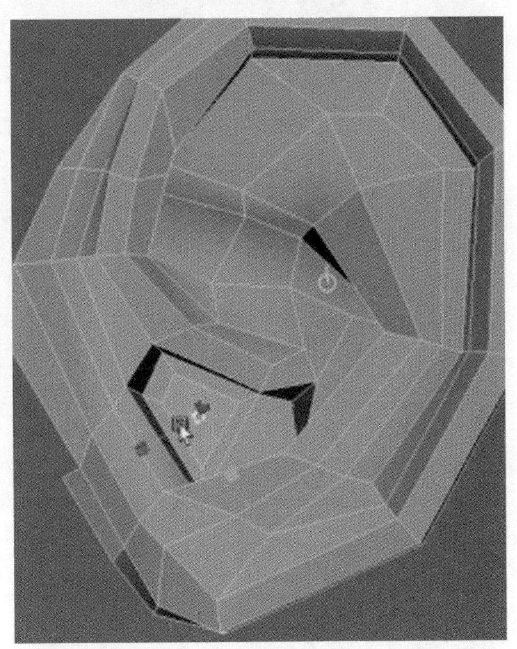

图 2-154

(27) 选择耳朵断面的轮廓边并挤出,效果如图 2-155 所示。

(28) 为耳朵添加“晶格”修改造型,效果如图 2-156 所示。

(29) 在此视角下调整耳朵轮廓线为 S 形,效果如图 2-157 所示。

(30) 调整耳朵的大小和位置。选择“结合”命令,把耳朵和头部结合为一个物体,效果如图 2-158 所示。

(31) 对相应的边进行焊接,效果如图 2-159 ~图 2-161 所示。

(32) 为耳朵顶部空缺的部分补面,效果如图 2-162 所示。

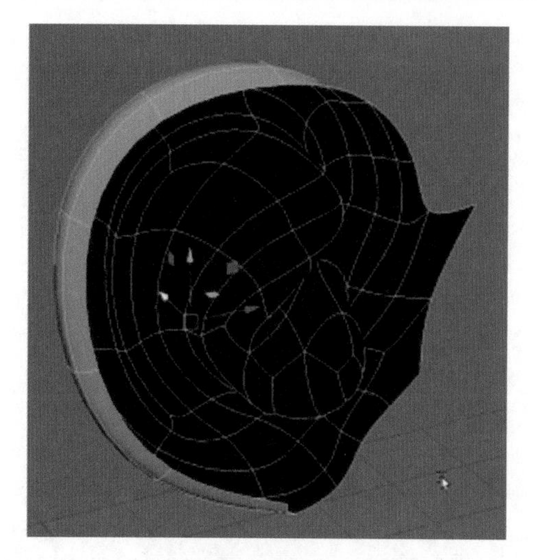

图 2-155

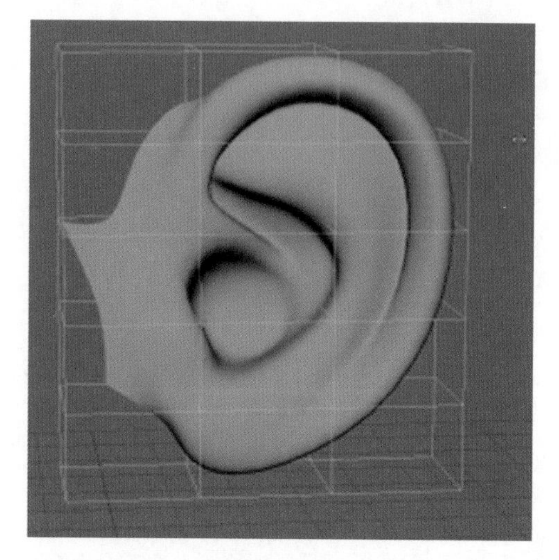

图 2-156

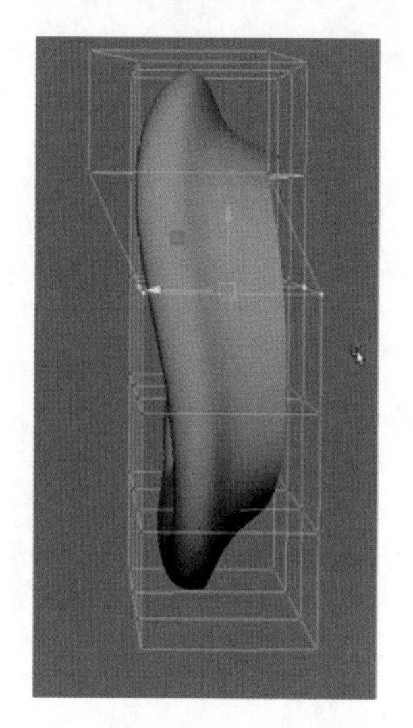

图 2-157

图 2-158

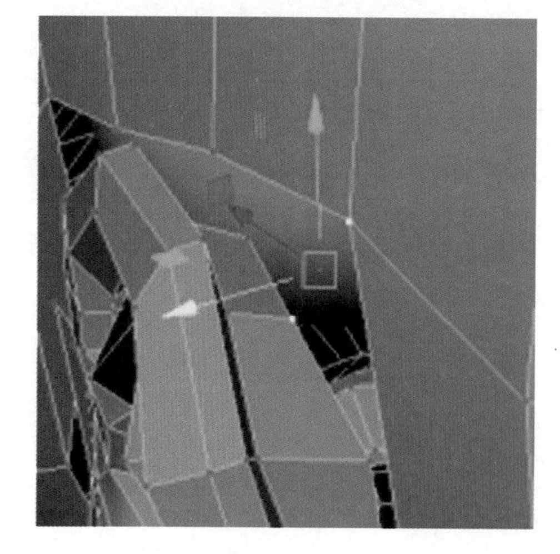

图 2-159

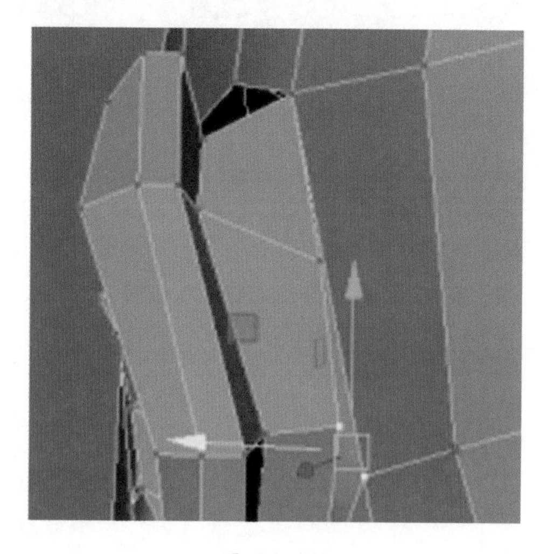

图 2-160

图　2-161

图　2-162

(33) 删除此三角面，再次补面，效果如图 2-163 和图 2-164 所示。

图　2-163

图　2-164

(34) 继续向下补面，效果如图 2-165 ～图 2-168 所示。

(35) 为脑后增加线段，把耳朵最后一个剩余点焊接到该线段的端点上，效果如图 2-169 所示。

(36) 以光滑方式显示，以检查耳朵与脸部衔接的位置是否平顺，很多时候新连接的耳朵可能会高于脸部，所以要对衔接处进行多次调整，效果如图 2-170 所示。

(37) 处理耳朵底部没有贯穿的线段，效果如图 2-171 和图 2-172 所示。

(38) 整体观察耳朵与头部的比例是否合适，效果如图 2-173 和图 2-174 所示。

(39) 用“软选择”把衔接处的点向头部内侧拖动，让耳朵和脸部衔接，看起来要更平顺，效果如图 2-175 所示。

图 2-165

图 2-166

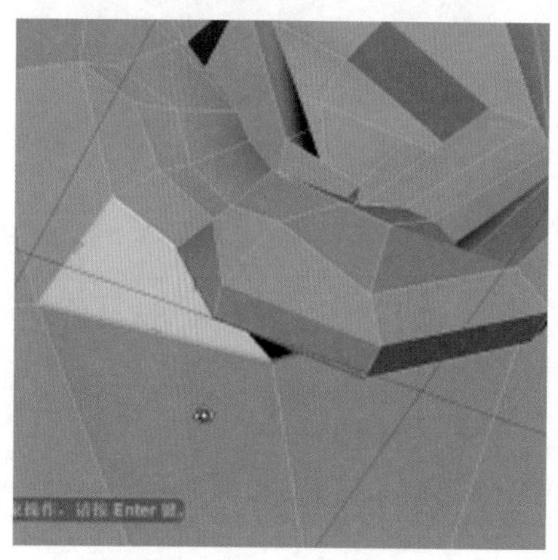

图 2-167

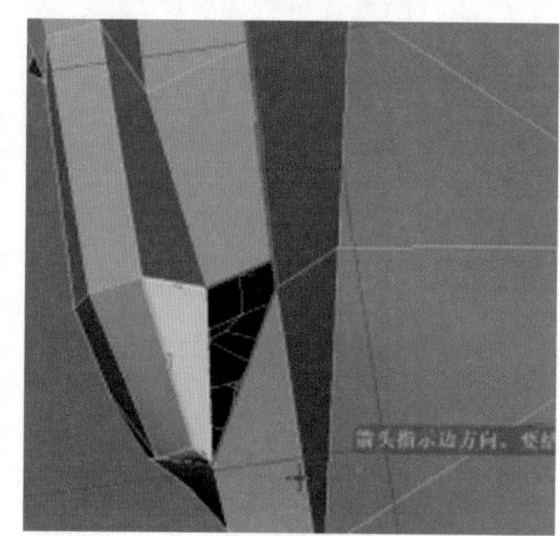

图 2-168

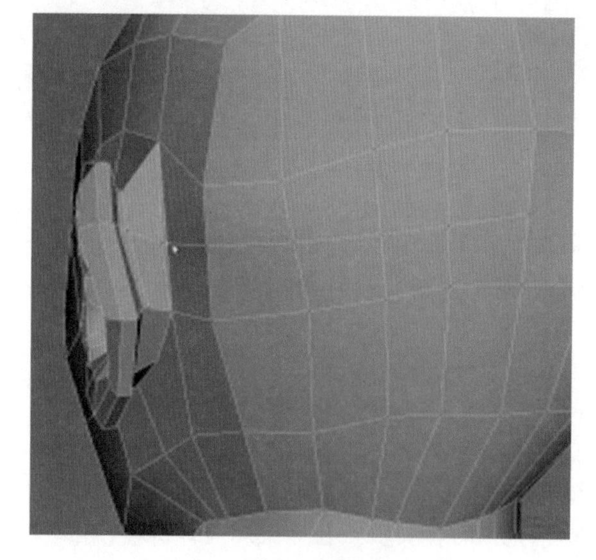

图 2-169

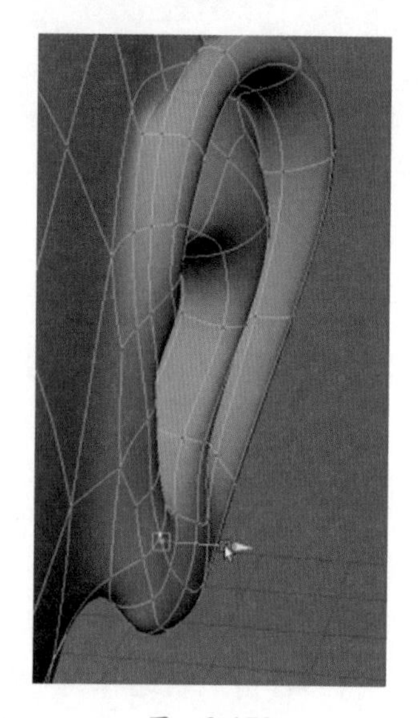

图 2-170

图 2-171

图 2-172

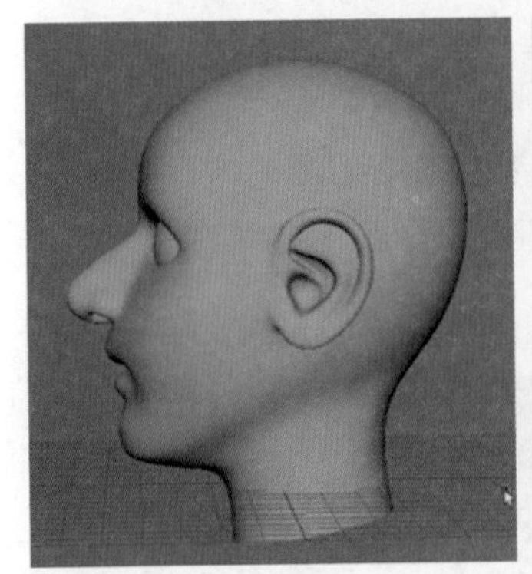

图 2-173

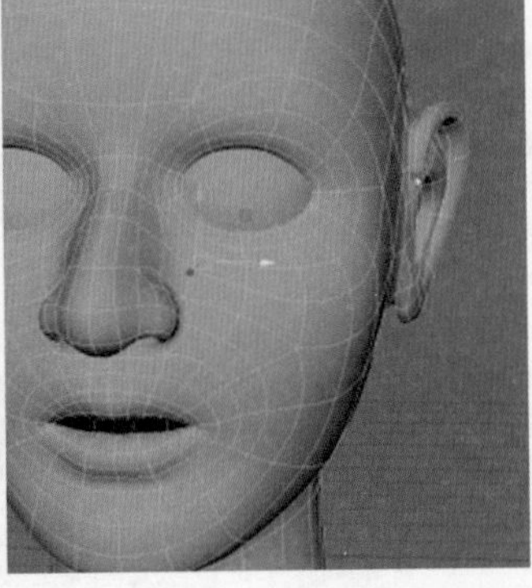

图 2-174

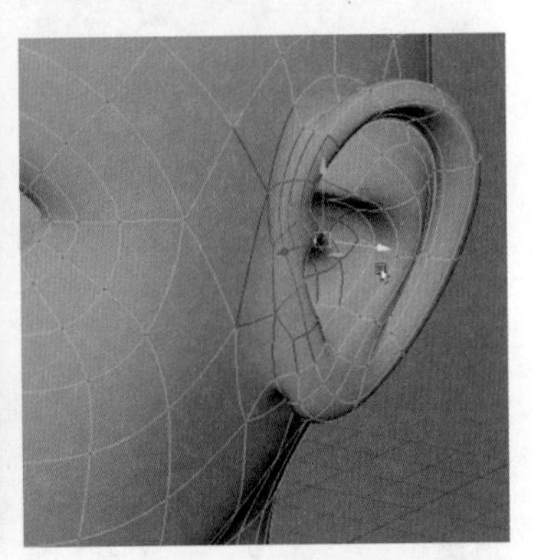

图 2-175

(40) 如果耳朵下面的布线过密，可以用合并顶点的方式进行适度精简，效果如图 2-176 和图 2-177 所示。

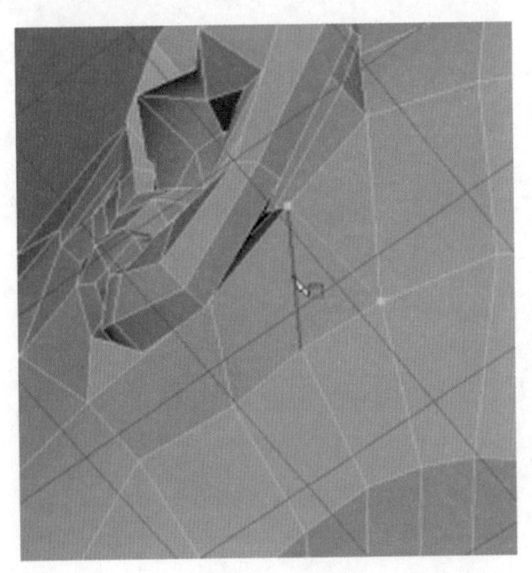

图 2-176

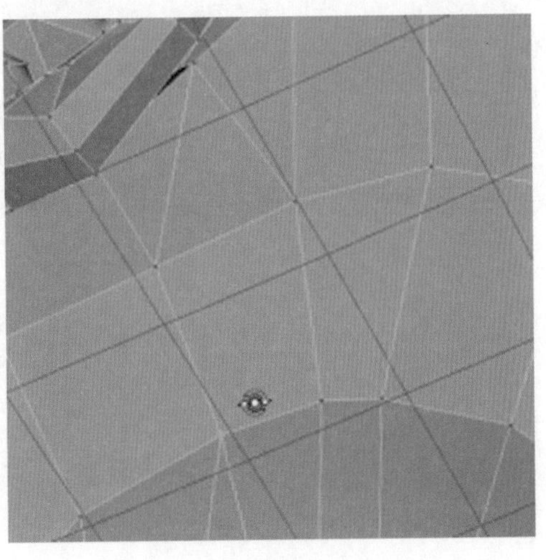

图 2-177

（41）删除选中的边，合并选中的顶点，此方式既精简了段数，又取消了三角面的存在，效果如图 2-178 和图 2-179 所示。

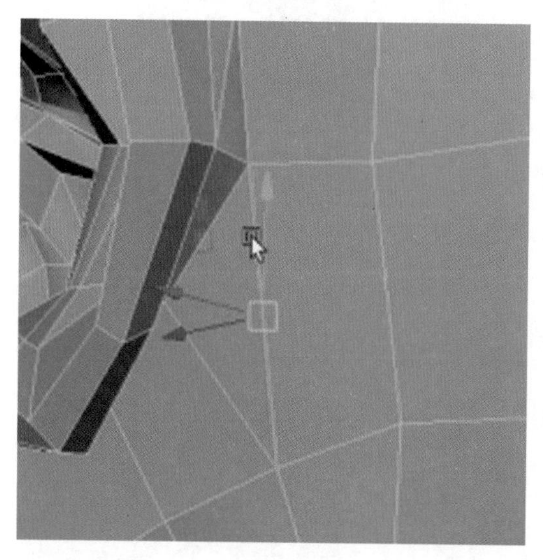

图 2-178

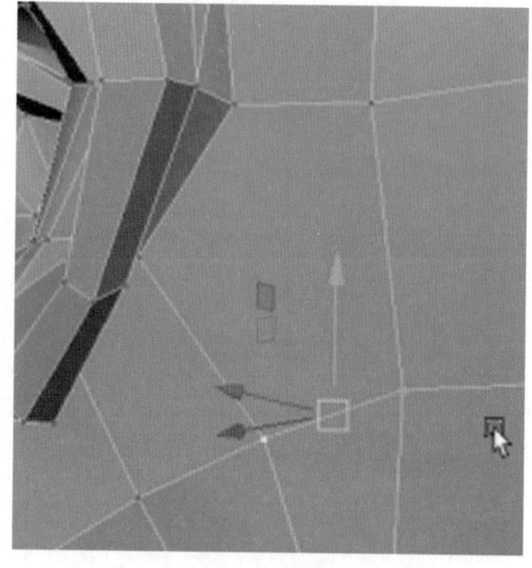

图 2-179

（42）再次观察耳朵与头部的比例，发现耳朵过大，效果如图 2-180 所示。

（43）用“软选择”的方式选择耳朵中央的顶点，按住 B 键并拖动鼠标，适当增大影响范围，效果如图 2-181 所示。

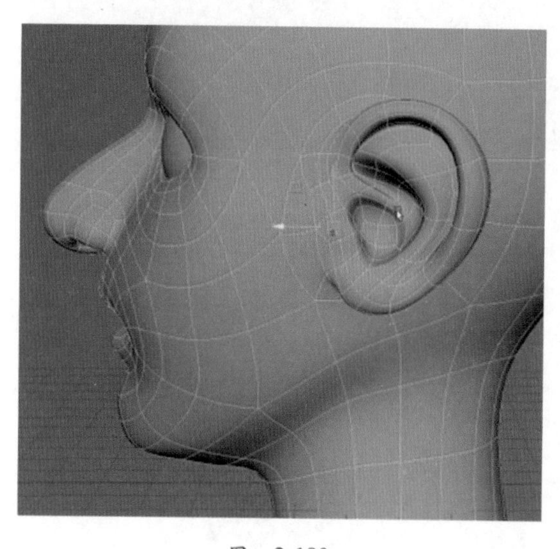

图 2-180

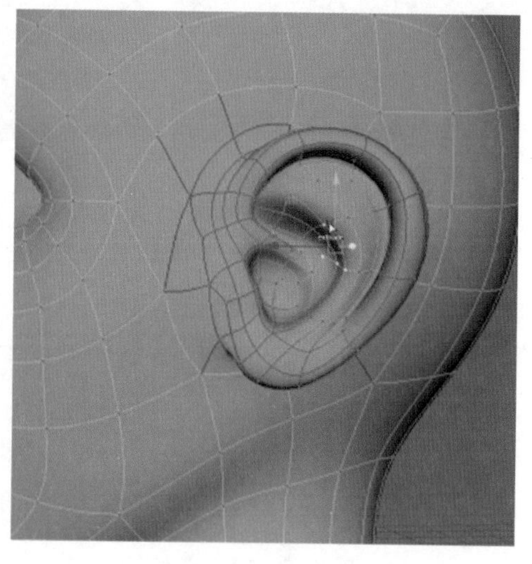

图 2-181

（44）缩小耳朵的整体大小，效果如图 2-182 所示。

（45）使用“镜像”命令镜像头部另一半，此时可能会出现顶点黏连的问题，可采用修改阈值或手动分离的方式解决，效果如图 2-183 ～图 2-185 所示。

（46）孤立显示头部前的下半部分，进入头的内部并挤出口腔和喉咙，效果如图 2-186 ～图 2-188 所示。

（47）至此，头部建模基本完成，如图 2-189 所示。

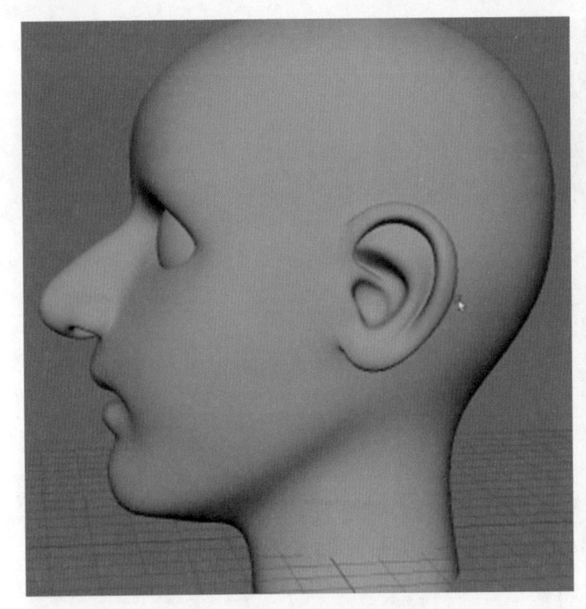

图　2-182

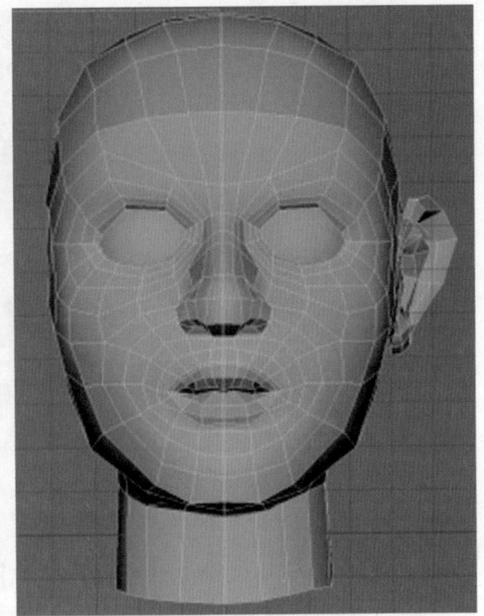

图　2-183

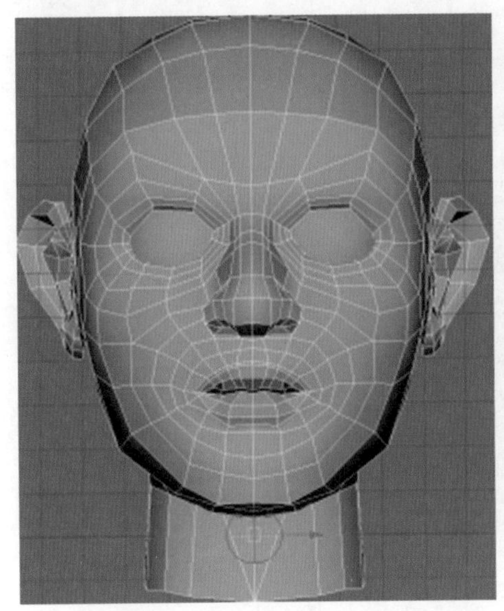

图　2-184

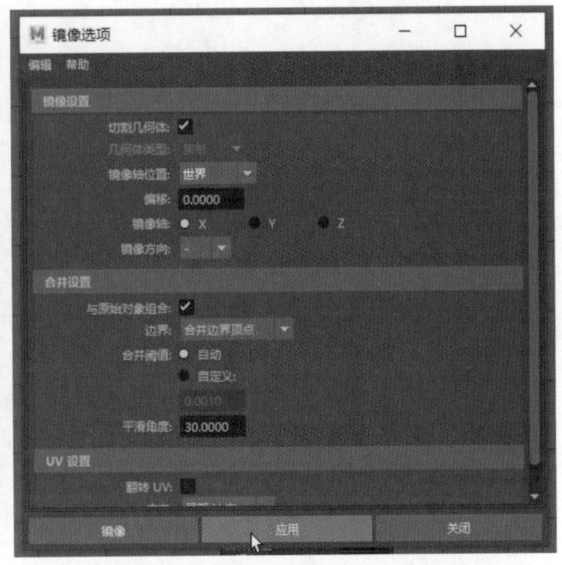

图　2-185

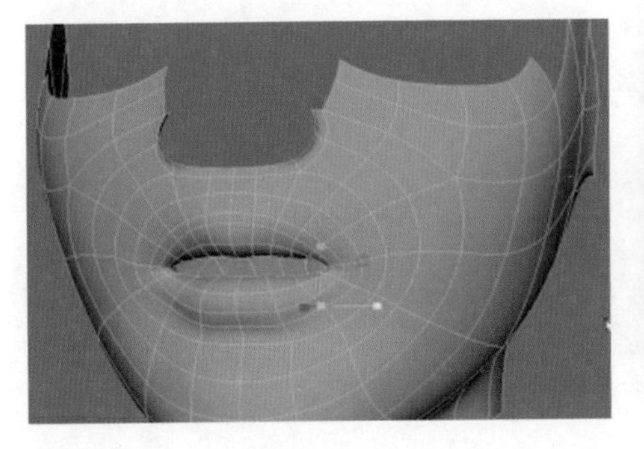

图　2-186

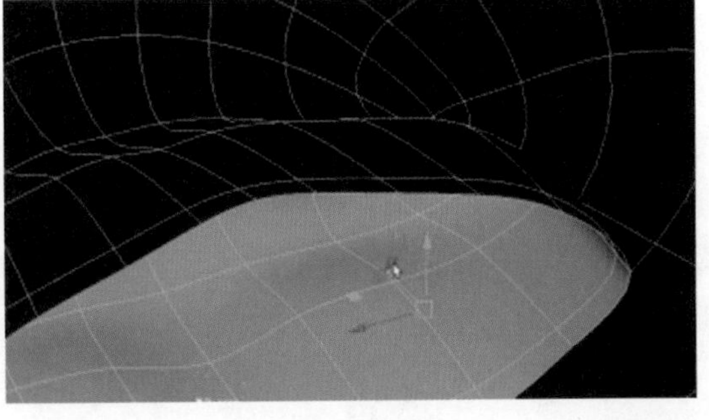

图　2-187

图 2-188

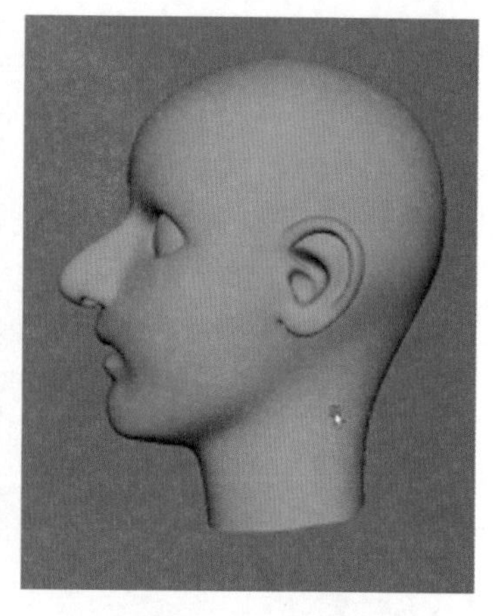

图 2-189

（48）更改脖子布线，以适应胸锁乳突肌的结构，效果如图 2-190 和图 2-191 所示。

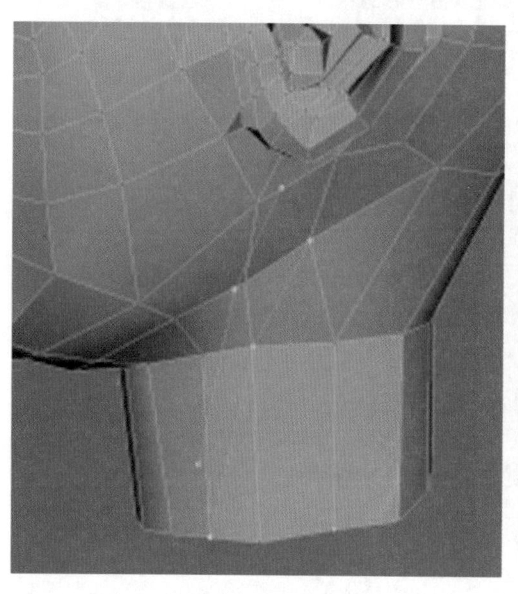

图 2-190

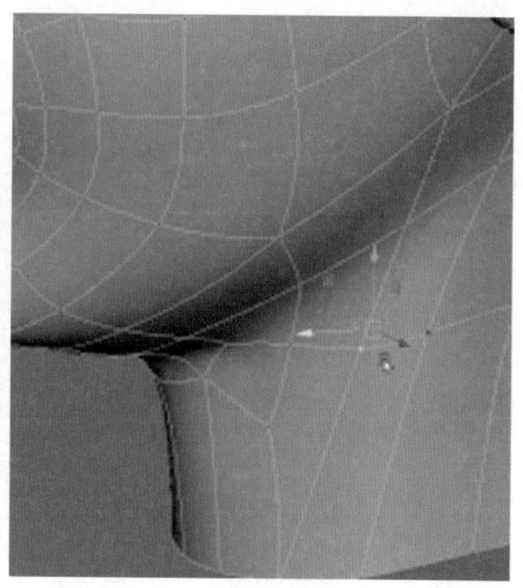

图 2-191

（49）用“多切割”命令添加喉结的结构线，效果如图 2-192 所示。

（50）用“多切割”命令连接边和斜角顶点，解决三角面和五边面的问题，效果如图 2-193 和图 2-194 所示。

（51）将耳朵和头部衔接的部分处理好，独立的头部建模也就完成了，效果如图 2-195 所示。

项目 2-任务 3

任务 3：手部的制作

手部建模的难点除了控制手的整体比例之外，主要集中在关节处理上，关节处理得好坏直接影响手部造型效果，也会影响后期手部的各种动作。很多时候，骨骼绑定之后才会发现手指建模存在的问题，所以在该部分建模时，各关节的比例要反复测试。

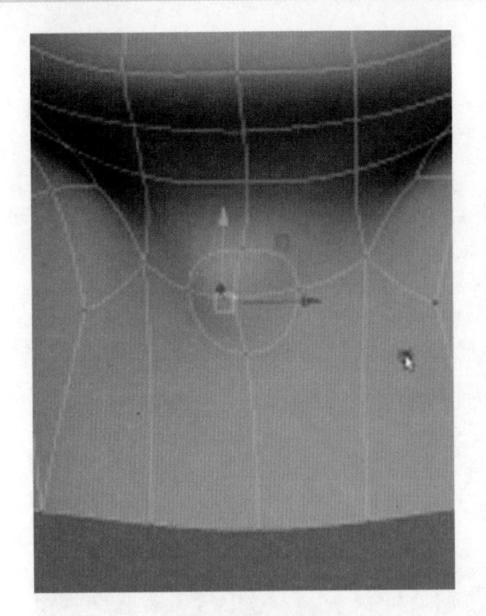

图 2-192

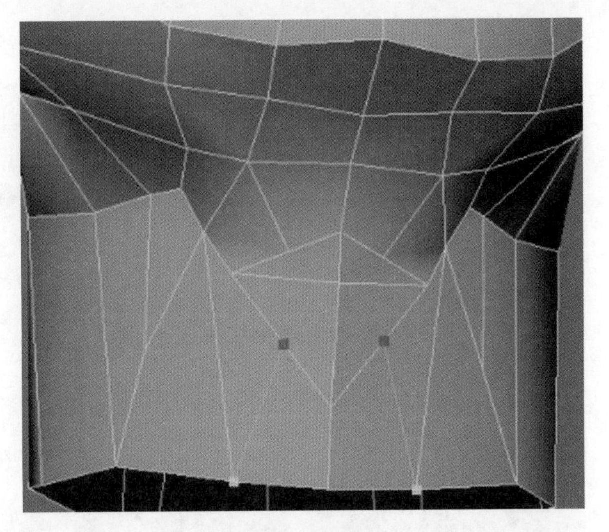

图 2-193

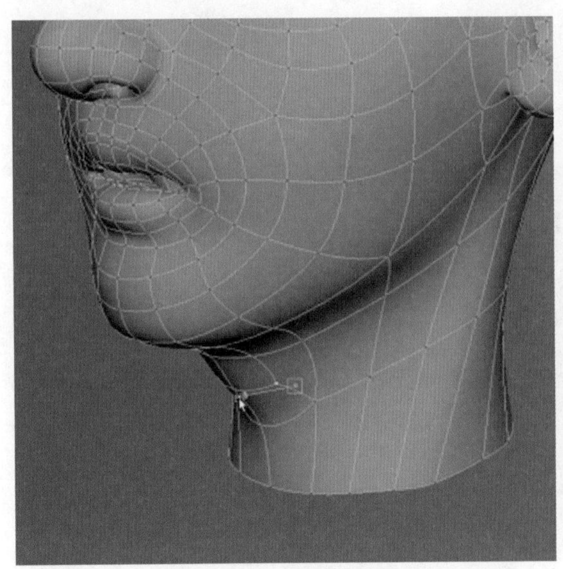

图 2-194

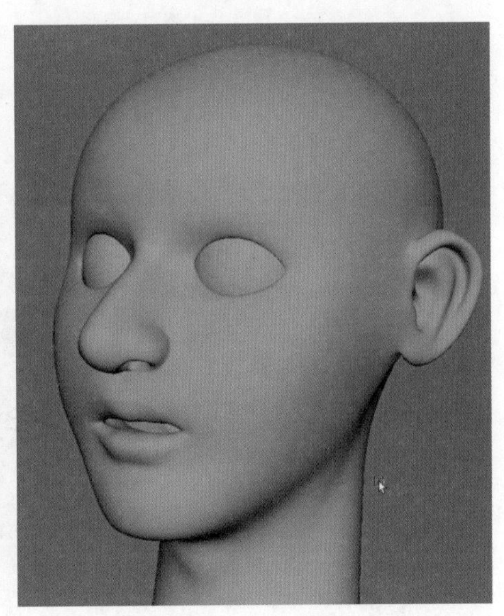

图 2-195

手部制作步骤如下。

(1) 新建一个立方体,插入循环边数为3,效果如图2-196所示。

(2) 将左侧面挤出两段,并调整位置,效果如图2-197所示。

图 2-196

图 2-197

（3）将顶部面和侧边面都插入循环边，效果如图 2-198 和图 2-199 所示。

图　2-198

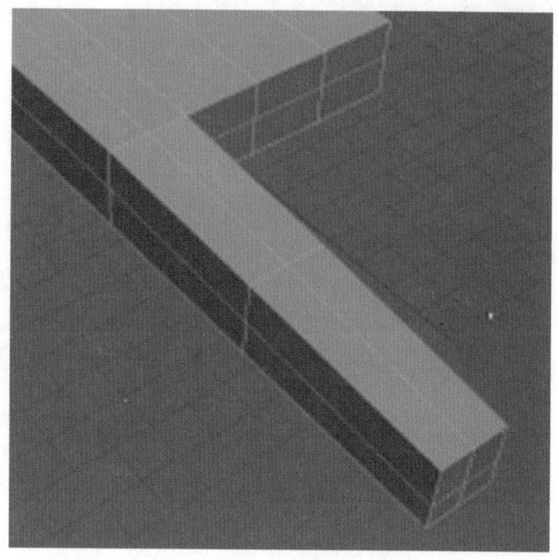

图　2-199

（4）选择图中的一组顶点，然后向内缩放，并插入循环边，效果如图 2-200 和图 2-201 所示。

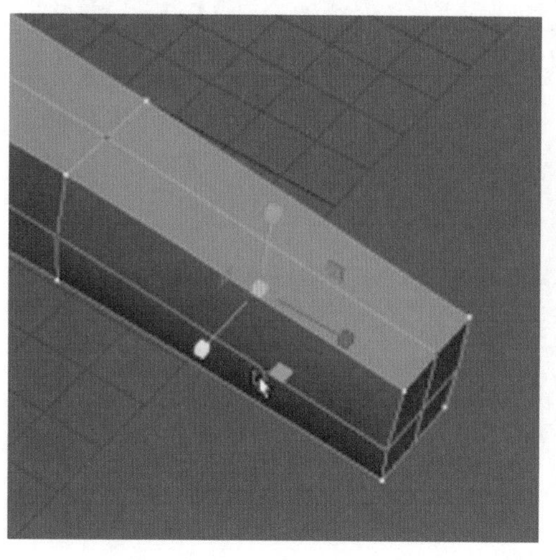

图　2-200

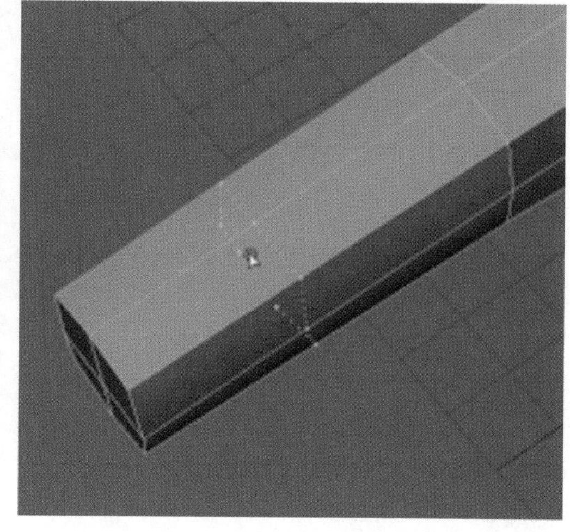

图　2-201

（5）在关节前后分别插入循环边，第二关节和第三关节处也分别插入两段循环边，效果如图 2-202 和图 2-203 所示。

（6）在关节顶部切割四边形，并连接相应的边和点，解决三角面和四边面的问题，效果如图 2-204 和图 2-205 所示。

（7）选择 4 个角的顶点并向内缩放，效果如图 2-206 和图 2-207 所示。

（8）为前一个关节也同样选择此操作，效果如图 2-208 所示。

（9）选择侧边并继续向内移动，效果如图 2-209 和图 2-210 所示。

（10）以光滑显示方式查看造型，效果如图 2-211 所示。

（11）在手指根部插入循环边，并调整顶点，效果如图 2-212 所示。

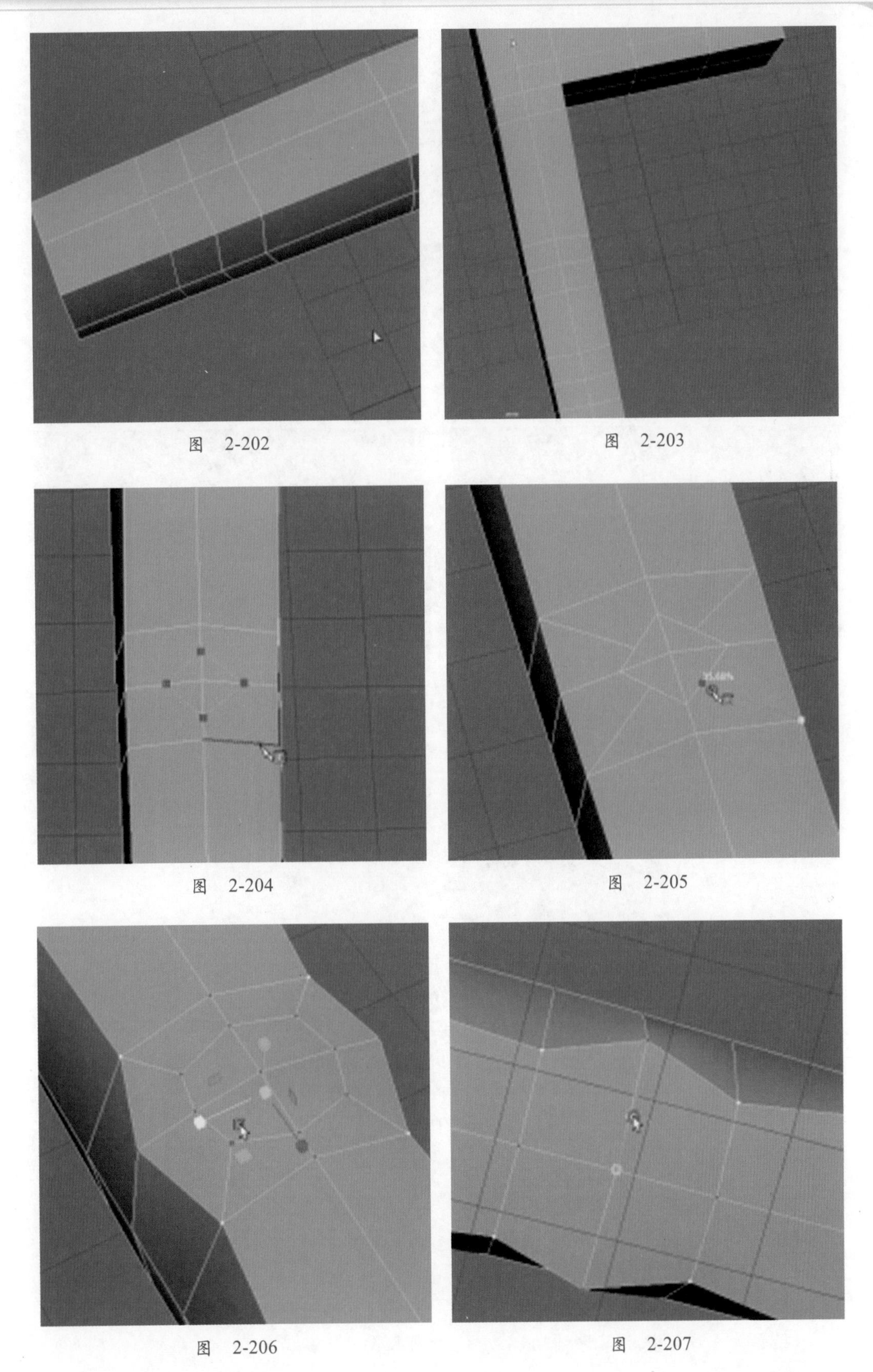

图　2-202

图　2-203

图　2-204

图　2-205

图　2-206

图　2-207

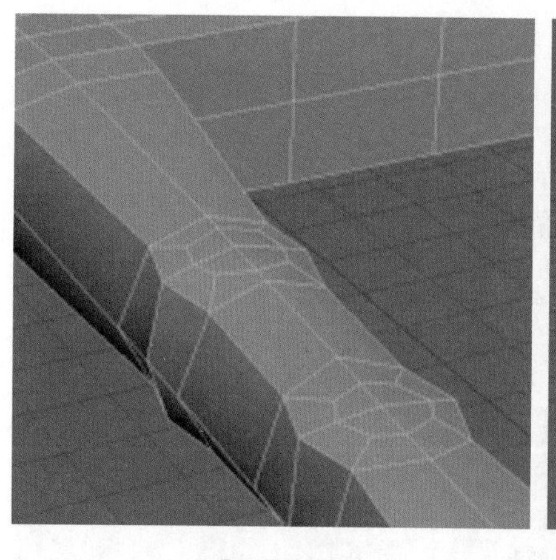

图 2-208

图 2-209

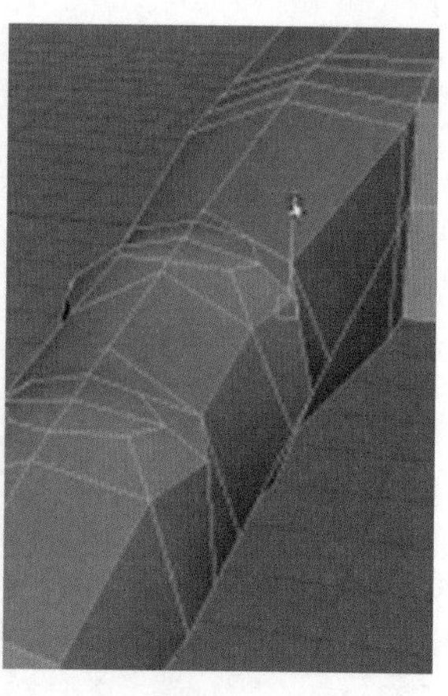

图 2-210

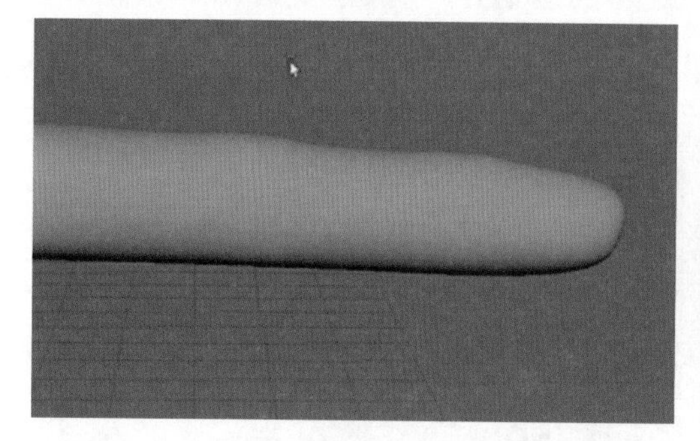

图 2-211

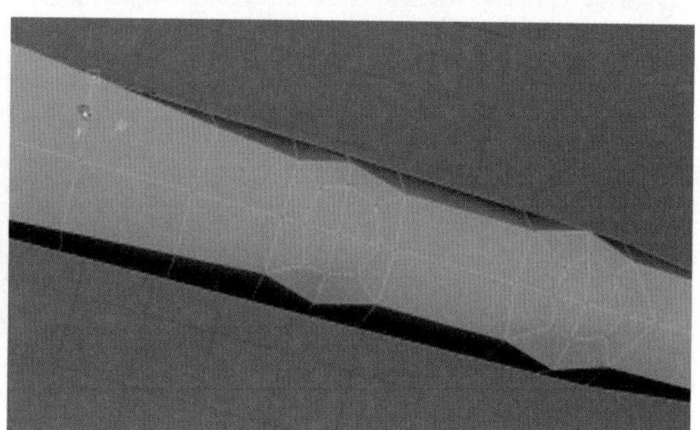

图 2-212

（12）在手指甲处插入循环边，效果如图 2-213 所示。

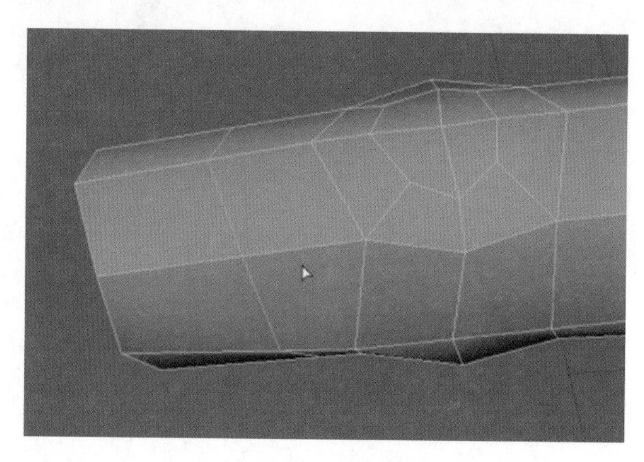

图 2-213

（13）选择指甲片向内挤出，再向下挤出深度，效果如图 2-214 和图 2-215 所示。

（14）再向上挤出，并旋转至倾斜状态，效果如图 2-216 所示。

（15）将选择的点向左移动，让手指尖看起来不是很平，效果如图 2-217 所示。

（16）选择关节处底部的点向上移动，让关节处呈现凹陷的效果，效果如图 2-218 所示。

（17）为手指的根关节切割顶部边线，效果如图 2-219 所示。

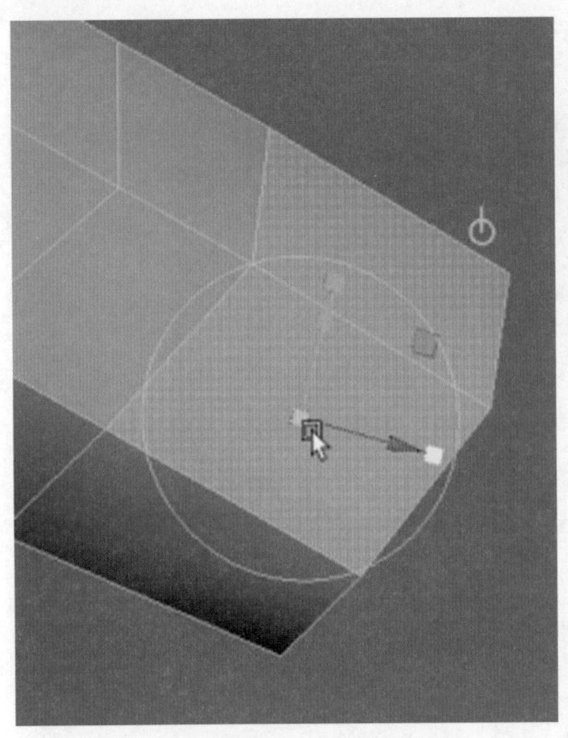
图　2-214

图　2-215

图　2-216

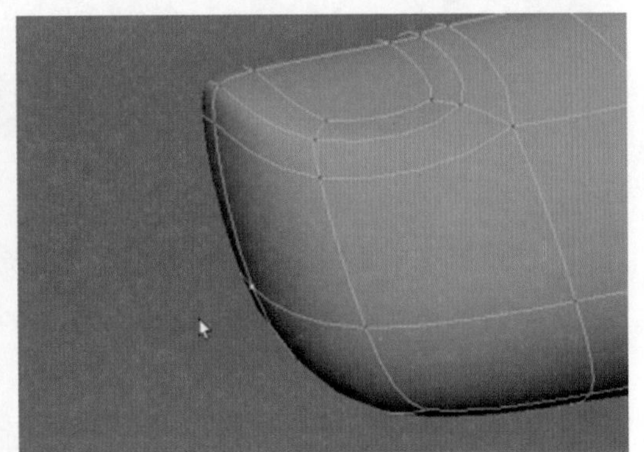
图　2-217

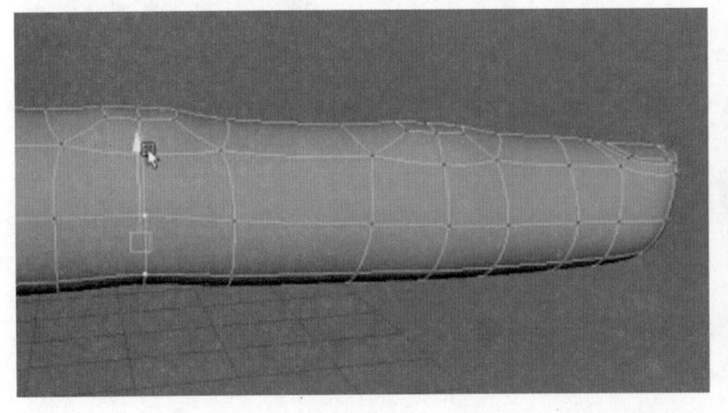
图　2-218

图　2-219

（18）以光滑方式显示，继续调整手指各关节造型，效果如图 2-220 所示。

（19）删除选中的面，效果如图 2-221 所示。

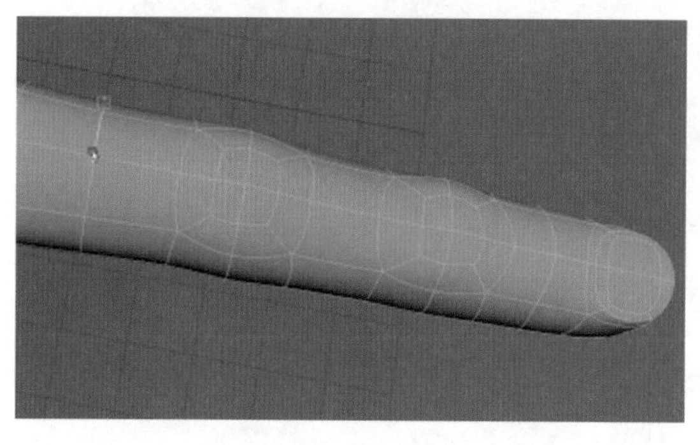

图 2-220

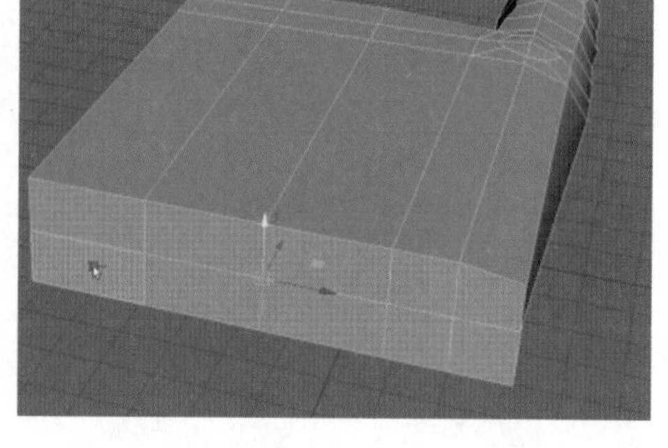

图 2-221

（20）使用软化边的方式观察并调整手指的关节处，效果如图 2-222 所示。

（21）为手掌继续加线，以适应手指的段数，效果如图 2-223 所示。

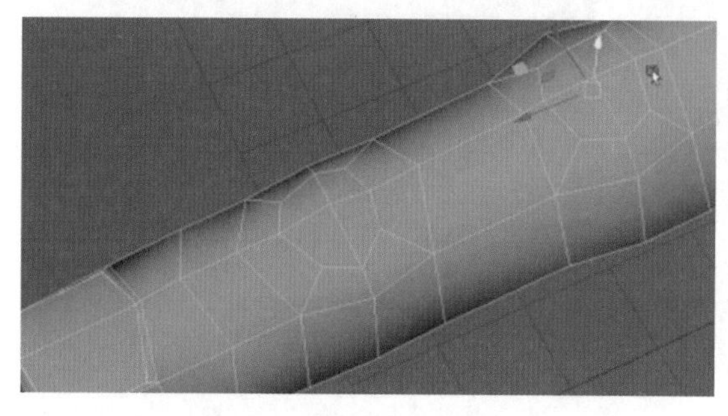

图 2-222

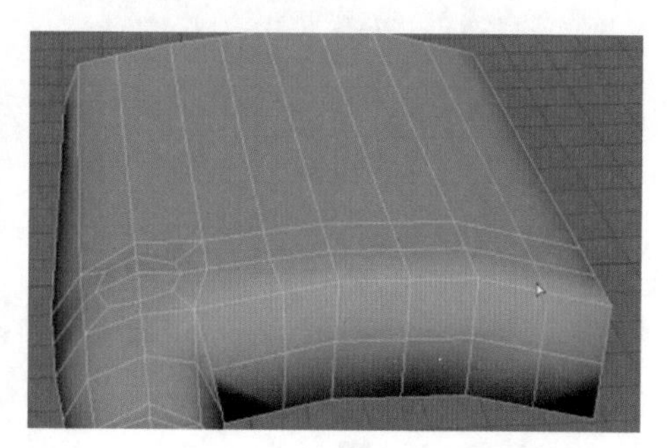

图 2-223

（22）删除所选的面，效果如图 2-224 所示。

（23）复制食指并移动到相应位置，调整长度和大小，效果如图 2-225 和图 2-226 所示。

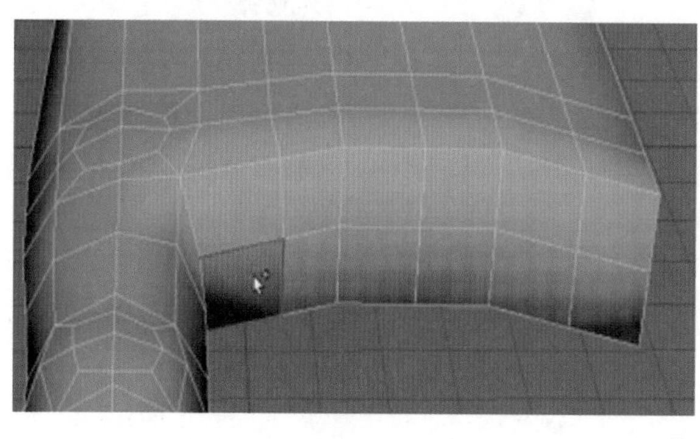

图 2-224

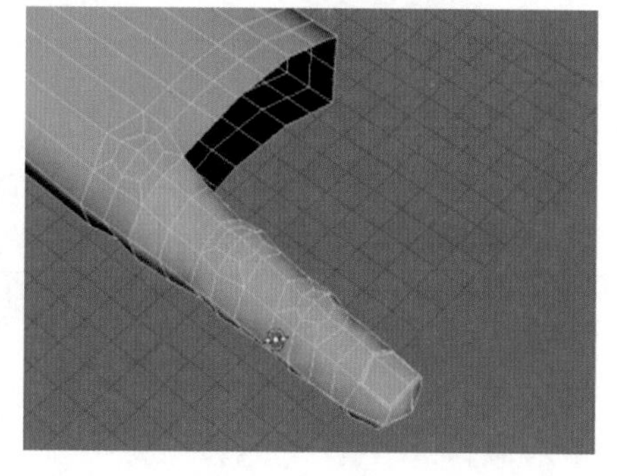

图 2-225

（24）以光滑显示方式查看效果，调整存在的问题，如图 2-227 所示。

（25）选择所有手指，再选择“结合”命令，效果如图 2-228 所示。

（26）合并相应顶点，效果如图 2-229 所示。

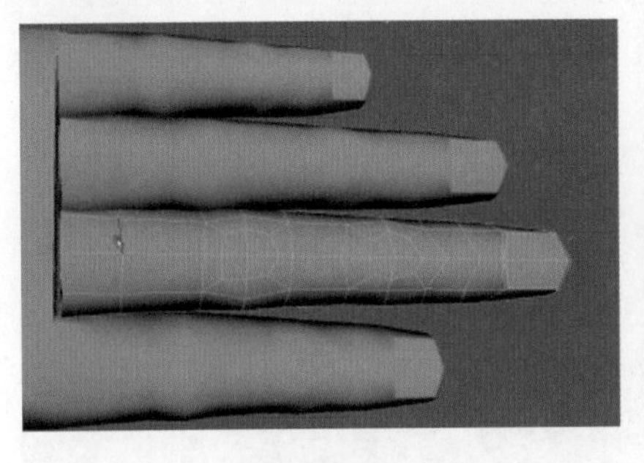

图　2-226

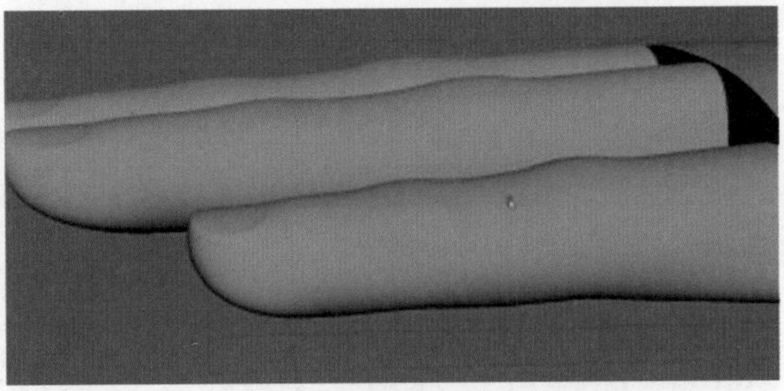

图　2-227

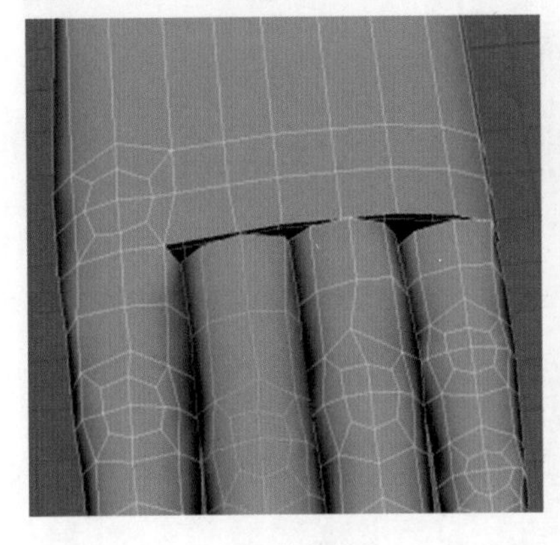

图　2-228

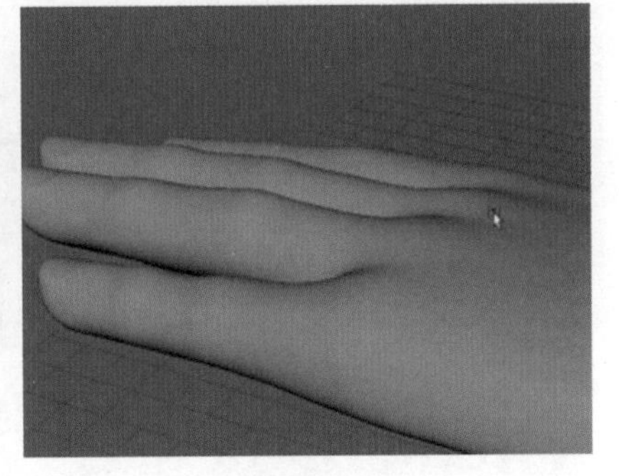

图　2-229

(27) 更改根关节布线方式，再向下移动关节与关节间的顶点，效果如图 2-230 所示。

(28) 观察根关节的结构效果，如图 2-231 所示。

图　2-230

图　2-231

(29) 用“多切割”的方式贯穿一条直线，效果如图 2-232 所示。

(30) 挤出所有关节的中心顶点，设置挤出长度为 0.2，挤出宽度为 0.6，效果如图 2-233 所示。

(31) 连接相应的边线，效果如图 2-234 和图 2-235 所示。

(32) 调整关节处凸起的顶点高度，效果如图 2-236 所示。

(33) 继续为手掌增加段数，效果如图 2-237 所示。

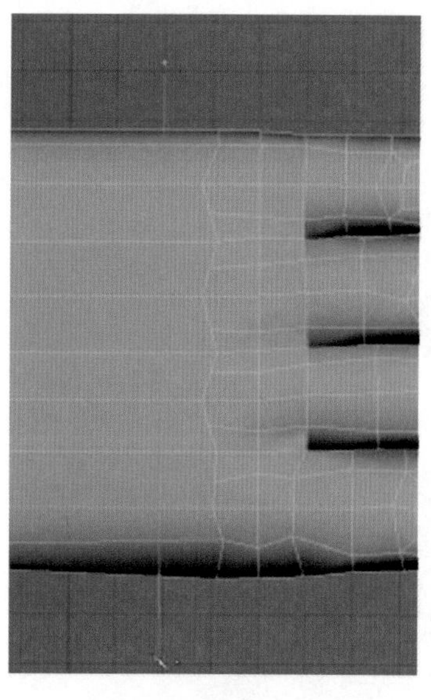

图 2-232

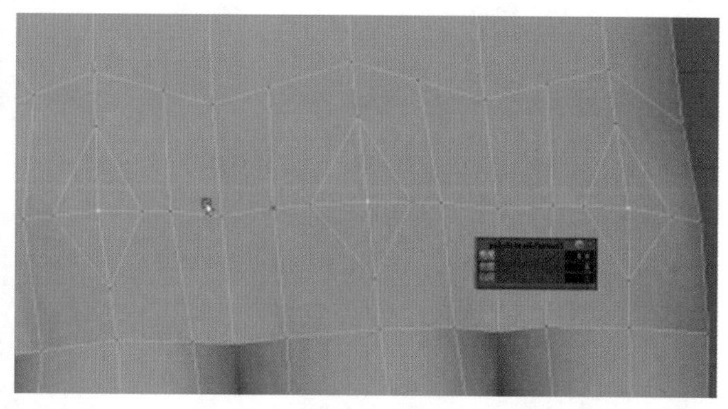

图 2-233

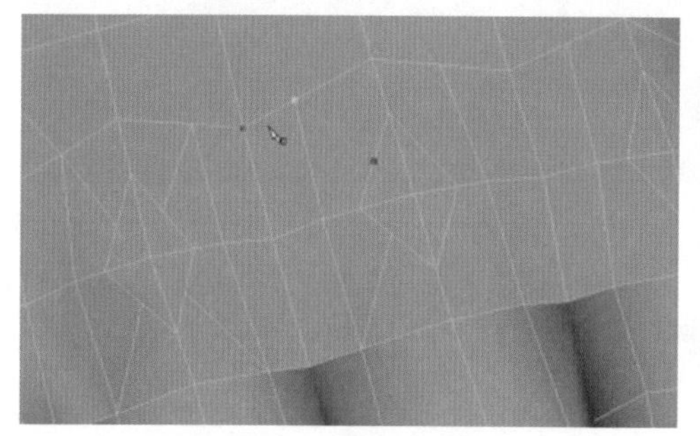

图 2-234

图 2-235

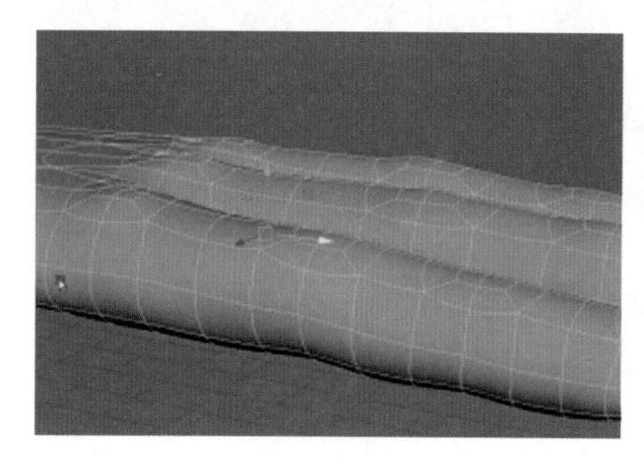

图 2-236

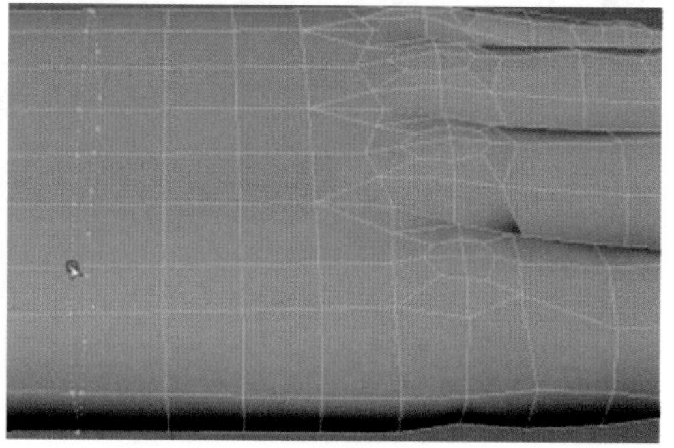

图 2-237

(34) 挤出并删除选中的面，预留大拇指的衔接轮廓，效果如图 2-238 和图 2-239 所示。

(35) 复制选中的面并移动出来作为大拇指使用，效果如图 2-240 和图 2-241 所示。

(36) 合并大拇指到手掌中，并选择补面操作，效果如图 2-242 所示。

(37) 将手掌处再次挤出，效果如图 2-243 所示。

(38) 将手指根部补面，效果如图 2-244 和图 2-245 所示。

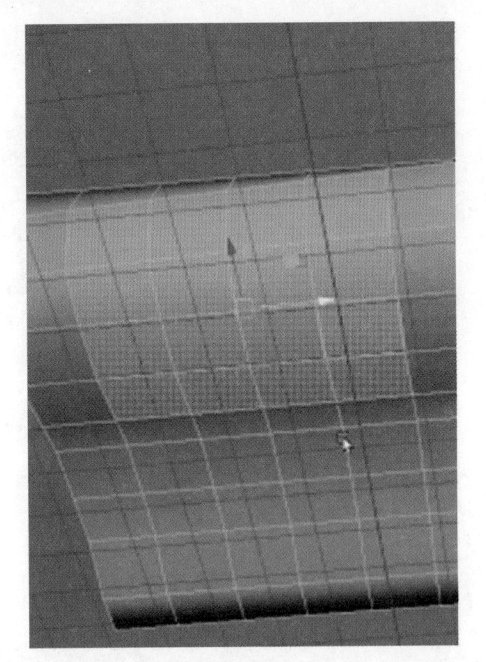

图 2-238

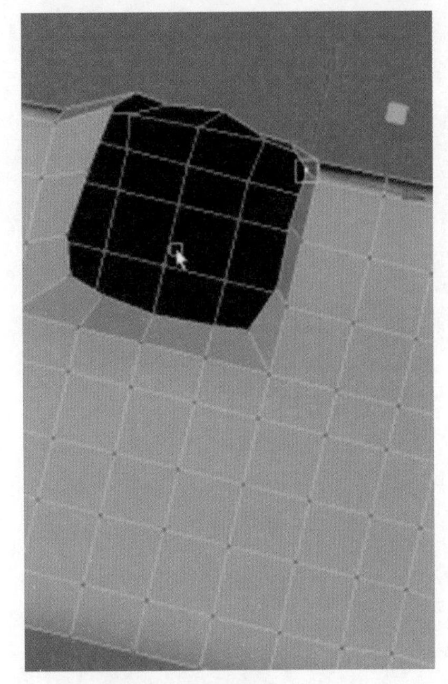

图 2-239

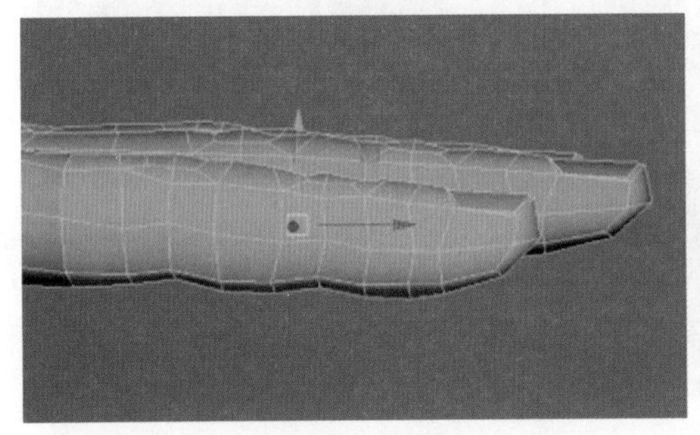

图 2-240

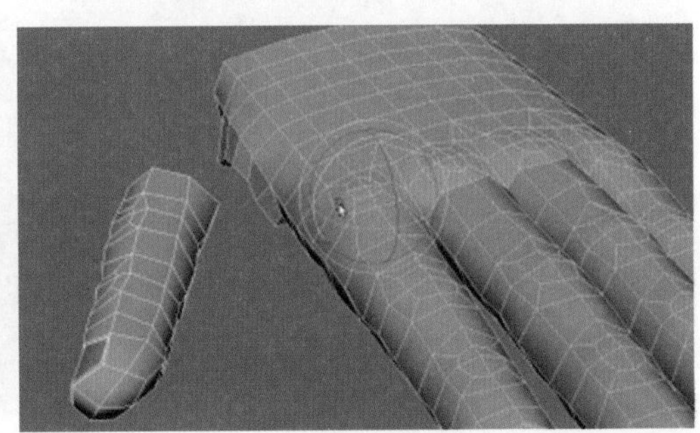

图 2-241

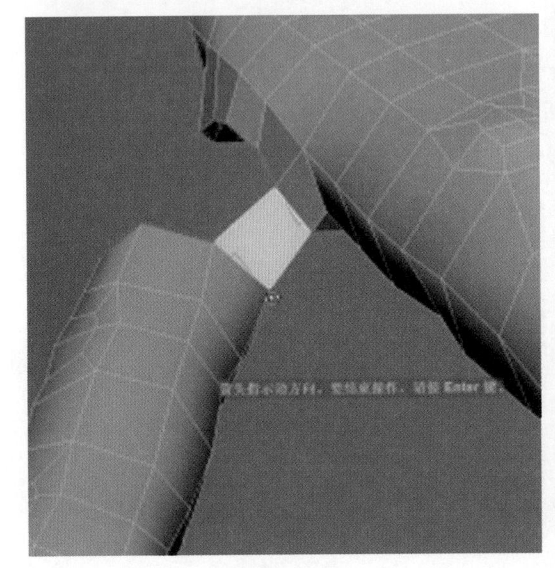

图 2-242

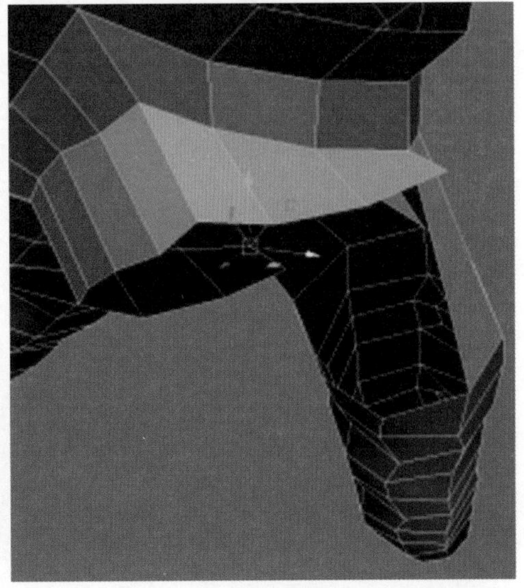

图 2-243

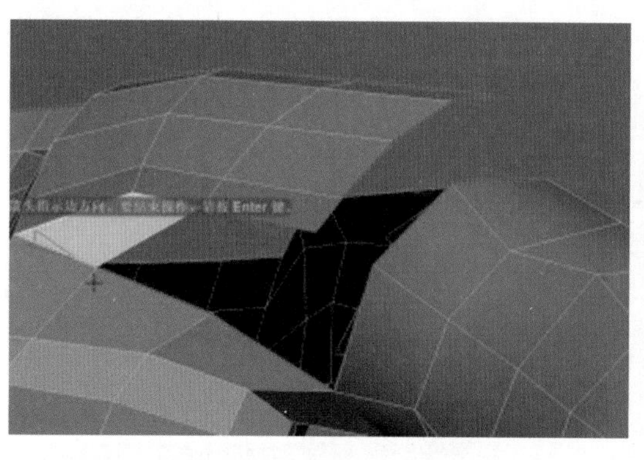

图　2-244

图　2-245

(39) 在关节处补面时尽量避免三角面和五边面，效果如图 2-246 所示。

(40) 调整拇指长度，效果如图 2-247 所示。

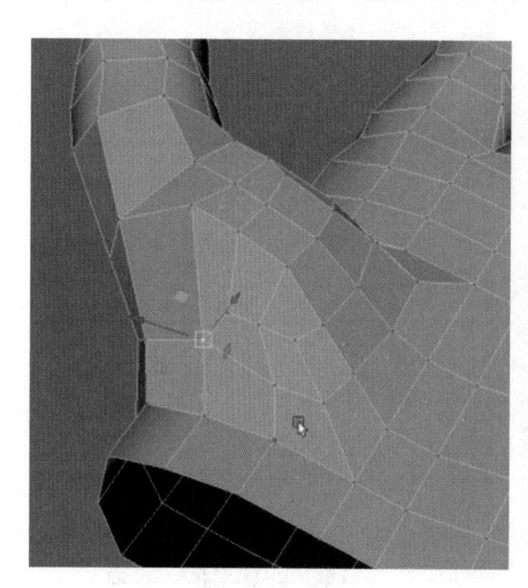

图　2-246

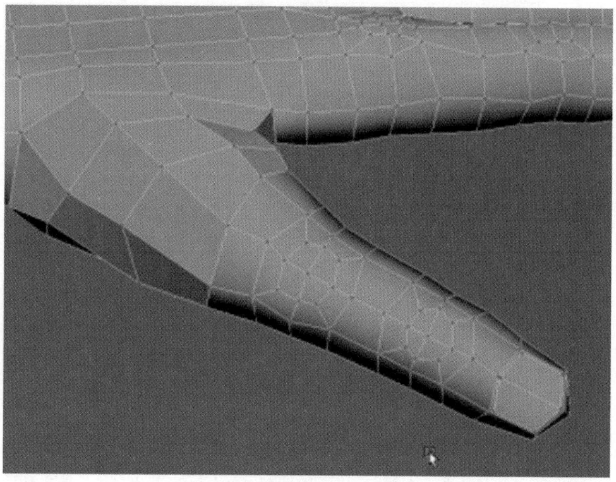

图　2-247

(41) 调整拇指根关节位置，效果如图 2-248 ～图 2-250 所示。

(42) 调整手腕衔接处的高度，效果如图 2-251 所示。

(43) 调整手背的隆起状态，效果如图 2-252 所示。

(44) 手部建模基本完成，效果如图 2-253 所示。

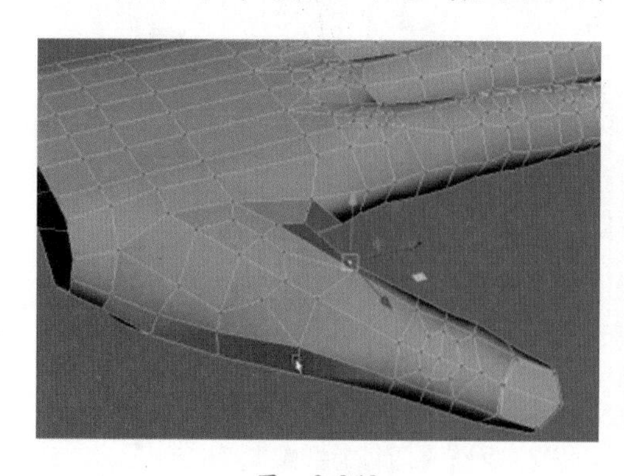

图　2-248

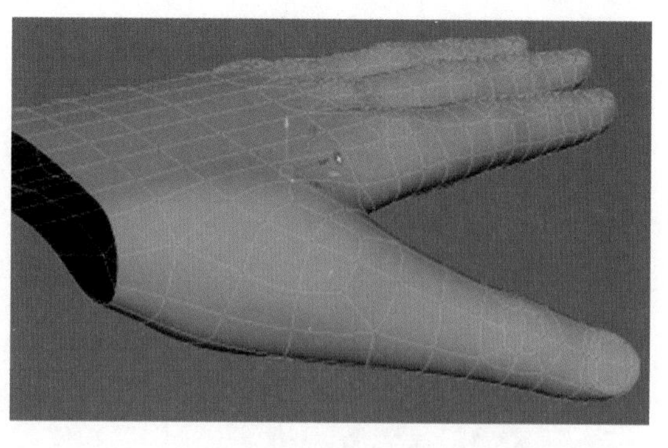

图　2-249

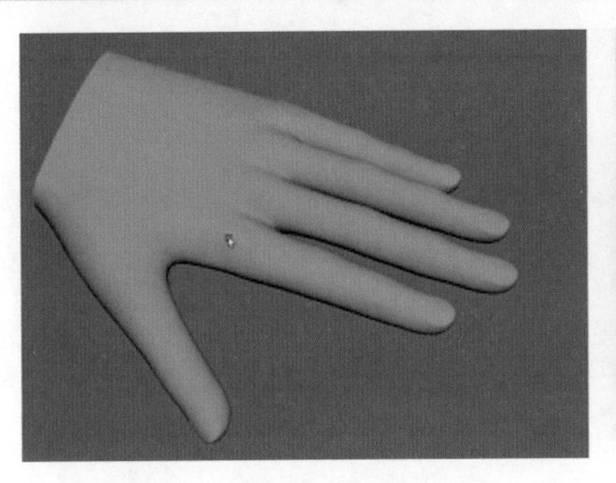

图 2-250

图 2-251

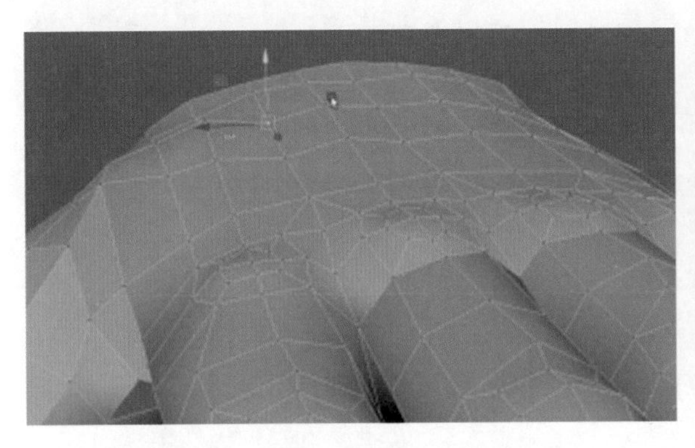

图 2-252

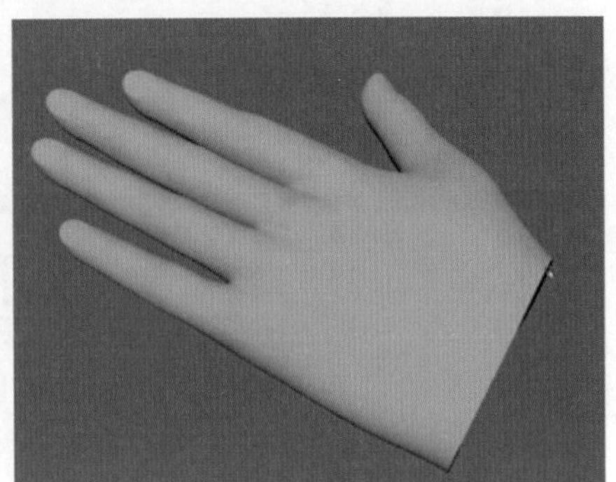

图 2-253

任务 4：服装的制作

服装建模看起来较为简单，但是如果要表现出真实的褶皱，对于多边形建模来说难度不低于头部建模。在实际商业项目中，衣服褶皱一般用雕刻软件完成。

项目 2-任务 4之1

服装制作的方法如下。

(1) 复制脖子底部的一圈面，效果如图 2-254 所示。

(2) 调整顶点并缩放面的整体大小，效果如图 2-255 所示。

项目 2-任务 4之2

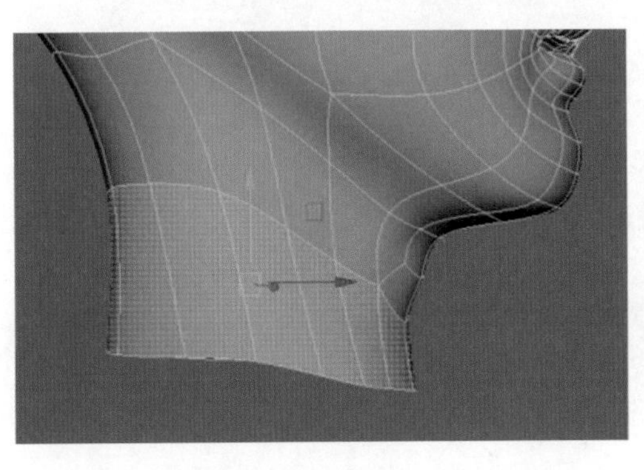

图 2-254

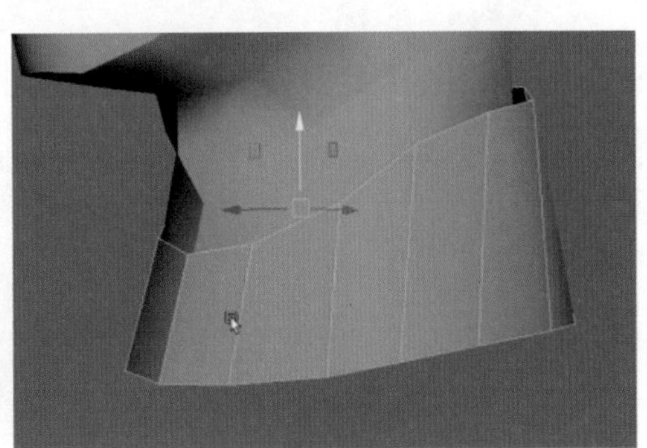

图 2-255

(3) 选择底下的一圈线并向下挤出，效果如图 2-256 所示。

(4) 调整好位置和大小后，挤出厚度，效果如图 2-257 所示。

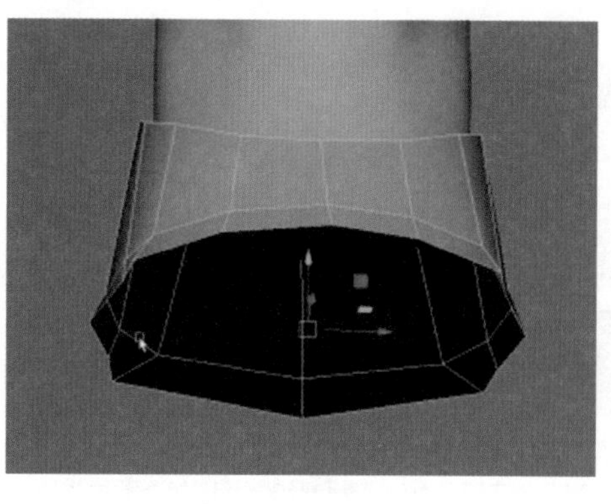

图 2-256

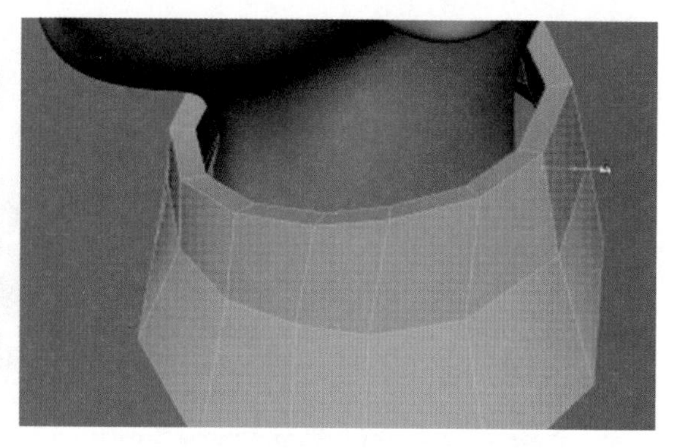

图 2-257

(5) 衣服内侧的面不需要存在。选择内侧的一圈面并将其删除，效果如图 2-258 所示。

(6) 在衣服内侧加一圈边，卡住衣服顶部的厚度，效果如图 2-259 所示。

项目 2- 任务 4 之 3

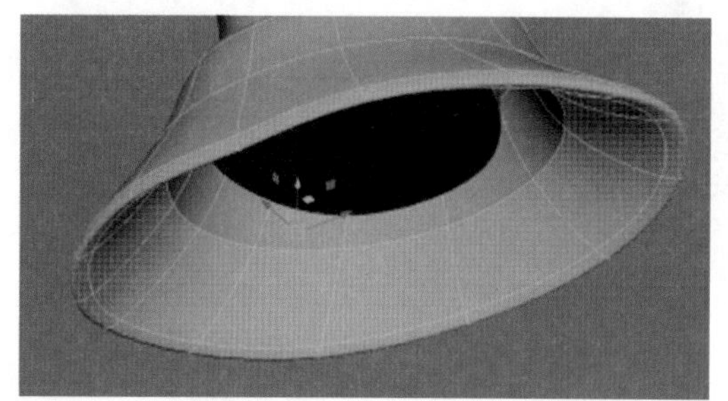

图 2-258

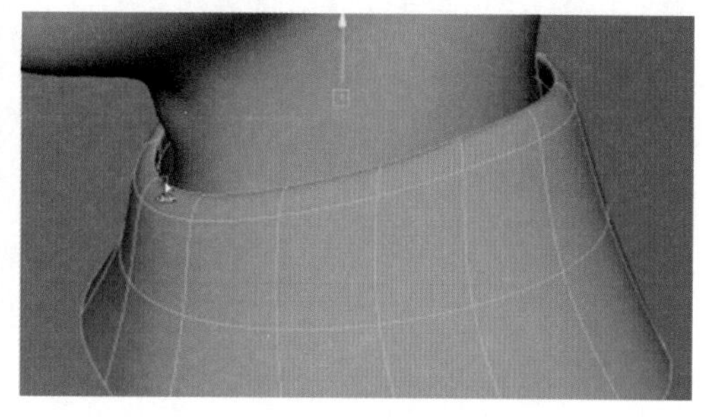

图 2-259

项目 2- 任务 4 之 4

(7) 新建一个立方体，调整大小并增加段数，效果如图 2-260 所示。

(8) 以光滑显示方式显示物体，再删除底部面，效果如图 2-261 所示。

项目 2- 任务 4 之 5

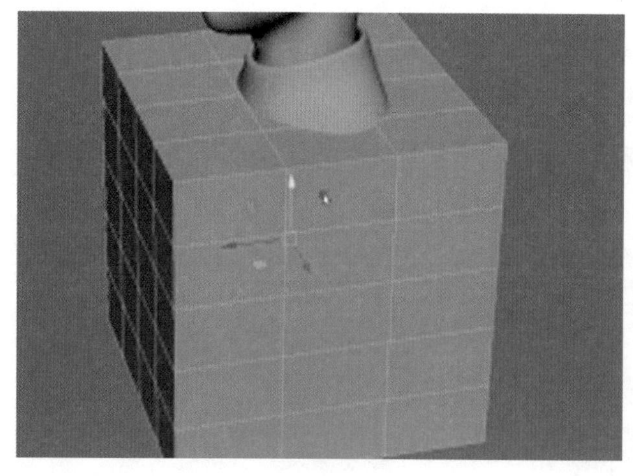

图 2-260

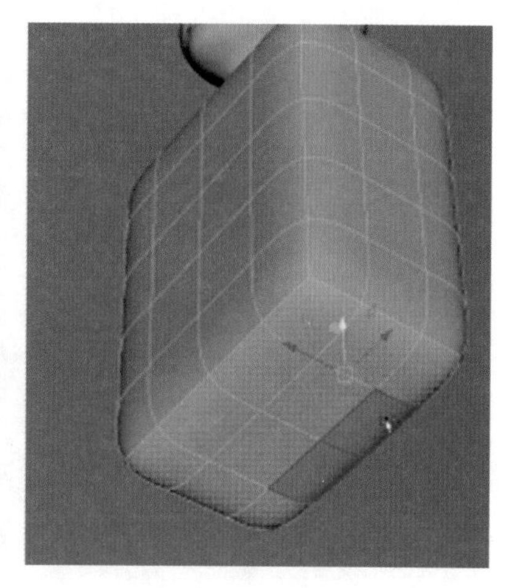

图 2-261

(9) 选中两侧的 6 个面并进行挤出，形成胳膊，效果如图 2-262 所示。

(10) 调整胳膊的大小并继续挤出，效果如图 2-263 所示。

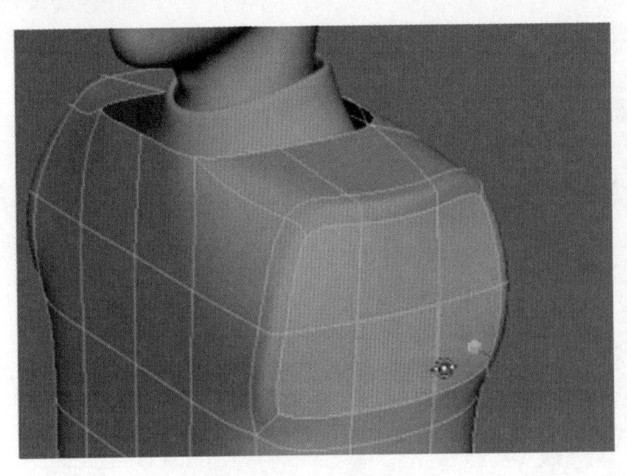

图 2-262

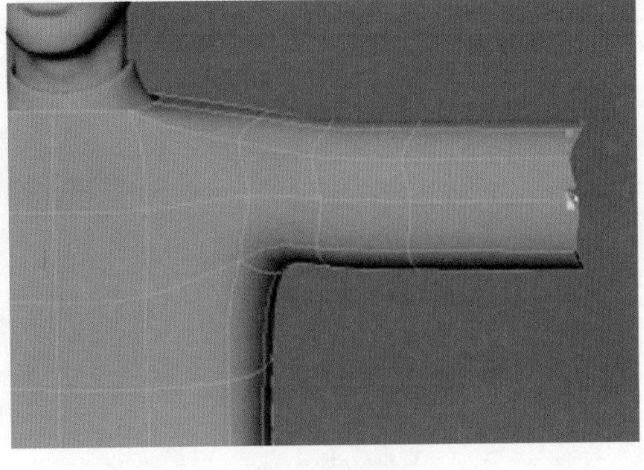

图 2-263

(11) 对衣领处进行分割及挤出,效果如图 2-264 所示。

(12) 继续调整衣领效果,并采用双面照明以便于观察效果,如图 2-265 所示。

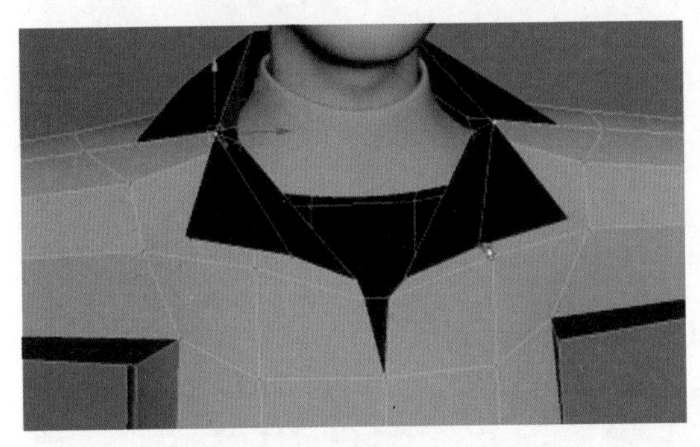

图 2-264

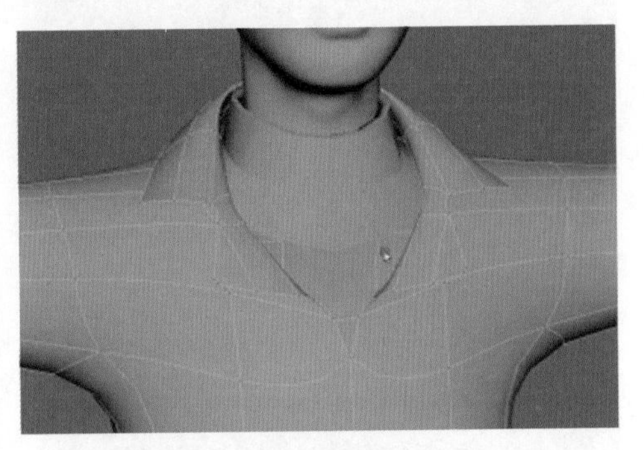

图 2-265

(13) 使用“多切割”的方式给肩部增加一圈线,效果如图 2-266 所示。

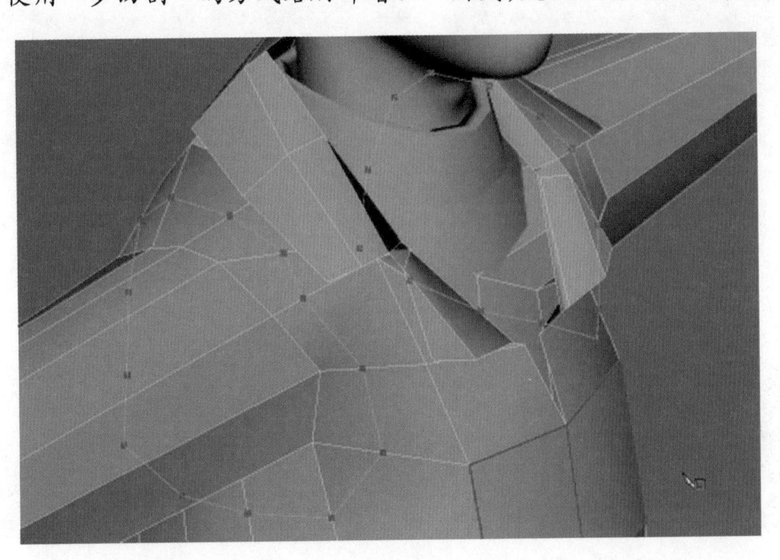

图 2-266

(14) 在衣服前面增加线段。删除中间的面,然后将领子向下挤出,以调整领子高度,效果如图 2-267 和图 2-268 所示。

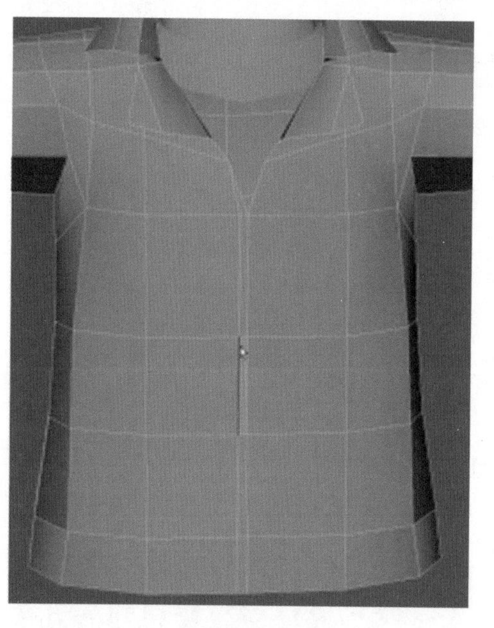

图　2-267

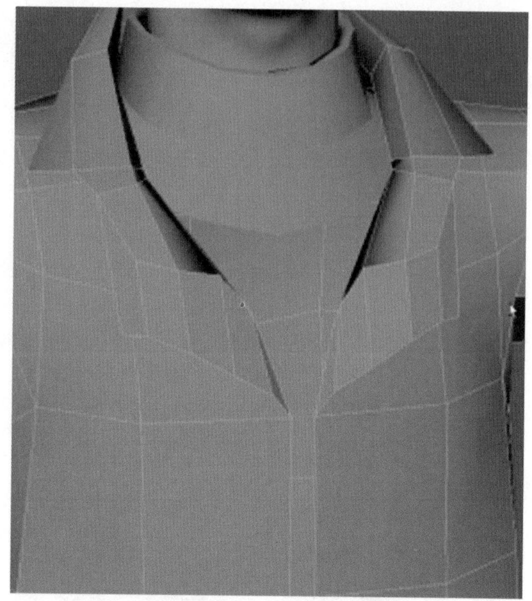

图　2-268

（15）在肩膀外侧新加“循环边”，效果如图 2-269 所示。

（16）新建一个圆柱体，放置于腰部位置。调整段数，删除一半作为腰带的基本形，并复制多个，再移动到相应位置，效果如图 2-270 ～图 2-272 所示。

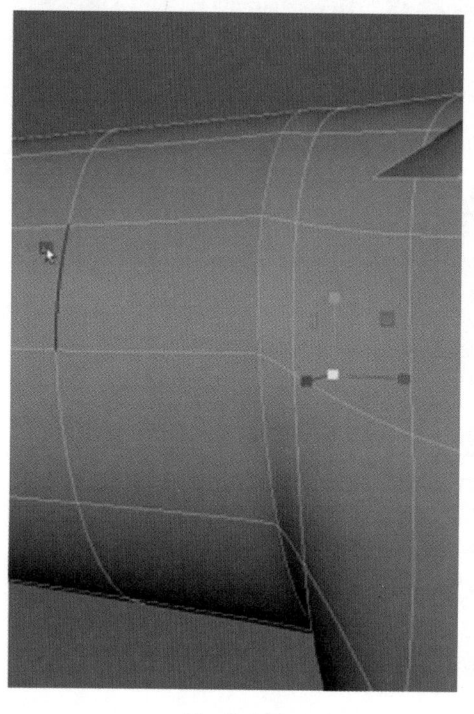

图　2-269

图　2-270

（17）复制选中的面作为腰带使用，效果如图 2-273 所示。

（18）为腰带挤出相应的厚度，效果如图 2-274 所示。

图　2-271

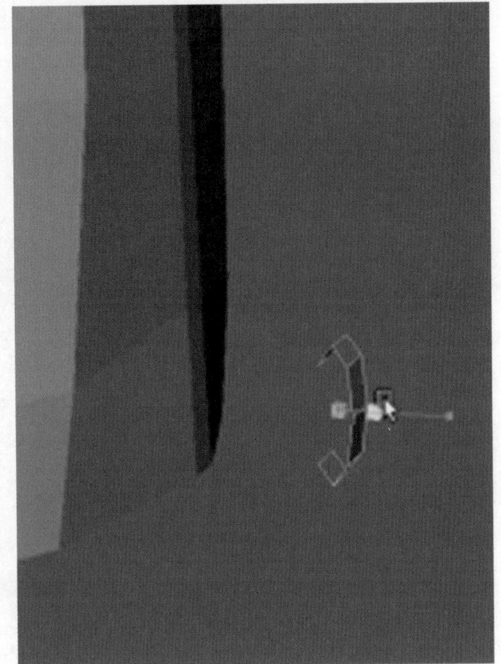

图　2-272

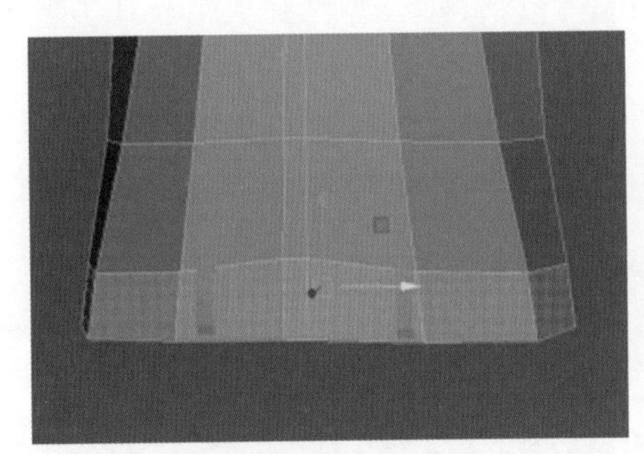

图　2-273

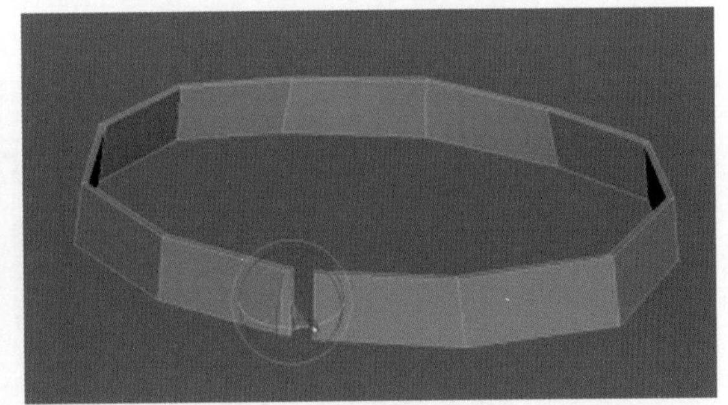

图　2-274

(19) 将其中一端多次挤出，以放置腰带扣头，效果如图2-275所示。

(20) 为腰带上下两段均插入循环边，卡边确定腰带厚度，效果如图2-276所示。

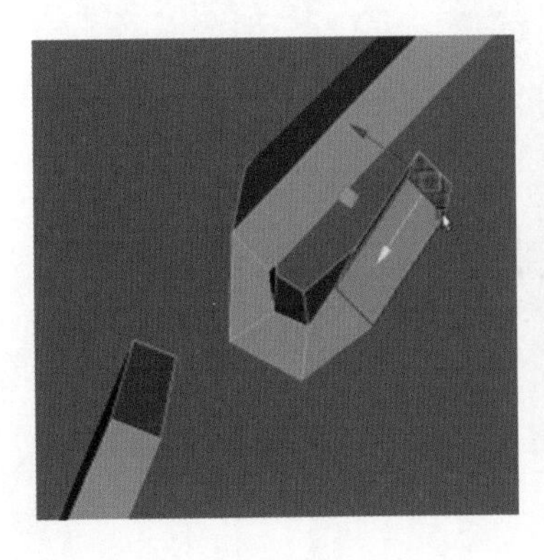

图　2-275

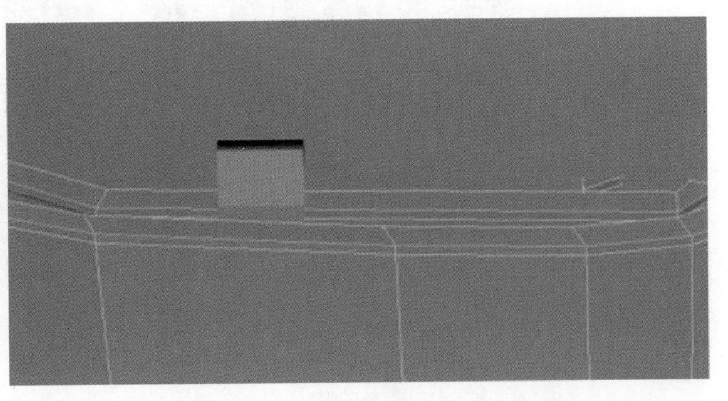

图　2-276

（21）将腰带调整出一定的弧度，如图 2-277 所示。

（22）新建一个多边形物体，编辑成扣头形状，效果如图 2-278 所示。

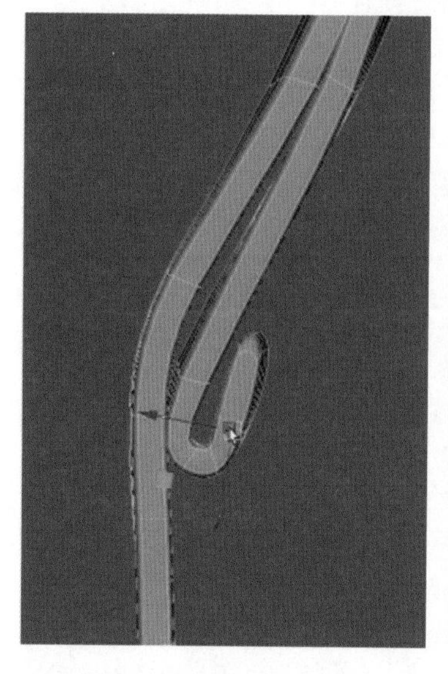

图 2-277

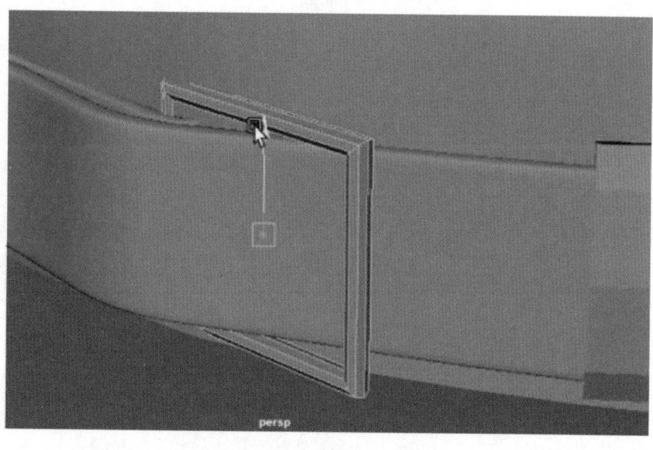

图 2-278

（23）新建一个圆环物体作为腰带眼。圆环物体不要贯穿，内部在后续工作中填充黑色模拟贯穿效果，如图 2-279 所示。

（24）向下挤出内侧衣服，效果如图 2-280 所示。

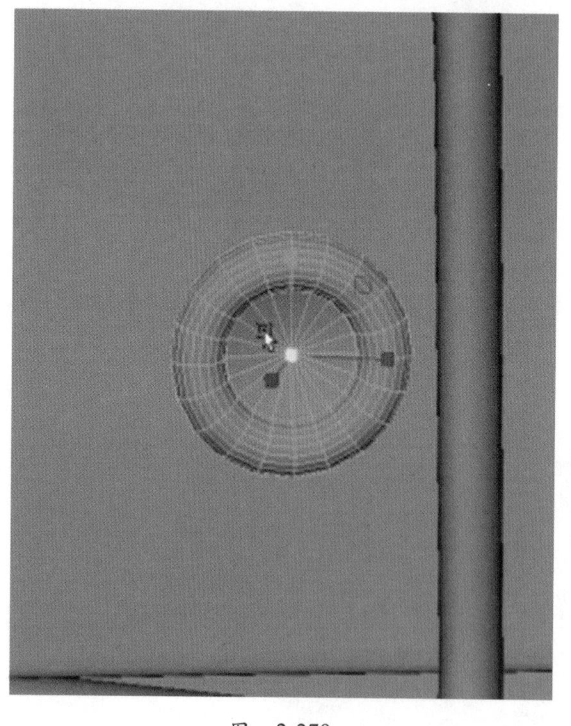

图 2-279

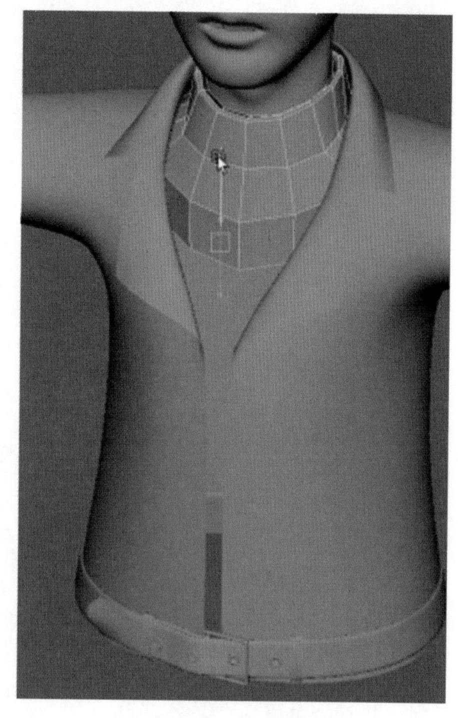

图 2-280

（25）新建一个立方体，调整段数为 4、4、4，如图 2-281 所示。

图 2-281

(26) 缩小底部的面并删除两侧的面,效果如图 2-282 和图 2-283 所示。

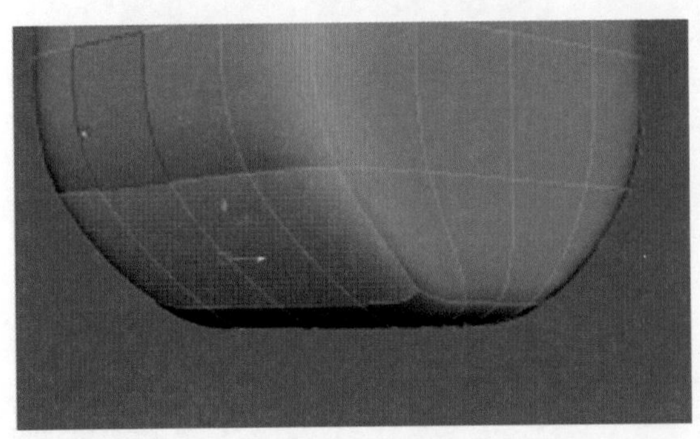

图 2-282

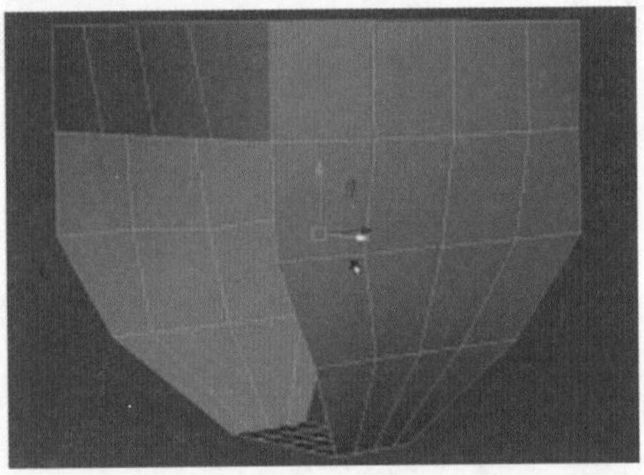

图 2-283

(27) 再次新建一个立方体,删除顶面和底面,然后结合到物体中,效果如图 2-284 所示。

(28) 焊接相应顶点,效果如图 2-285 所示。

图 2-284

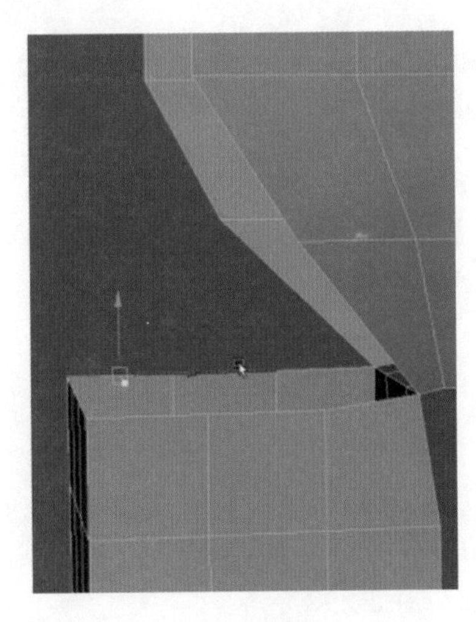

图 2-285

（29）向上挤出面，为其他位置补面或连接，效果如图 2-286 和图 2-287 所示。

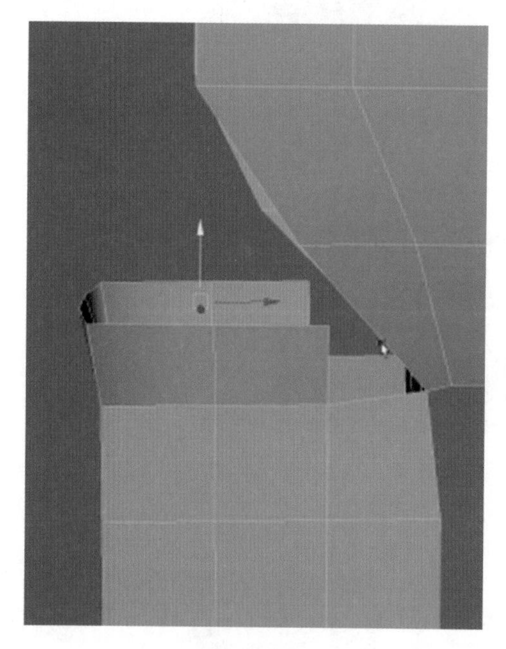

图　2-286

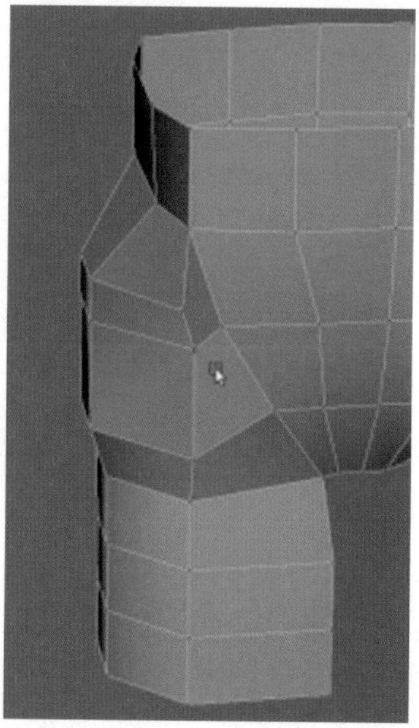

图　2-287

（30）调整造型并镜像出另一半，效果如图 2-288 所示。

（31）向下挤出到脚踝位置，调整段数，调整膝盖和裤脚位置的造型，效果如图 2-289 和图 2-290 所示。

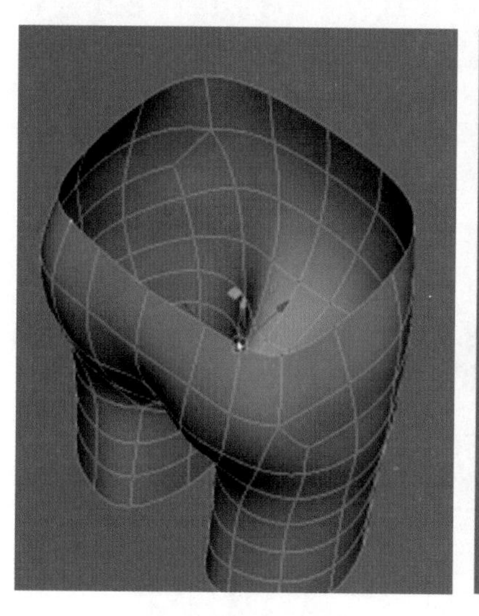

图　2-288

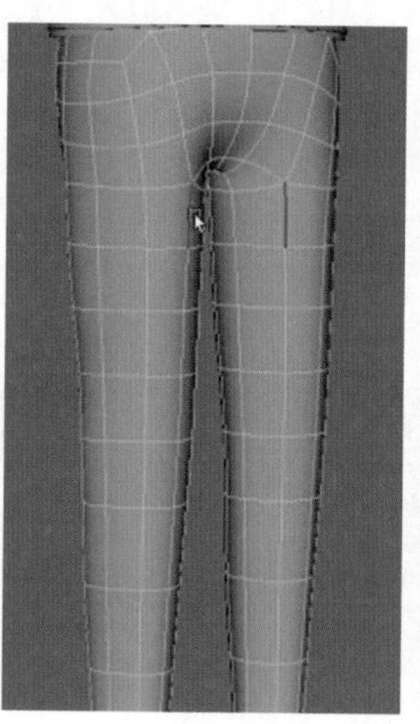

图　2-289

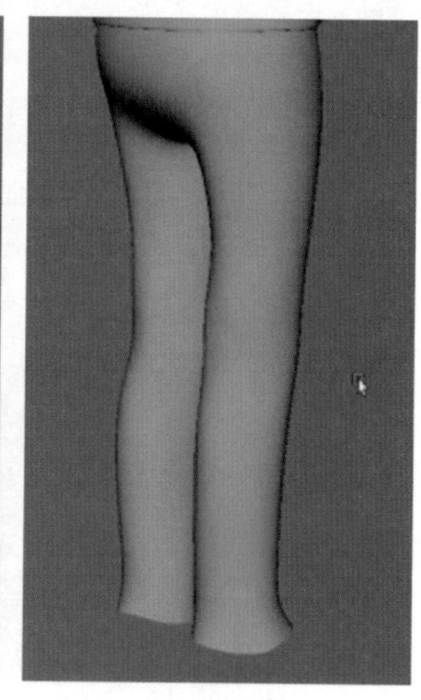

图　2-290

（32）导入之前做的休闲鞋。新建一个圆柱体，放置于脚踝位置，段数至少分为 3 段，效果如图 2-291 所示。

（33）使用摄影机仰视观察效果，避免出现穿帮。确定没有问题后，复制一个到右脚，效果如图 2-292 所示。

图　2-291

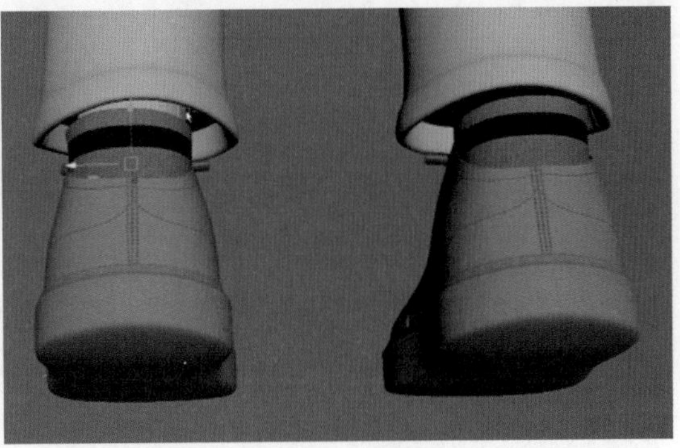

图　2-292

(34) 角色模型基本完成,效果如图 2-293 所示。

图　2-293

2.5　项 目 小 结

本项目中我们按照商业项目制作流程,从头部制作、耳朵制作、手部制作到服装制作,基本完成了写实类角色模型的制作,牢牢抓住了人体的对称结构,训练大家掌握多边形建模在角色建模中的应用技巧。

如果第一次制作角色模型,除了选择简单的造型以外,不必过于追求细节,好的大形是一切建模的基础。在角色布线方面也许我们很难记住布线的走线与脉络,不用着急,在积累了更多制作经验后,就会慢慢明白为什么要这样布线,并知道哪种布线不利于进行动画制作。

2.6 拓展项目

下面进行一体化头发建模。

一体化头发建模是把整个头发归纳为一个整体，采用多边形建模方式编辑头发的外轮廓。早期的三维动画制作中，角色头发的制作较多地采用了这种方法，该方法比用 XGen 毛发工具更省时省力，虽然效果比用 XGen 毛发工具制作的效果要差很多，但作为初学者来说，这是一种必要的制作头发的补充方法，因为第一次制作角色可能无法兼顾太多复杂的模块。

制作要求如下。

(1) 创建立方体，并进行适当分段。

(2) 在光滑模式下，以软选择的方式调整大形。

(3) 调整刘海的造型和位置。

(4) 继续细分模型，增加有多缕头发的效果。

2.7 自主设计

请同学们根据自己的兴趣，在网络上寻找喜欢的参考图，设计并制作 Q 版卡通角色。

项目3　UV 和 贴 图

知识目标：

(1) 了解 UV 编辑器及其使用方法。

(2) 掌握 UV 投射、展开、排列方式。

项目 3

能力目标：

(1) 能够为不同造型应用不同的 UV 展开方式。

(2) 能够为模型绘制贴图。

(3) 提升不同软件之间协作的应用技巧。

素质目标：

(1) 培养钻研精神以及探索精神。

(2) 培养灵活的思维方式。

(3) 养成严谨的工作作风。

3.1　项 目 导 入

本项目由 UV 和贴图两大部分组成。UV 可以理解为模型上下和左右两个轴向的贴图框架，当 UV 的框架变形，贴图即使在 PS 里是正常的，导入 Maya 后也会变形，贴图会跟随 UV 变动。

贴图分为单色彩贴图和图案贴图，例如，我国国旗的红色底色就是单色彩贴图，而五角星则是图案贴图。单色彩贴图无须展开 UV，图案贴图需要展开 UV，单色彩和图案混合的贴图也需要展开 UV。

简单的贴图可以直接用 PS 处理，复杂一点的贴图可以借助 Substance Painter，后者可以与 Maya 及 Arnold 渲染器很好地衔接。

3.2　项 目 分 析

1．展开 UV

UV 是什么？为什么要展开 UV？在工业上要得到一张完整的猪皮或牛皮，一般就会找一个最适合的位置进行切割，把原本呈包裹状的动物皮展成一张尽量完整的平面皮，这样才能最大化利用皮革。而 UV 的原理与此相似，我们以最优的方式把一个呈包裹状态的物体剪切开，并铺成一个平面，则是为了方便在平面软件里绘制贴图。

很多模型都是从一个立方体开始制作，在编辑模型的过程中自带的 UV 不会一直保持正常，它有可能扭曲、拉伸、错位，编辑的步骤越多则 UV 就会越混乱，所以展开

UV 就成了必不可少的一个环节。展开 UV 有的简单，有的较为复杂，如果方法不对，会直接影响到整个项目的进程。头部的 UV 是本项目的难点，因为头部结构较为复杂，同时也是面部表情的位置。

2．贴图绘制

本项目的贴图主要使用 Substance Painter 中自带的材质贴图。如果使用的计算机没有配备 4G 以上显存的独立显卡，建议仍然使用 PS 绘制贴图。其实无论用哪种贴图制作软件，都可以制作较好的贴图，选择哪种软件主要以提高生产效率为基本原则。

3.3 项目准备

本项目知识点主要集中在 UV 切割和贴图调节方面。因为使用了 Substance Painter 制作贴图，所以步骤较为简单。但是导入、导出环节的知识非常重要，主要包含导出的分辨率，导出的格式以及输入所需要改变的属性。

1．颜色管理

在新版 Maya 中，默认的颜色作了一些改变，会影响到贴图显示效果，建议使用 Maya 2022.2 版本。如果仍然显示偏暗，可以打开“首选项”，找到“颜色管理”选项，在该选项中配置路径后面的三角符号内可以改为旧版。在本项目中使用默认颜色管理，渲染空间为 ACEScg，显示为 sRGB，视图为 ACES 1.0 SDR-video。

2．UV 投射方式

Maya 提供了多种多样的 UV 投射方式，对于本案例来说，平面投射方式是最主要的方式，在平面软件中绘制贴图，把立体的 UV 展开成一个平面是最容易的方式。其中平面、最佳平面、基于摄影机等方式都可以理解为平面投射方式。这几种方式差距不大。UV 分布是否合理，关键在于切开的位置。如果透视图中的模型效果已经能够较好地概括模型整体，可以直接选择基于摄影机投射 UV 方式。如果投射方向是相悖的，则可以按住 Shift 键并单击平面投射方式，这时会弹出相应的选项来解决投射位置不佳的问题。在平面映射选项里可以选择“保持图像的宽高比”方式约束图像变形。

在贴图不是很复杂或者造型简单的模型中为了提高效率，也可以使用自动或圆柱等投射方式。

3．UV 展开方式

UV 展开的一个重要原则就是尽量避免接缝，所以 UV 剪切的位置一般位于不怕看到接缝或者没有接缝的位置。比如头部模型，我们习惯在后脑到头顶的位置切开，然后展成一个平面，后脑到头顶一般会有头发遮挡住接缝。那么对于手部这样的部位来说，没有什么东西可遮挡接缝怎么办？如果不借助于其他软件的处理方式，尽可能让接缝两端的纹理和色彩完全一致，就可以避免接缝。

有时切开 UV 后，展开的 UV 无法达到满意的状态，比如出现比较大的拉伸现象，这时就需要借助拉直 UV 工具来辅助实现效果。也可能因为经验不足，选的切开位置

不合理而导致该问题。

4．UV 排列方式

在 UV 的排列上，要限定于 UV 编辑器视图中的 0 ～ 1 范围内。超越 0 ～ 1 范围的贴图仍然会显示，但是会以再次循环的方式显示。常用的 UV 检测方式为棋盘格贴图，棋盘格贴图可以很直观地看出 UV 的形变。

在有多个 UV 组合的情况下，完全一样的贴图可以重合。多个 UV 在组合时要注意比例。棋盘格贴图也是检查不同贴图比例关系的有效方式。

5．完善贴图

完成贴图后若发现造型有问题，可以使用“保持 UV 工具”，快捷方式是在视图的模型上同时按 W 键和鼠标左键，选中“保持 UV”选项之后，再调整顶点，UV 就不会产生拉伸。

在“图像”菜单下的 UV 快照选项里可以导出 UV，进入该面板后可以设置图像路径、格式、大小等主要属性。TIFF、PNG 等常用图像格式在低版本的软件中可能不支持 Alpha 通道。如果项目没有很高的要求，设置为 2048 像素即可。

6．Substance Painter

Substance Painter 是一款易用的三维绘图软件，与主要三维软件或渲染器的衔接已经很完善。该软件内置了大量的笔刷和材质贴图。本项目所使用的材质均为软件内置材质。项目 1 的休闲鞋案例中我们已经见识过内置材质绘制缝纫线的强大能力和便利性，如果内置材质不能满足制作要求，可以继续多次编辑材质，也可以下载更多的笔刷及材质资源应用于场景中。

Substance Painter 软件内置了丰富的立体效果贴图，可以在较短时间内以贴图方式实现模型的凹凸效果。它也具备了类似 Photoshop 的层功能，各个层之间可以产生关联效果。

Substance Painter 可以直接形成渲染效果，可以高效预览贴图，不需要再像过去那样一边制作贴图一边渲染来观察贴图效果。与之搭配的 HDR 背景图片也能够满足大多数场景的需要，只要把贴图拖进场景中就可以更换场景的光照及渲染效果，同时按住 Shift 键和鼠标右键，可以对 HDR 贴图的光照角度进行旋转，以此选择最佳光照角度。

Substance Painter 的 3D 贴图绘制方式在对接缝的处理上具有显著优势，即使在编辑过程中产生了明显的接缝，也会轻易处理掉。

在导出贴图方面，Substance Painter 提供了多达几十种对接方式，适应了各种软件渲染器，也可以自由定制其他贴图输出格式。在本案例中可以选择 Arnold standard 方式输出贴图。

3.4　项 目 实 施

角色 UV 没有固定的切割方式，不同的造型结构必定会有不同的切割方式。但同一造型特点的模型一般具有切割 UV 的标准方式，比如头部 UV 的切割一般从头顶的

中线开始一直到脖子中线为止。但如果角色是光头，这种切割方式用 PS 绘制贴图就会导致明显的贴图接缝，所以针对不同的项目需要有不同的解决方法。

任务 1：展开头部 UV

头部 UV 一般包括头部主体、耳朵、内部隐藏内容三部分。两个耳朵需要单独切割并展开，否则会直接影响头部 UV 的分布。另外像“人物”口腔、鼻腔内的结构也要单独切割并展开。

展开头部 UV 的步骤如下。

（1）在本案例中我们仍然使用 Rizom 展开 UV。打开头部模型文件，选择头顶到脖子之间的中线。可以双击边来选中一圈线。与 Maya 软件不同的是，在边的选择模式下，光标经过的边都会被选中，此时选中的边为白色，但边并没有真正被选中，只有单击才能选中，边显示为蓝色，效果如图 3-1 所示。

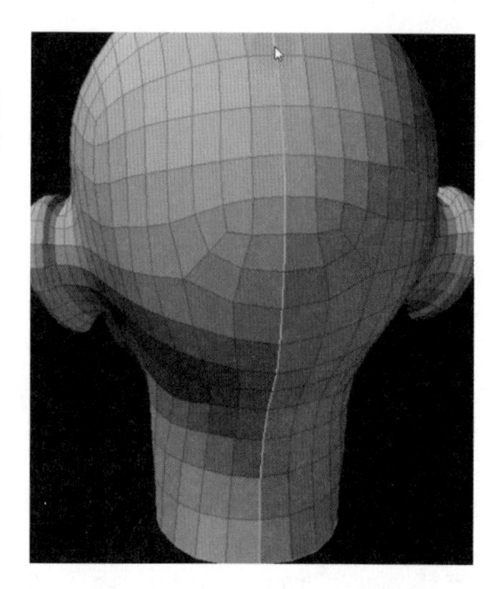

图 3-1

（2）选中耳朵外围的一圈线，单独将耳朵分离出来，按 C 键进行切割，此时边由蓝色变为橙色，表示已经被切开；对另一侧的耳朵选择相同的操作，效果如图 3-2 和图 3-3 所示。

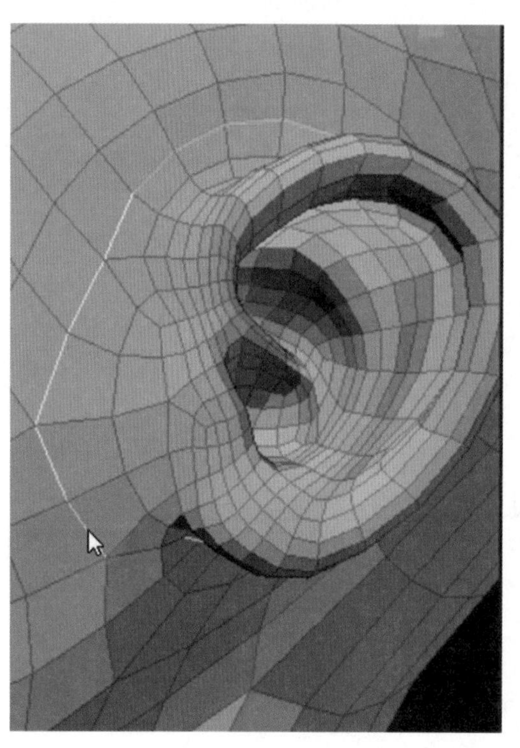

图 3-2

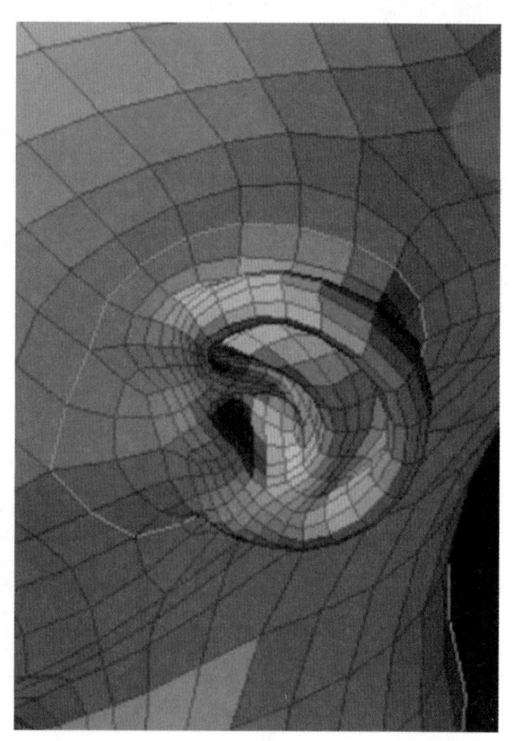

图 3-3

（3）选中嘴部内侧的线，把口腔和喉咙切开，效果如图 3-4 所示。

(4) 按U键展开头部UV，查看UV视图会发现头部UV已经被展开，此时可以发现头顶和脖子的UV蓝色饱和度较高，可以通过改变切割终点的位置解决这一问题。重新分割后发现问题已经得到很大改善，效果如图3-5和图3-6所示。

(5) 鼻孔内部红色部分饱和度较高，说明有比较严重的拉伸，效果如图3-7所示。

图 3-4

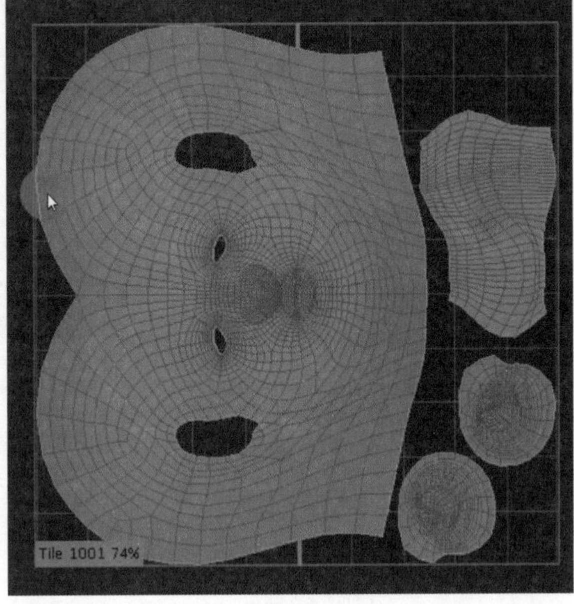

图 3-5

图 3-6

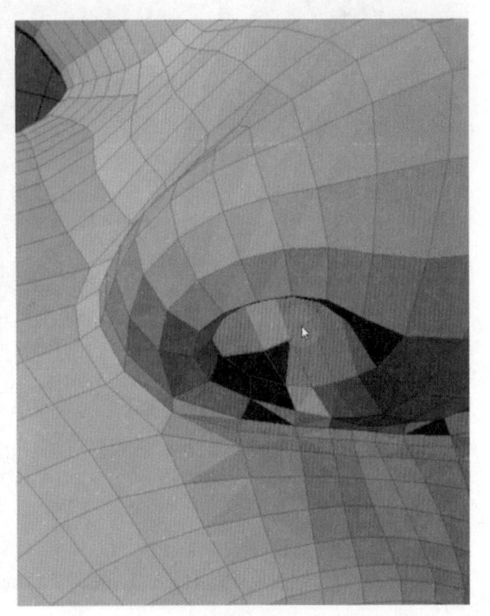

图 3-7

(6) 选择鼻孔内部的线并将其切开，单独对鼻孔内部结构展开UV，效果如图3-8所示。

(7) 同时按住Space键及鼠标右键对头部UV进行旋转，效果如图3-9所示。

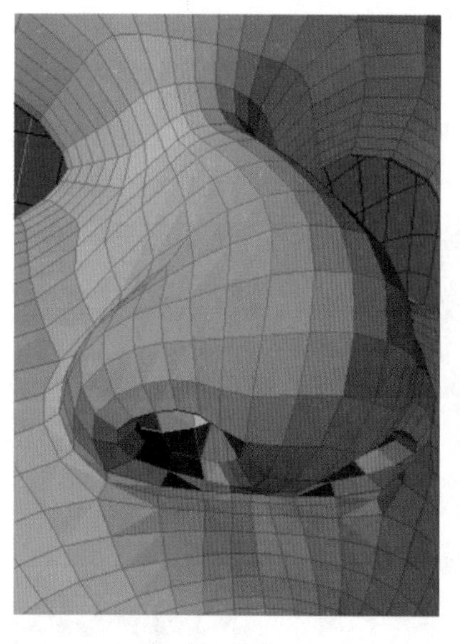

图 3-8

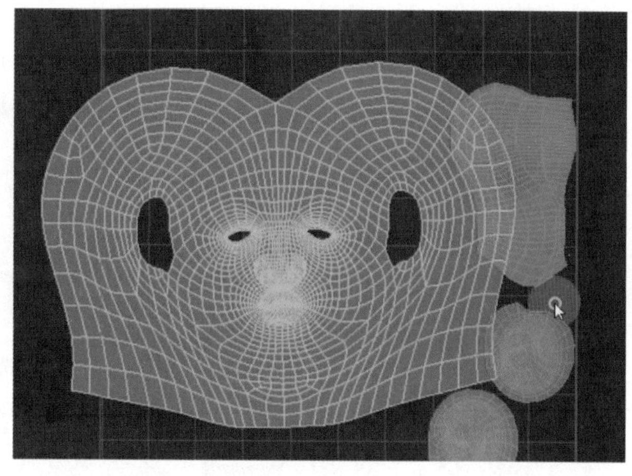

图 3-9

（8）单击 Layout 面板下的 Pack translate 图标，对头部各部分 UV 进行排列，效果如图 3-10 所示。

（9）选择 Files 菜单中的存储命令，存储为 fbx 格式文件。然后导入 Maya 中，打开 UV 编辑器观察 UV 效果，如图 3-11 所示。

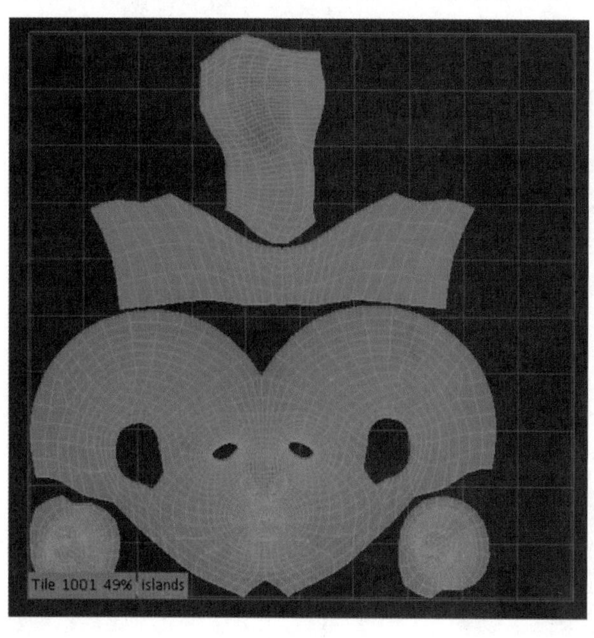

图 3-10

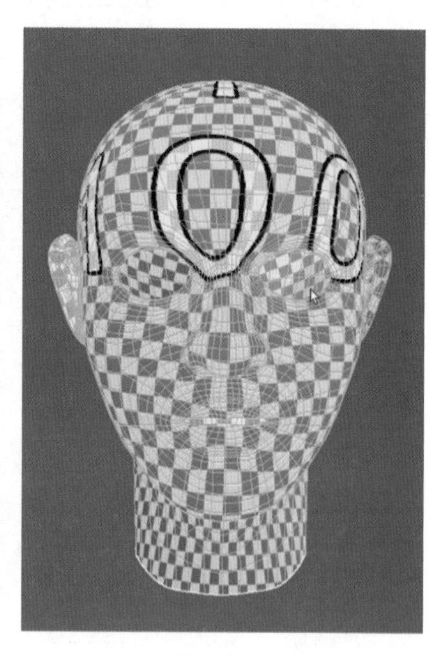

图 3-11

任务 2：展开其他部分 UV

除了展开头部 UV，还包括展开服装和手部 UV。本项目的服装 UV 仍然使用 Rizom 对其进行处理。如果衣服上没有具体的图案，服装 UV 一般可以从衣服缝纫线连接处切割。手部 UV 可以从手掌和手背之间的中线进行切割。

展开其他部位UV的步骤如下。

(1) 导入服装模型到Rizom中,孤立显示上衣外套,效果如图3-12所示。

(2) 选择衣袖和肩膀连接的线并切割,另一侧选择同样的操作,效果如图3-13所示。

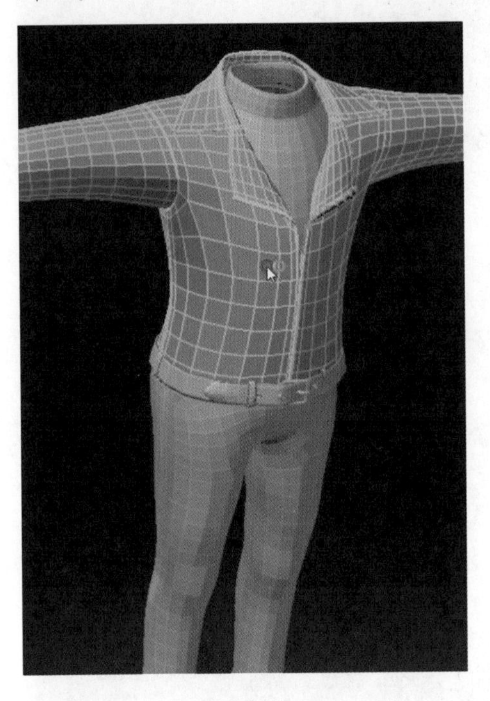

图 3-12

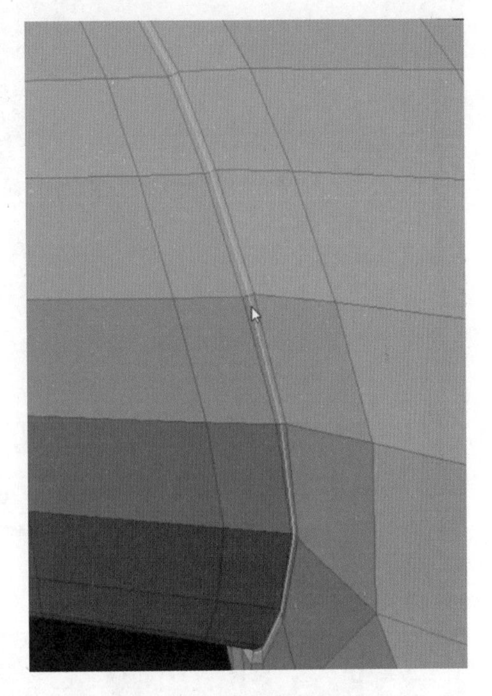

图 3-13

(3) 选择衣袖底部中线并切割,另一侧用同样的操作,效果如图3-14所示。

(4) 以同样的方式分割衣领到衣服底部的中线,效果如图3-15所示。

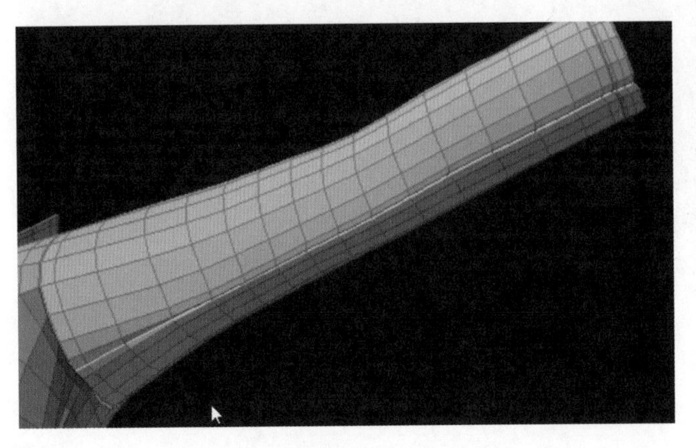

图 3-14

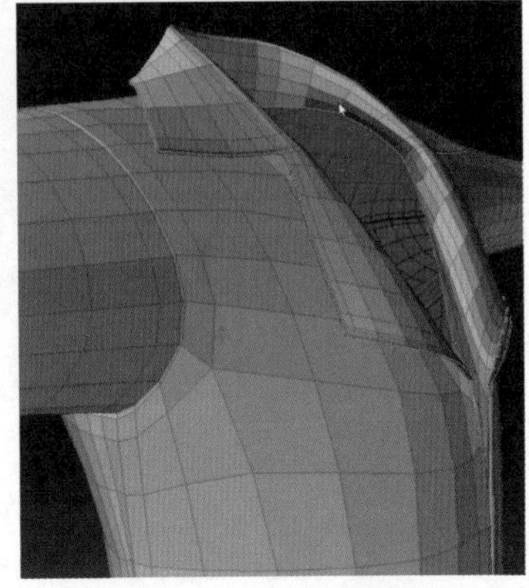

图 3-15

(5) 将上衣分割为前后两片,效果如图3-16所示。

(6) 与图3-16对应的肩膀位置也选择分割,效果如图3-17所示。

(7) 排列各部分的UV,效果如图3-18所示。

(8) 选中上半部分的面,分割内衣模型,效果如图3-19所示。

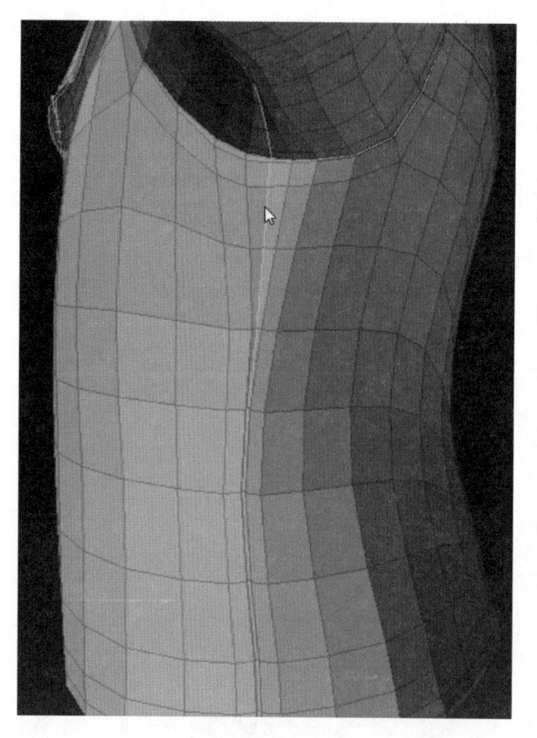

图　3-16

图　3-17

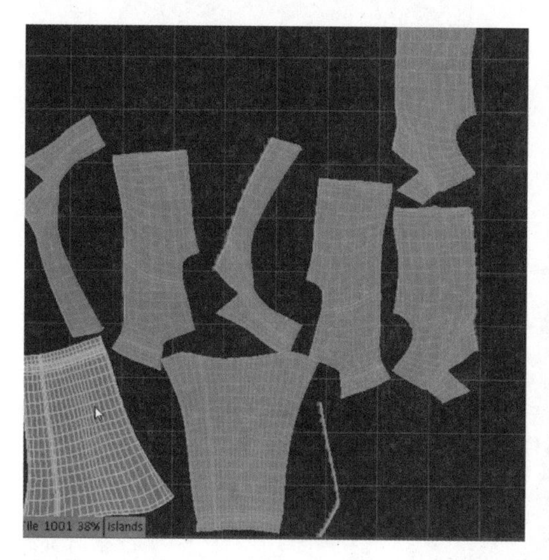

图　3-18

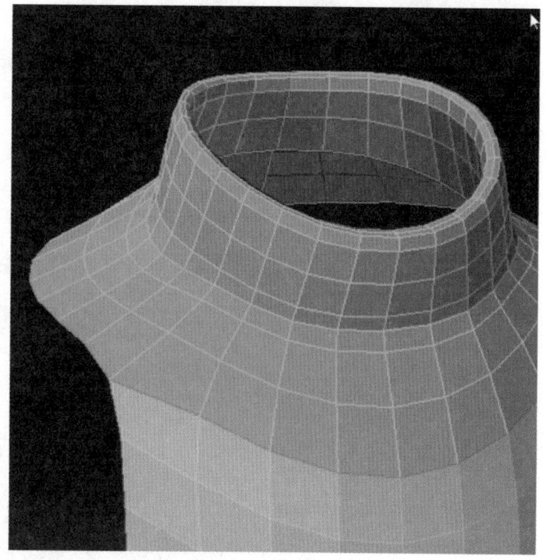

图　3-19

（9）拉直衣领处的UV，效果如图3-20所示。

（10）以孤立显示方式切换到裤子模型，效果如图3-21所示。

（11）以切割中线的方式把每条裤腿分为前后两部分，效果如图3-22所示。

（12）排列好所有衣服的UV，导出为fbx格式的模型，效果如图3-23所示。

（13）单独导入手部模型，把手掌和手背分割为两部分，效果如图3-24和图3-25所示。

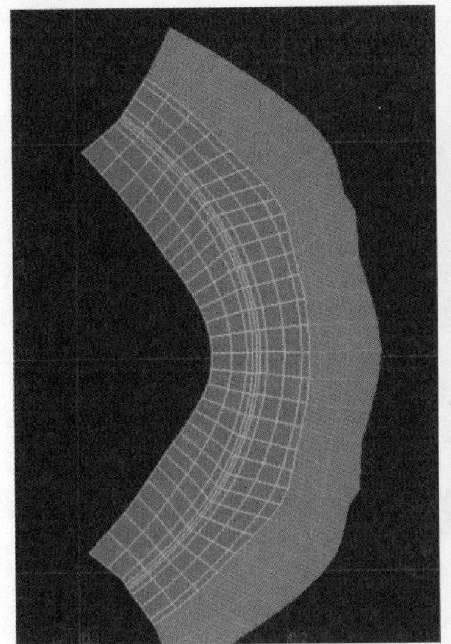

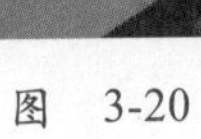

图　3-20

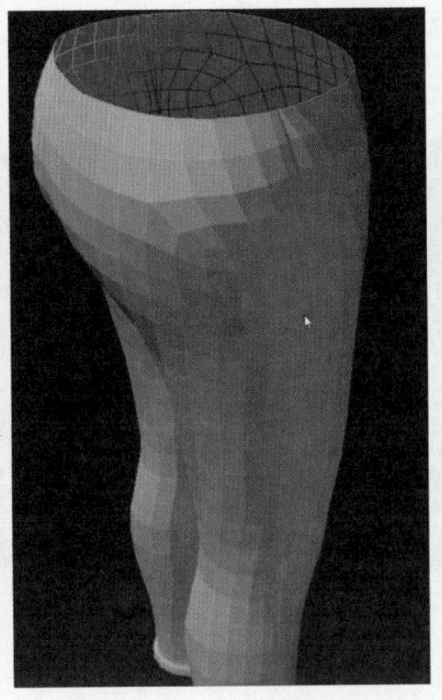

图　3-21

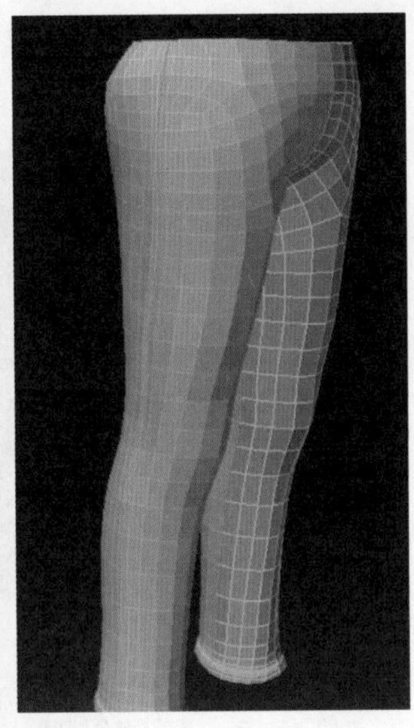

图　3-22

图　3-23

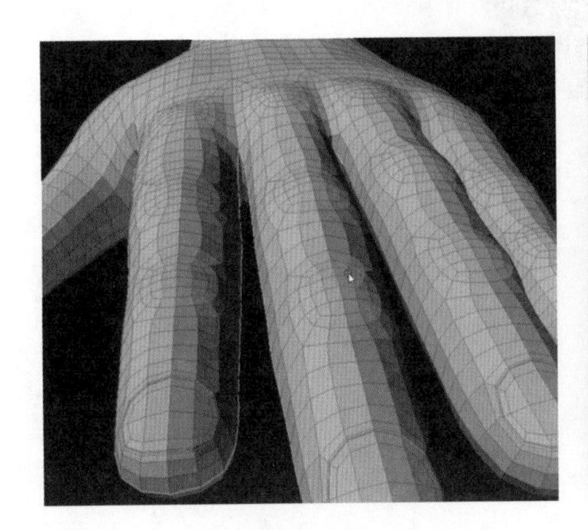

图　3-24

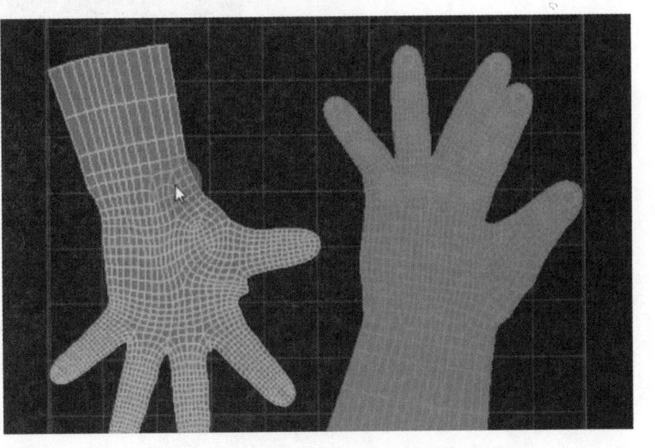

图　3-25

（14）将手部导入 Maya 中，并复制一个，“缩放 x”输入负值，效果如图 3-26 所示。

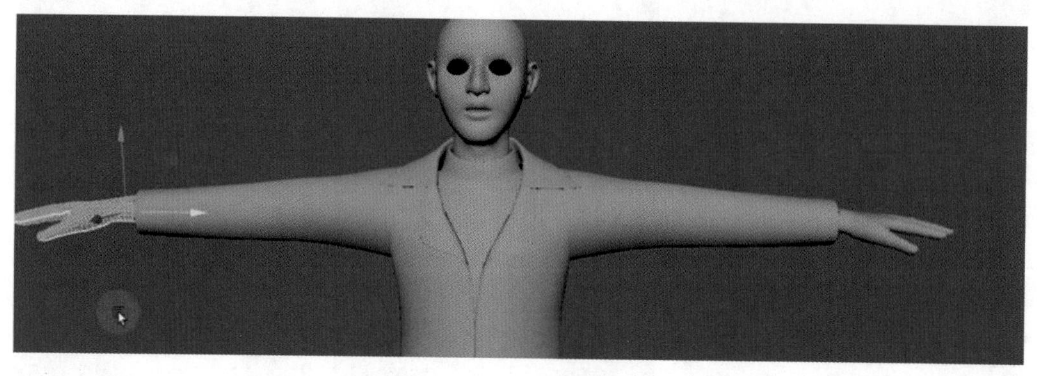

图 3-26

任务 3：眼睛贴图

本案例将使用 PS 绘制眼睛贴图，眼睛贴图绘制完成之后，在视图中显示的效果可能不理想，可以加入灯光简单渲染一下模型以便观察效果，从而确定修改的幅度和方向。

眼睛贴图的步骤如下。

（1）在 PS 中制作眼睛贴图。

新建正方形画布，创建圆形形状，放置于画布中心位置，如图 3-27 所示。

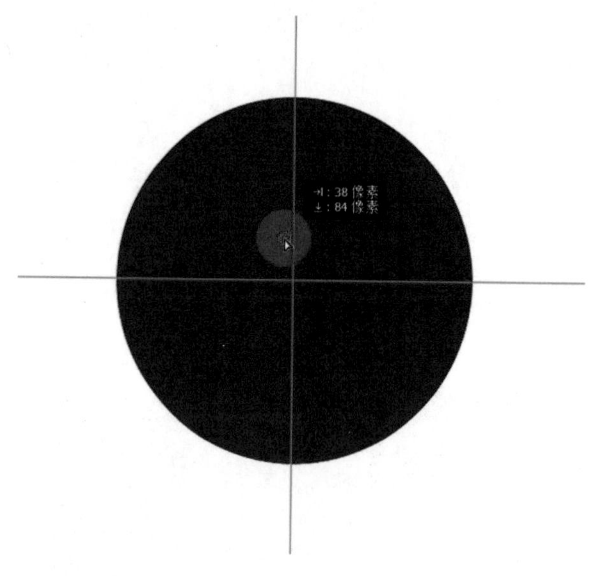

图 3-27

（2）复制该图层，用 Alt+Shift 组合键调整同心圆大小以及形成不同的透明度，效果如图 3-28 所示。

（3）复制较大圆形为新图层，在新图层上选择“滤镜”→“添加杂色”→“单色”命令，效果如图 3-29 所示。

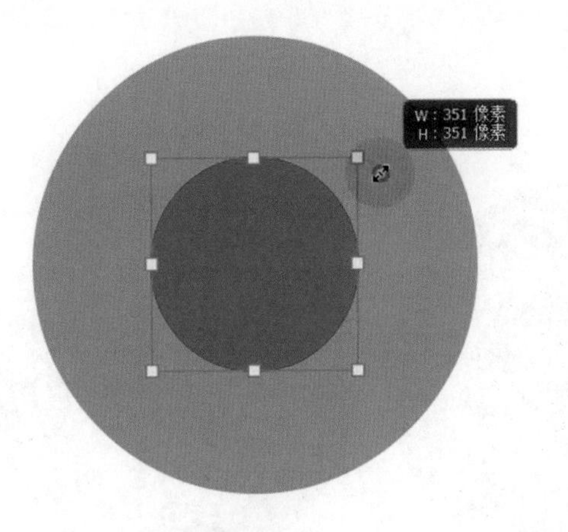

图 3-28

图 3-29

(4) 为此图层选择“径向模糊”滤镜,数值设为 33。再复制一层并隐藏当前图层,效果如图 3-30 所示。

(5) 以中心缩放的方式调整径向模糊的图层。把该图层拖动到图层的中间位置,效果如图 3-31 和图 3-32 所示。

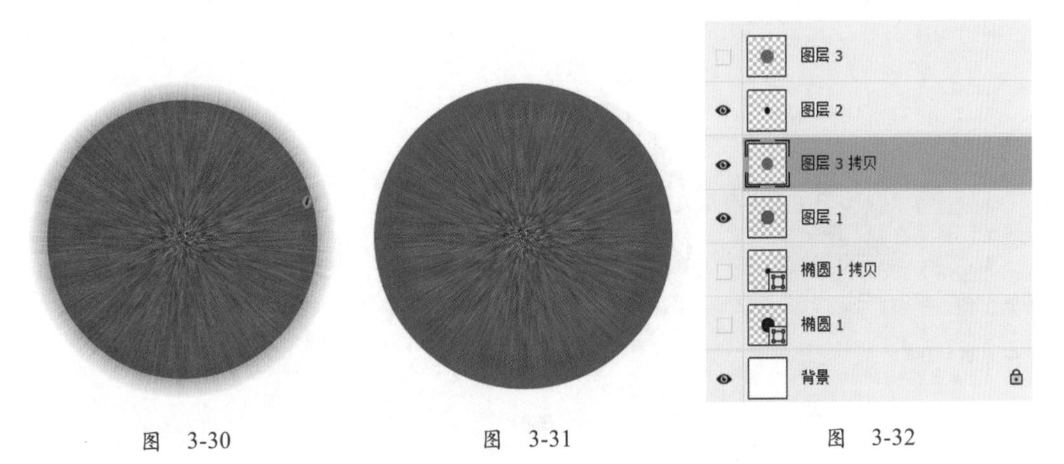

图 3-30　　图 3-31　　图 3-32

(6) 把“图层 3 拷贝”图层的混合模式调整为“叠加模式”,效果如图 3-33 所示。

(7) 选择蓝色图层,用 Ctrl+U 组合键调整蓝色图层的明度,效果如图 3-34 所示。

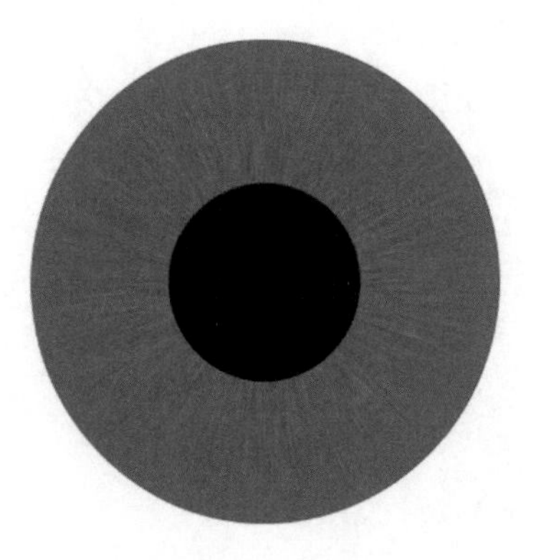

图 3-33

图 3-34

（8）新建图层，激活圆形图层选区，为选区添加描边效果，为描边选择“高斯模糊”滤镜，如图 3-35 和图 3-36 所示。

（9）将图层的混合模式改为“线性减淡”，效果如图 3-37 所示。

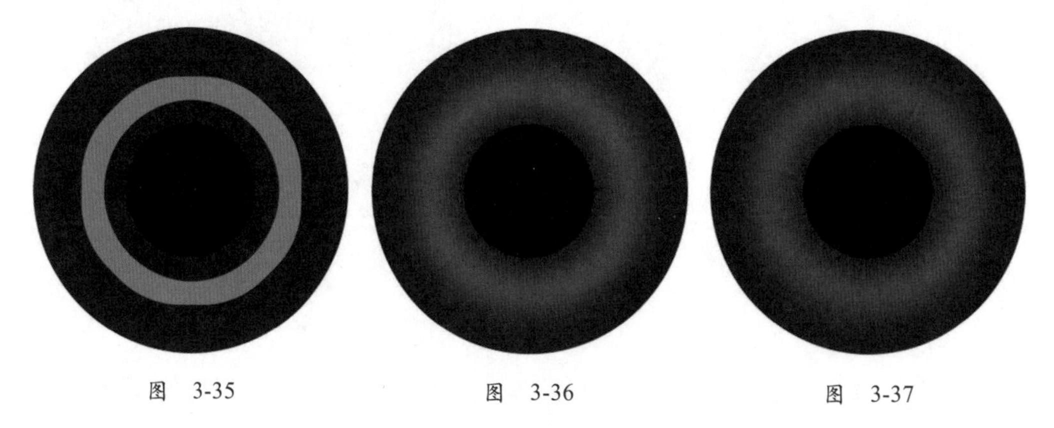

图 3-35　　图 3-36　　图 3-37

（10）选中“图层 3 拷贝”，用 Ctrl+J 组合键生成一个相同的图层，如图 3-38 和图 3-39 所示。

（11）复制“图层 2”，选择“波浪模糊”滤镜，使瞳孔边缘不规则显示，效果如图 3-40 所示。

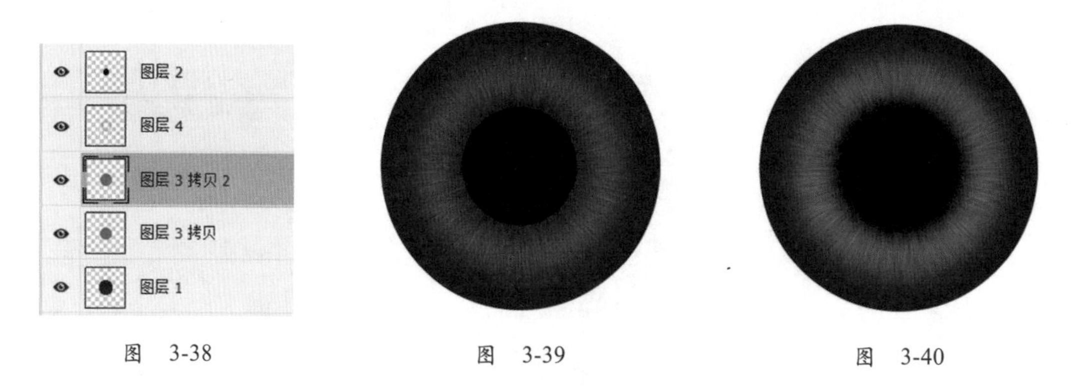

图 3-38　　图 3-39　　图 3-40

任务 4：用 Substance Painter 进行贴图制作

本案例使用 SP 自带的皮肤贴图和布料贴图，重、难点是 SP 贴图的纹理调节以及文件导出等。

用 Substance Painter 进行贴图制作的步骤如下。

（1）在 Substance Painter 中加载头部模型，并烘焙该模型的贴图，再进行不规则化处理，如图 3-41 和图 3-42 所示。

（2）烘焙完成后，拖动 Skin Human Simple 材质到图层面板中，效果如图 3-43 所示。

（3）展开该材质文件夹，调整 dirt-3 的比例，观察透视图皮肤纹理效果，如图 3-44 和图 3-45 所示。

（4）新建图层，绘制嘴唇等部位的颜色，效果如图 3-46 所示。

（5）导出贴图，选择 Arnold（Aistandard）方式，如图 3-47 所示。

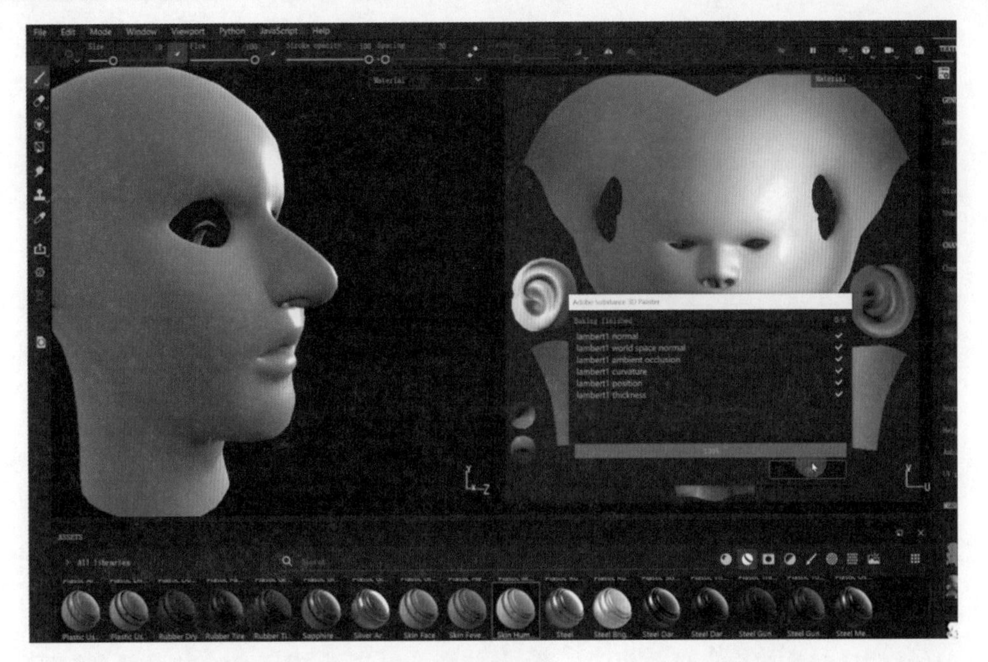

图　3-41

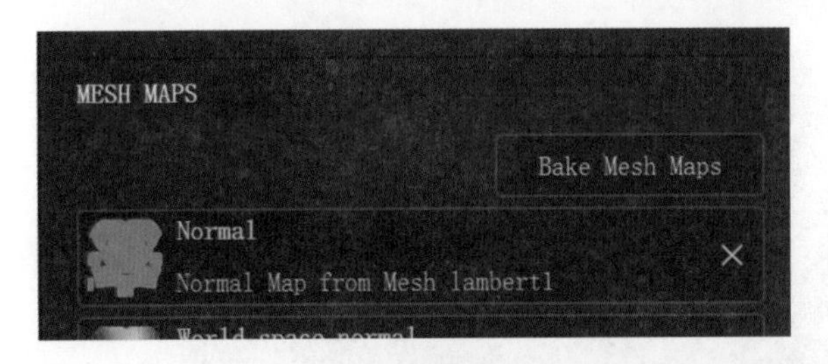

图　3-42

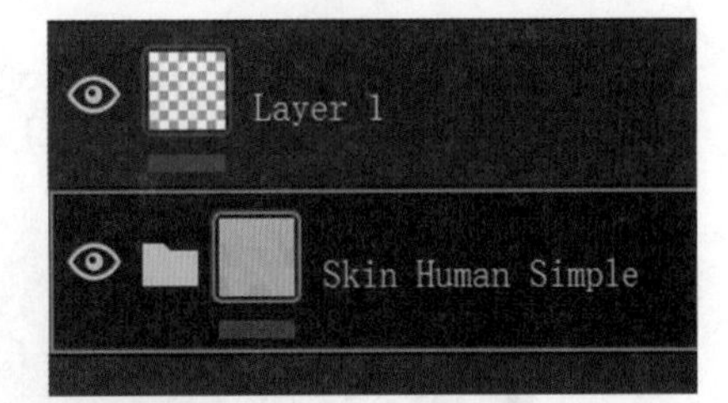

图　3-43

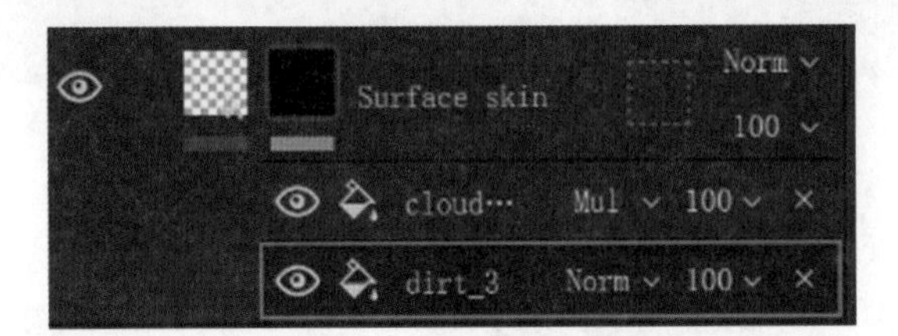

图　3-44

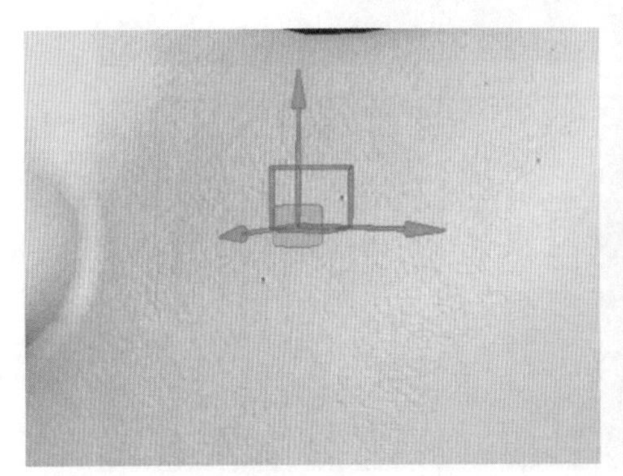

图　3-45

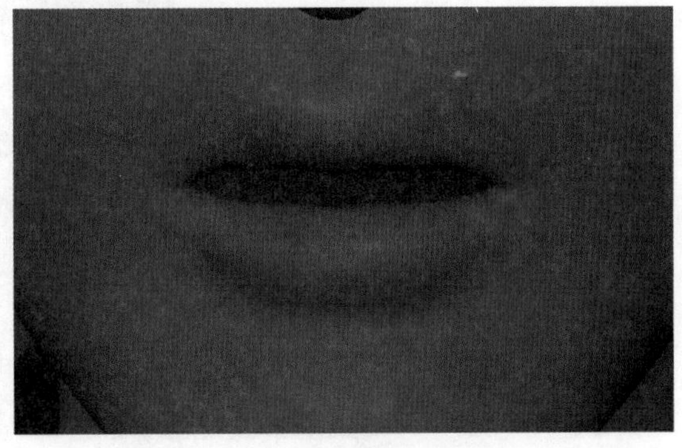

图　3-46

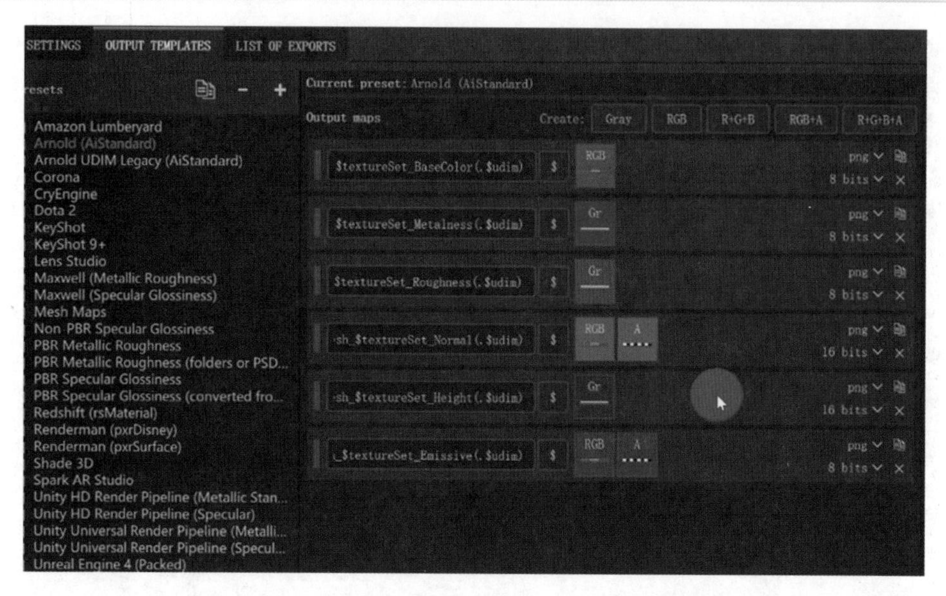

图 3-47

（6）选择相应的输出路径和分辨率，一般练习时使用 2048 像素的分辨率即可，如图 3-48 所示。

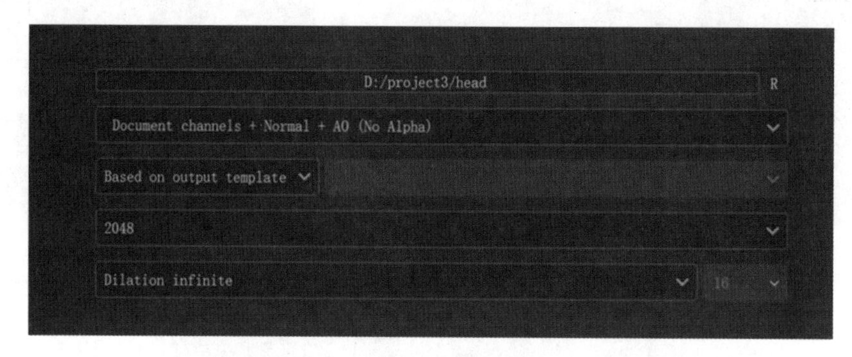

图 3-48

（7）单击 Load 按钮，加载服装部分的模型并进行烘焙，如图 3-49 所示。

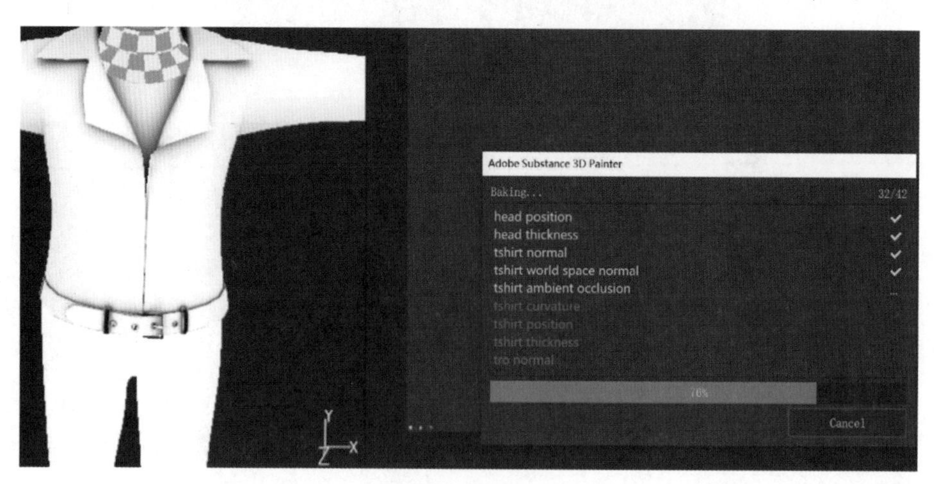

图 3-49

(8) 选择裤子模型，拖动 Fabric denim washed out 材质球到图层面板中，效果如图 3-50 所示。

(9) 上衣模型也选择同样的操作，如图 3-51 所示。

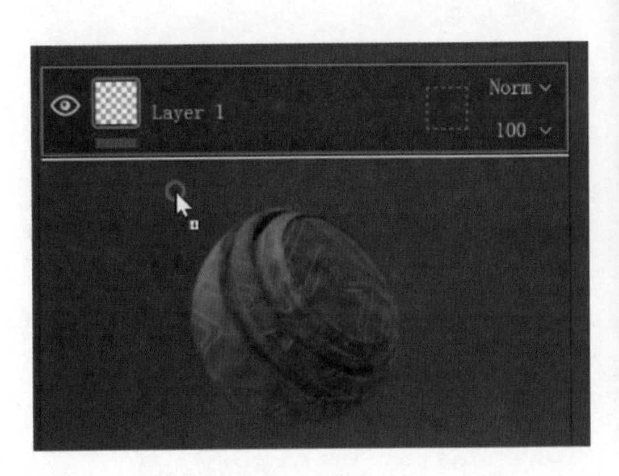

图 3-50

图 3-51

(10) 拖动 Leather rough dark 材质到皮带模型下的图层面板，效果如图 3-52 所示。

(11) 拖动布料材质给内衣模型，效果如图 3-53 所示。

图 3-52

图 3-53

(12) 按照头部贴图的输出方式再次输出衣服贴图。如果贴图中有透明或半透明效果，最好输出文件为 TIFF 格式。

3.5 项目小结

本项目进行了展开头部UV和服装、手部等部位UV的操作。用PS绘制眼睛贴图，使用 Substance Painter 制作了角色的衣服和皮肤贴图。建模与贴图相辅相成，好的模型是贴图的重要载体，好的贴图也可以促进角色的效果，二者在动画制作中缺一不可。

3.6 拓展项目

使用 XGen 制作头发、眉毛、睫毛。

XGen 是一款效果出众且功能齐全的毛发制作系统，该软件可以制作女性长发、波浪发、男士短发及动物毛发。在硬件方面，比较耗费内存和显存。另外，XGen 对模型也有一定要求，如生成毛发的模型要清除历史记录，要分开 UV 等，模型的尺寸也会影响毛发的效果。

制作要求如下。

（1）在 XGen 工具架上创建描述。

（2）调整 XGen 菜单下的相应参数，提高头发数量，降低头发的直径。

（3）使用 XGen 梳理等工具调整头发造型。

（4）添加贴图来控制毛发生长的区域和疏密程度。

（5）调整毛发材质并进行渲染。

3.7 自主设计

使用 Substance Painter 的滤镜为衣服增加做旧效果。

项目4　表情设置和绑定操作

知识目标：

(1) 了解骨骼创建方法及其属性。

(2) 掌握各种约束方法。

(3) 掌握两种不同的蒙皮方法。

(4) 掌握不同的表情形态。

能力目标：

(1) 能够利用不同方式为身体不同位置创建骨骼。

(2) 能够灵活应用蒙皮技巧。

(3) 提高文件管理能力。

素质目标：

(1) 树立精益求精的精神。

(2) 培养灵活的思维方式。

(3) 养成严谨的工作作风。

4.1　项 目 导 入

表情设置和绑定操作的关联性非常紧密，但模型与绑定操作及表情设置之间也有一定的联系。做完模型后，一个“T字形”的角色会比较呆板，影响作品效果。如果为角色加上一套骨骼和表情，就可以给角色摆个姿态，设置各种表情，从而给作品增色不少。

表情设置和绑定操作需要用的技术手段较少，经验和耐心则必不可少，功能全面且不受限的绑定操作需要的时间可能比建模时间还长。简单又不经过周密测试的绑定操作会给后续动作制作带来更多的麻烦。

4.2　项 目 分 析

(1) 创建骨骼：创建骨骼的难点是骨骼指向性问题，尤其在FK骨骼上，指向性会影响骨骼的旋转方向，不适合的指向在单根骨骼上无法发现，需要选中多层级的骨骼才会发现问题。虽然骨骼指向性后期可以调整，但需要更多的时间与精力。

(2) 腿部IK：腿部绑定方法五花八门。本案例使用的腿部IK及绑定方法简单而高效，可以完成各种人类已有的腿部动作。对于初学者来说，简单的方法更容易掌握规律，掌握了规律再去研究复杂的方法会事半功倍。

(3) 蒙皮：蒙皮主要有两种方法，一是在默认蒙皮基础上刷权重，二是分别取消

每个关节的其他受影响的蒙皮并逐一调整。在比较复杂的关节转折处用第二种方法更合适，比如肩部、手指等。

(4) 表情：Maya的Blend Shape表情制作方法简单易懂，关键在于对表情形态的研究。可以借助手绘的方式，多画几套表情以加强记忆。

4.3 项目准备

本项目主要由骨骼和表情两大部分组成，其中骨骼较为复杂，不仅仅包含了骨骼本身，还要配合相应的约束关系、连接关系才能使骨骼系统发挥作用。表情部分除了创建表情的相应知识外，应着重研究不同类型表情的形态和组合。

1. 表情分类

人类大约有6种表情：高兴、悲伤、吃惊、恐惧、愤怒和厌恶。人类的这些表情主要是通过眉毛、眼睛和嘴巴的变化来实现的。

人们心情的变化导致了不同的肌肉运动趋势，因此制作表情主要集中在眉毛和嘴部周边布线的调节上。根据不同的表情，我们分类总结眉毛和嘴部的运动趋势，有以下几种。

(1) 高兴：嘴角上扬并向两边增大嘴部宽度。由于脸部肌肉向上挤压会导致眼睛过小，夸张一点的表情还会让眼睛眯成一条线或是拱形。

(2) 悲伤：常见的有皱眉毛，嘴角向下，眼皮下压。

(3) 吃惊：眉毛抬起或紧皱，眼睛睁大，嘴张大。

(4) 恐惧：跟吃惊的表情类似，幅度更大，但恐惧的表情保持的时间可能更长。

(5) 厌恶：眉毛压低，眼皮压低，眼睛斜视，歪嘴。

2. 认识Blendshape

Blendshape是Maya中重要的表情制作方式，它通过调整面部顶点的位置来实现表情效果。在做每个表情时都要把表情设置为0和1两种状态，0为原始状态，1为表情最大状态，0和1之间的数值决定了表情的强烈程度。不同表情之间可以根据需要调整不同程度的融合。

3. 骨骼

Maya骨骼系统非常灵活，可以根据项目需求制作出所有生物形态的骨骼系统。创建出来的默认骨骼称为FK，一般应用于躯干、胳膊、手指等部位，而腿部骨骼一般需要创建IK来实现骨骼功能。

骨骼一般在平面视图中创建，透视图中创建骨骼可能会出现偏差。FK骨骼具有指向性，如果指向性错了，那么每根骨骼旋转的方向就会不一致，旋转一根骨骼时发现不了问题，只有在多个骨骼一起旋转时，才会发现指向性不同的那个关节旋转方向是相反的。所以一定要在创建骨骼之前就确定好骨骼的指向性，可以通过双击工具架上的骨骼图标打开设置面板来更改指向性，默认情况下方向设置没有选中，此时需要选中。

骨骼的半径值不会影响角色的动作。当骨骼直径过大，影响到比例调整或观察角色时，可以缩小骨骼半径。在未创建骨骼之前，可以在设置面板里预设骨骼半径值，创

建完成后虽然可以更改,但需要选择每一个关节进行修改。选中了根关节就只有一个关节产生变化。

4. Human IK

Human IK 是 Maya 自带的一套骨骼系统,其优点是快捷简易,但到目前为止,它的脚部设计仍然不够完善,好的脚部骨骼系统应该具备三个中心:脚尖为中心的运动,脚跟为中心的运动,脚趾根部为中心的运动。Human IK 在这三个环节上都存在短板,比如有脚趾根部的设置,没有脚跟中心的设置,就不能以脚趾根部为中心实现只有腿部的动作。所以在做手的关键帧动画时不推荐使用该骨骼,而处理“运动捕捉”数据时,这种骨骼具有很好的兼容性。

5. 父子关系和父子约束

父子关系和父子约束都可以让一个物体跟随另一个物体运动,骨骼系统其实就是一种父子关系,上一级关节是下一级关节的父物体。父子关系下的子物体可以单独产生实质位移,父子约束下的子物体也可以自行移动,但只要父物体移动了,子物体就会恢复到原有的相对位置。

6. 点约束

点约束只控制被约束物体的移动,而不控制旋转属性,因此可以用点约束控制手腕 IK 控制器。

7. 方向约束

方向约束是控制被约束物体的方向。一组物体可以同时施加点约束和方向约束。父子约束也可以同时控制子物体的位置和方向,但又不完全相同。父子约束的子物体的位移也受父物体的缩放影响。

8. 目标约束

目标约束主要用来连接眼睛控制器,移动控制器时眼球会跟随控制器的移动而旋转。

9. 极向量约束

极向量约束也是用控制器的移动来控制被控制物体的旋转,不同的是极向量约束用于控制 IK 系统。

10. 组件编辑器

组件编辑器位于“窗口”菜单下的常规编辑器内,该编辑器在本项目中可用于查看平滑蒙皮和融合变形器的具体影响范围。

11. 蒙皮与权重

蒙皮是骨骼连接模型的方式。蒙皮最容易出现问题的地方往往是关节处,由于关节的旋转会带动模型的旋转,所以蒙皮后关节处的权重分配过于机械化,会导致蒙皮效果不佳或拉伸问题。分配蒙皮的权重是蒙皮的主要工作,虽然“蒙皮”菜单下有很多关于权重的功能,但实际项目开发中,分配权重主要通过笔刷工具实现。

4.4 项 目 实 施

创建表情的方法很多，但都是通过拖动相应顶点的位置来实现，所以创建表情的技术不会太复杂，但表情的效果实现起来需要更多的精力。

骨骼和绑定方面创建骨骼相对简单，绑定的连接关系和约束关系较为复杂，大幅度动作对蒙皮要求非常高，也需要进行多次的对比和测试。

任务 1：Blendshape 和骨骼蒙皮

创建表情之前应清除一下头部模型的历史记录。根据知识点中的表情分类创建表情，Blendshape 首先要创建融合变形，然后添加目标，每个目标就是一个表情。

骨骼创建有指向性，双击工具架上的“骨骼”图标即可设置骨骼指向性。腰部以上关节一般都应该选中“方向设置”下的“确定关节方向为世界方向”选项，只有这样才能够实现多骨骼同时向一个方向转动。

提示：要养成给表情命名的习惯，当表情增多后，严谨的命名习惯可以使后续工作提高效率。Blendshape、蒙皮、摆姿态都没有太多技术要点，所以在学习时经常会轻视这些方面，然而这三个方面却需要具有丰富的经验才能做好。表情的设置虽然技术单一，但要表现出丰富的表情则是一个长期积累的过程；骨骼设置也可能仅用半天时间就学会了，但不同姿态下的蒙皮却很难呈现稳定的表现。只有扎实地打好每一部分的基础，才能够真正适应行业需求。

头部制作步骤如下。

(1) 选择“窗口”菜单下的“动画编辑器”中的“形变编辑器”，选中头部模型，单击“形变编辑器”面板中的创建“融合变形”，然后添加目标，此时就可以编辑模型上的点来创建表情。

“目标”选项下编辑的背景如果是红色的，就是在记录表情，单击红色按钮表示记录已经完成，此时再拖动滑块就会产生表情效果，如图 4-1 所示。

项目 4-任务 1

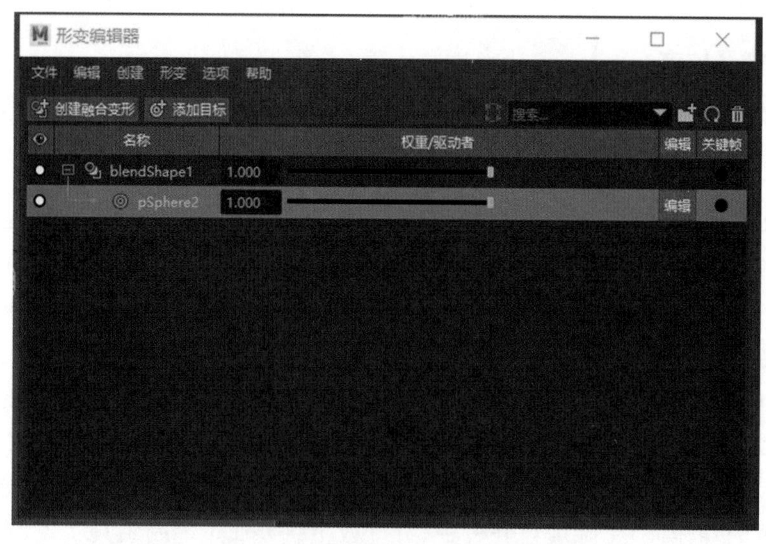

图 4-1

(2) 使用该方法为头部模型逐条添加不同表情，然后分别为每个表情命名。由于表情多是对称状态的，所以可以右击已经做好的表情，通过“镜像”的方式来提高制作效率，效果如图 4-2 所示。

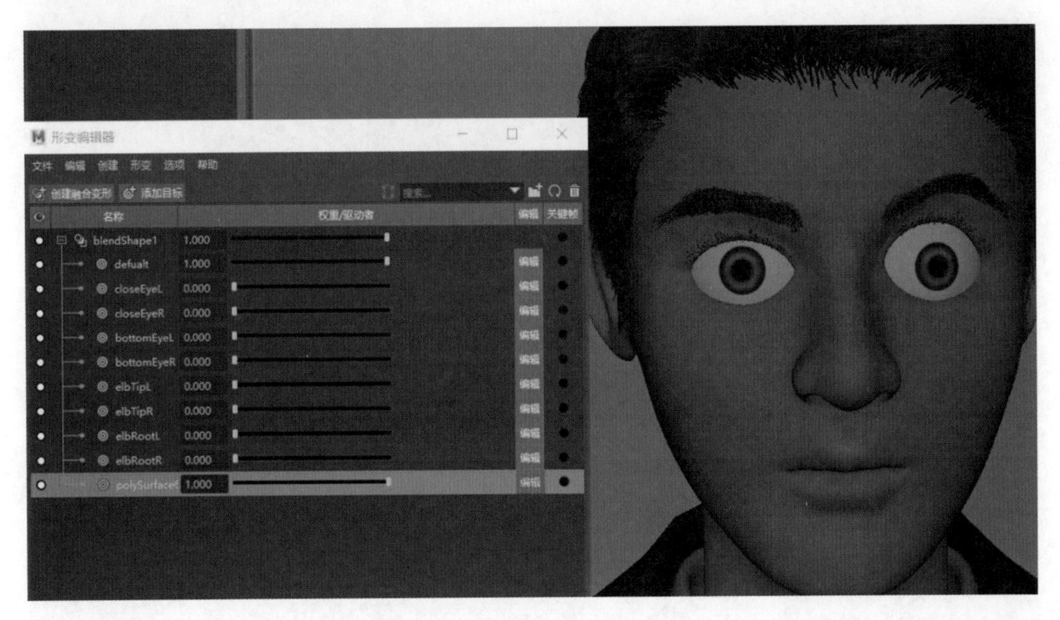

图　4-2

(3) 由于该步骤多为重复操作，所以不在书中赘述，详细过程可观看视频中的具体制作步骤。

(4) 选中所有角色模型，在“图层”面板中新建图层，使用 T 模式锁定模型，效果如图 4-3 所示。

(5) 切换到 Side 视图，放大腰部以下位置，开始由髋关节处向下创建骨骼，效果如图 4-4 所示。

(6) 切换到前视图，移动骨骼位置到右侧，效果如图 4-5 所示。

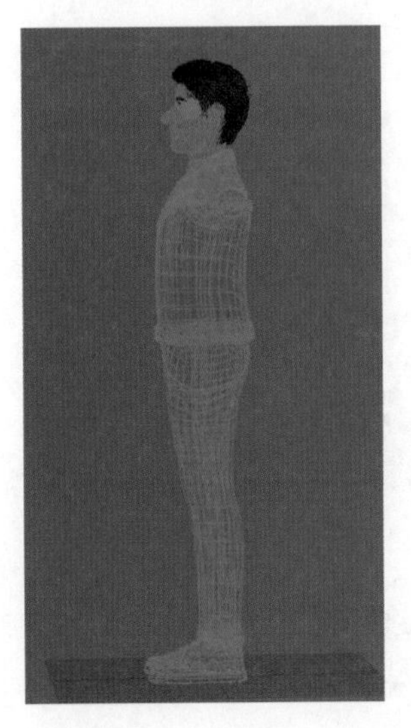

图　4-3

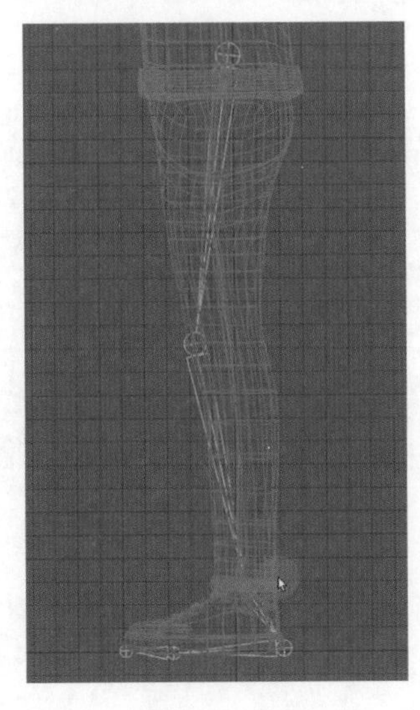

图　4-4

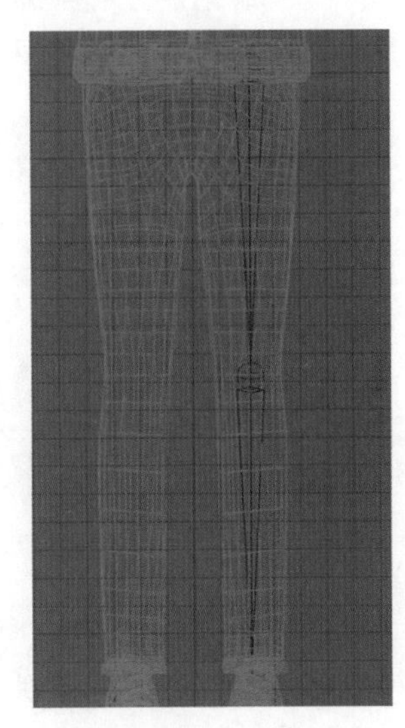

图　4-5

(7) 由腰部向上创建关节到头顶，创建之前要设置“关节指向”，效果如图 4-6 和图 4-7 所示。

(8) 选择腿部根关节，然后加选腰部关节点 P 键，建立“父子关系”，效果如图 4-8 所示。

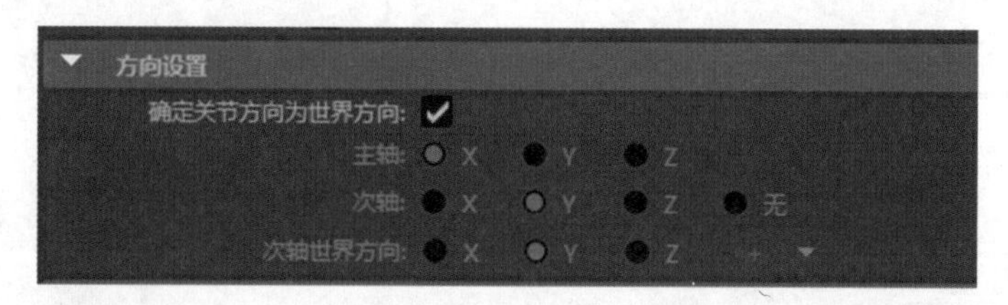

图 4-6

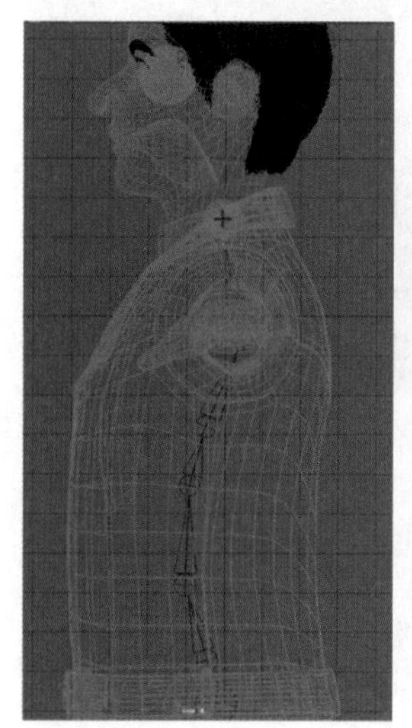

图 4-7

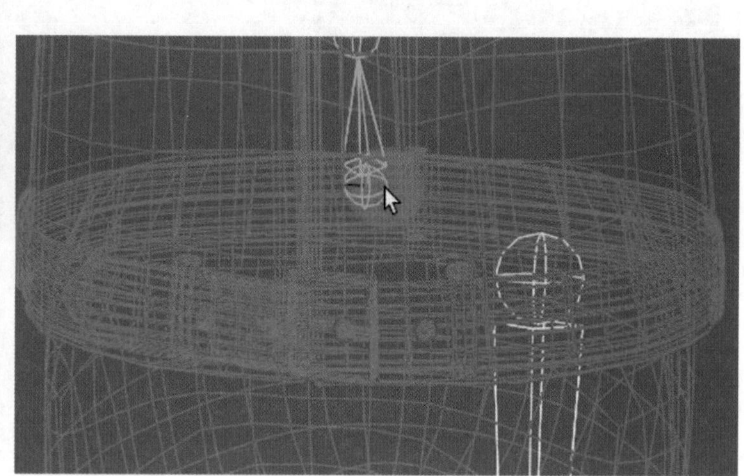

图 4-8

(9) 仍然选中腿部跟关节，打开“镜像关节”面板，选择镜像平面为 YZ，单击“应用”按钮，完成另一条腿的创建，效果如图 4-9 所示。

(10) 切换到顶视图，创建胳膊关节，效果如图 4-10 所示。

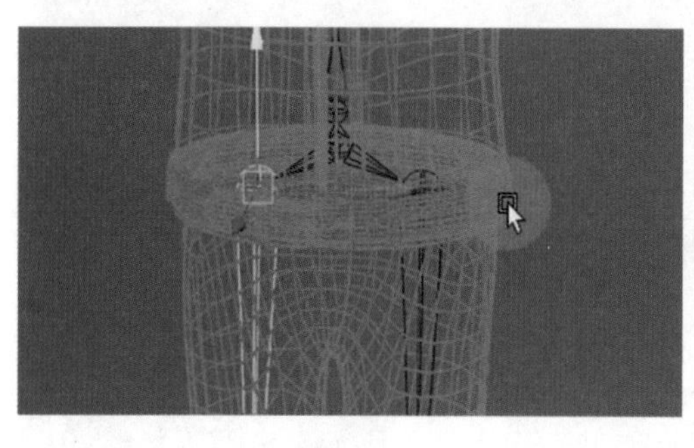

图 4-9

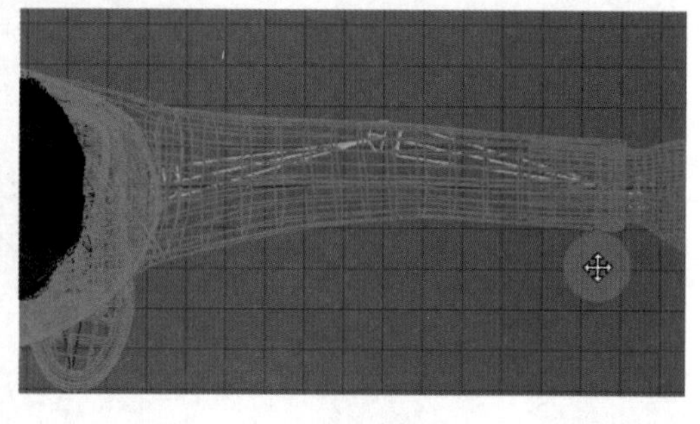

图 4-10

(11) 回到前视图，向上移动胳膊关节到相应位置，效果如图 4-11 所示。

(12) 在肩膀内侧创建一个独立的关节，然后用父子关系关联胸部与胳膊关节，效果如图 4-12 和图 4-13 所示。

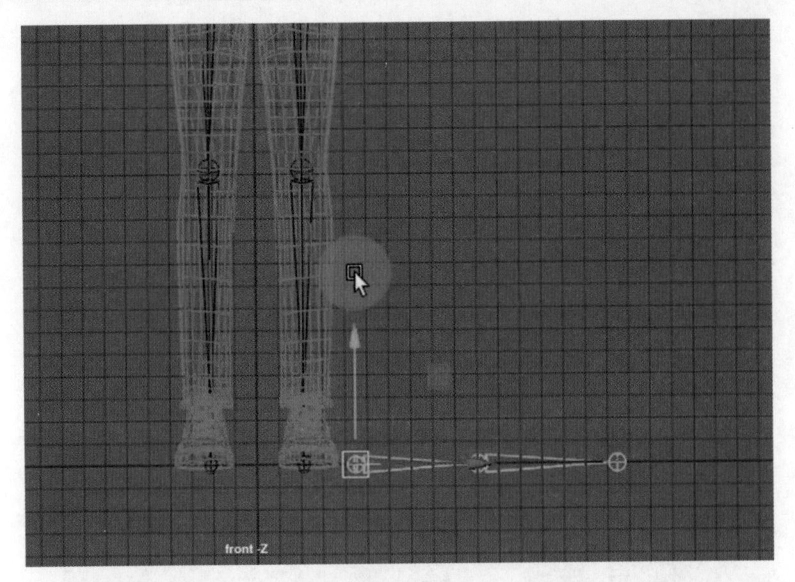

图　4-11

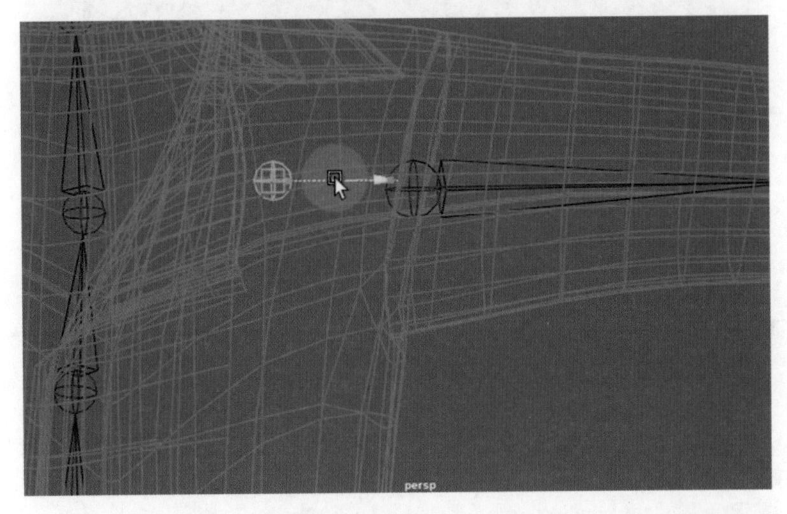

图　4-12

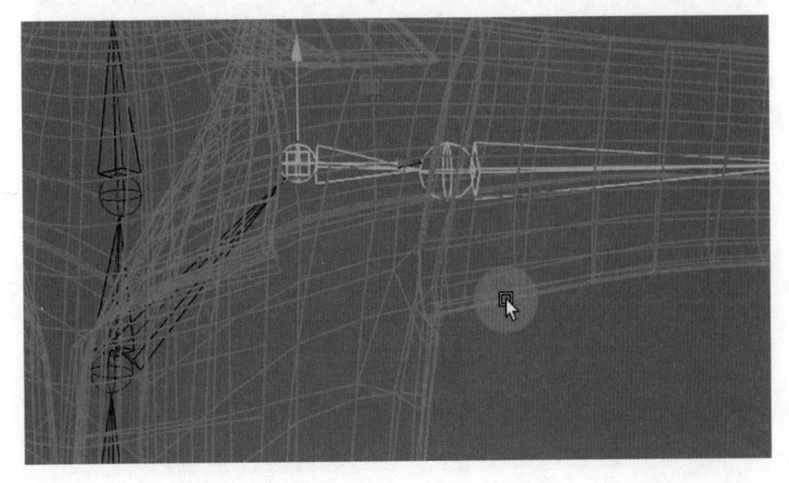

图　4-13

（13）创建手部关节，在“Front 视图”中调整位置，效果如图 4-14 所示。

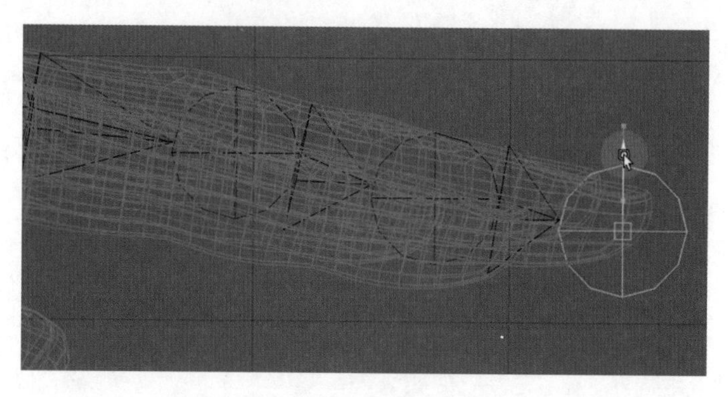

图 4-14

（14）复制该骨骼，并移动到其他三根手指的位置，效果如图 4-15 所示。

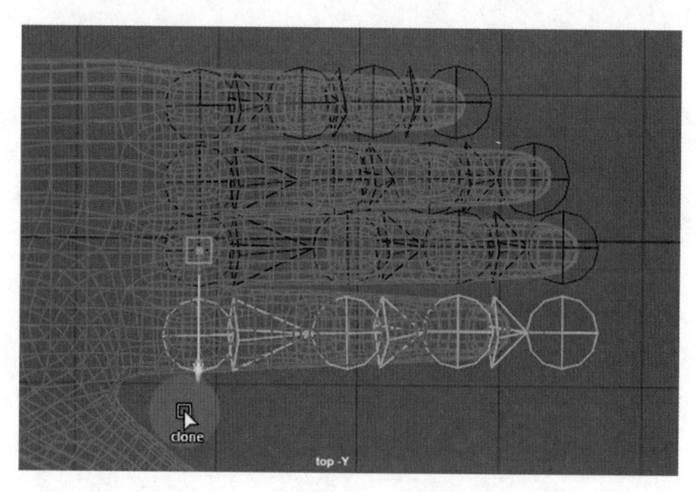

图 4-15

（15）再次复制一组骨骼并移动到拇指位置。拇指的轴向与其他四根手指不同，需要按照拇指的朝向进行旋转，效果如图 4-16 所示。

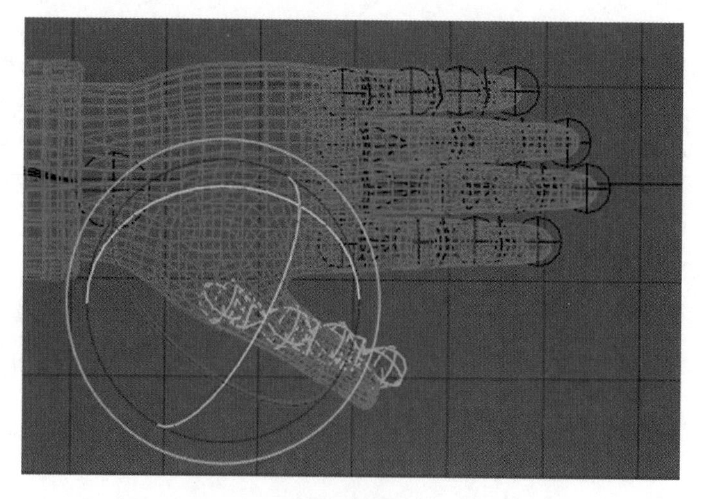

图 4-16

(16) 选中所有手指关节,用“父子关系”连接手腕关节,效果如图 4-17 所示。

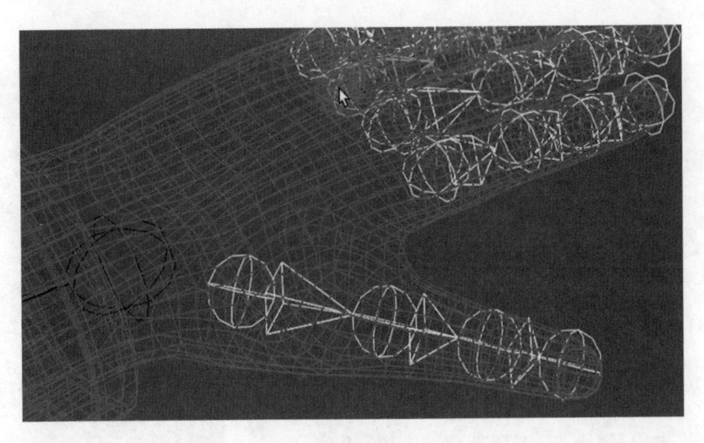

图 4-17

(17) 选中肩膀关节,“镜像”关节到另一边,完成另一条胳膊的创建,效果如图 4-18 所示。

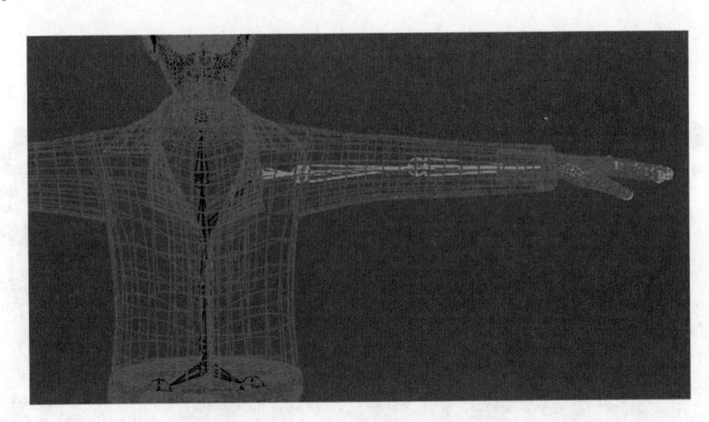

图 4-18

(18) 选中所有的模型文件,加选骨骼根关节,选择“绑定蒙皮”操作,蒙皮完成后骨骼系统会显示为彩色,效果如图 4-19 和图 4-20 所示。

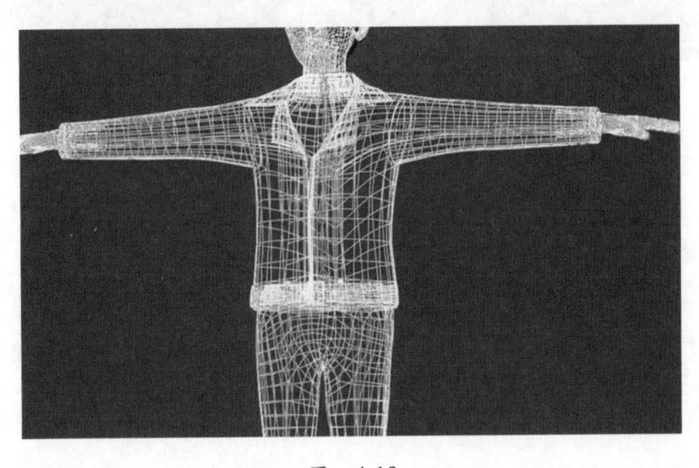

图 4-19

(19) 旋转骨骼后，可见模型已经跟随骨骼转动，但关节周围部分有明显变形，效果如图 4-21 所示。

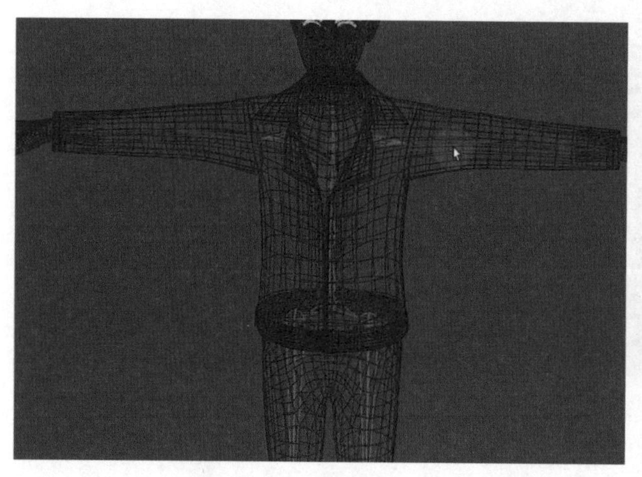

图 4-20

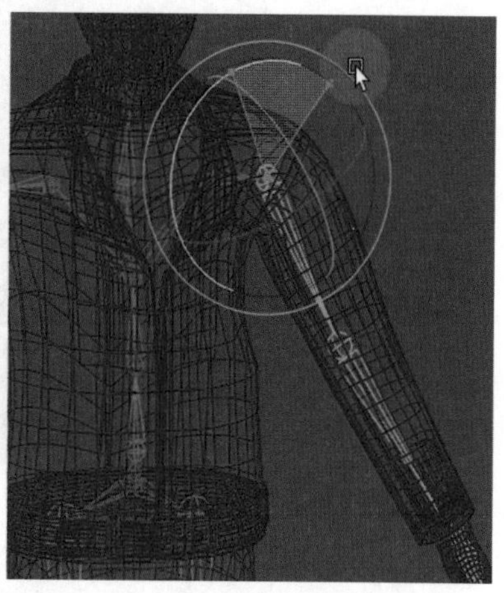

图 4-21

(20) 右击模型，选择绘制蒙皮权重，此时模型呈现渐变色，弹出“蒙皮权重”面板，选择相应的骨骼，即可使用笔刷工具为骨骼调整权重，效果如图 4-22 所示。

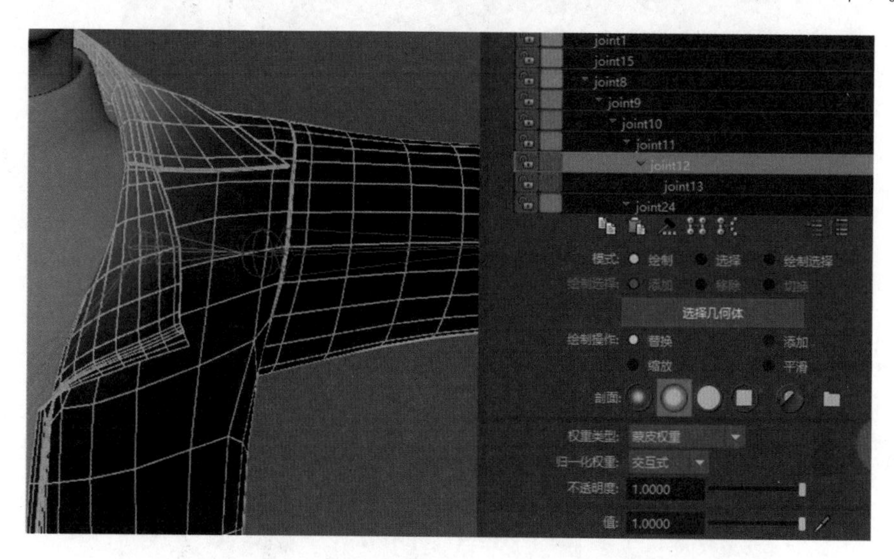

图 4-22

(21) 关节处尤其是手指关节权重比较难以处理，可采用“泛洪”的方式把所有权重调整为完全影响范围，然后单独选中关节处的点，选择值为 0.5 的泛洪操作，界面如图 4-23 所示。

(22) 在右侧权重调整好之后，可镜像权重给左侧，此步骤要求模型的左右完全对称，否则会产生权重无效的问题。蒙皮“权重镜像”与“模型镜像”基本相同，两镜像方向可自由选择，界面如图 4-24 所示。

(23) 蒙皮直接影响动画效果，所以需要耐心反复调整，力求得到最佳效果。

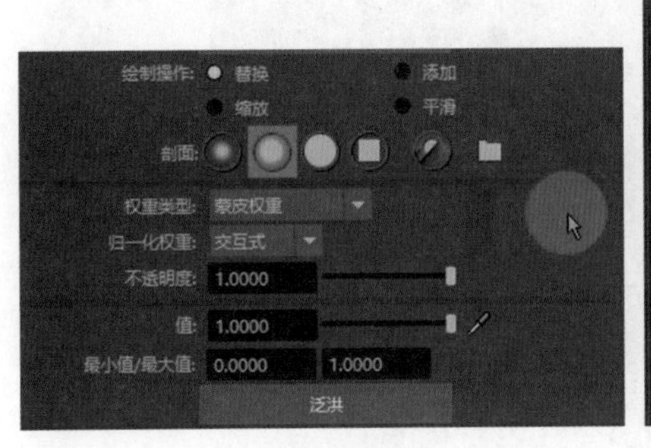

图　4-23

图　4-24

任务2：约束与控制

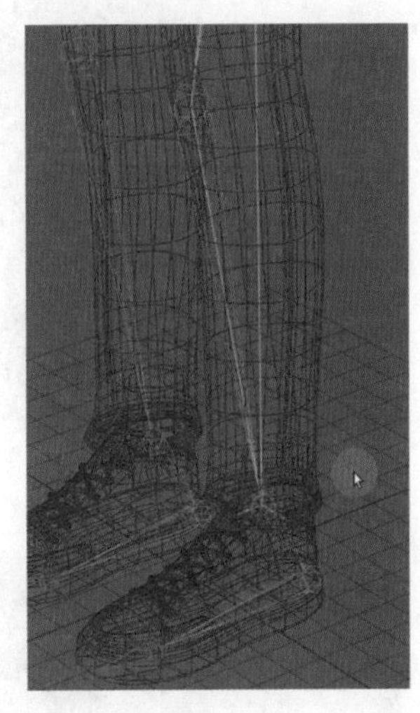

图　4-25

约束是实现骨骼控制的必要手段，没有约束，很多动作将无法实现，因此该部分设置不可跳过。脚部的设置尤为重要，不仅仅需要约束设置，还要加上其他连接属性。

操作步骤如下。

（1）由腿部根关节到脚踝处创建IK，效果如图4-25所示。

（2）在脚踝到脚趾根关节创建IK，效果如图4-26所示。

（3）由脚趾根关节到脚尖创建IK，整个腿部最终会有三条IK，效果如图4-27所示。

（4）把前两个IK建成一个组，界面如图4-28和图4-29所示。

（5）按D键，把组的中心移动到脚趾根部关节；再按住V键将脚趾根部关节吸附到关节中心位置，吸附功能也会吸住模型上的点，所以可以把模型隐藏，效果如图4-30所示。

项目4-任务2之1

（6）选择剩余的一个IK并独立建成一个组，把组的中心也移动到脚趾根部关节，分别为两个组进行旋转测试，它们分别控制脚趾头的抬起和脚掌的抬起，效果如图4-31所示。

项目4-任务2之2

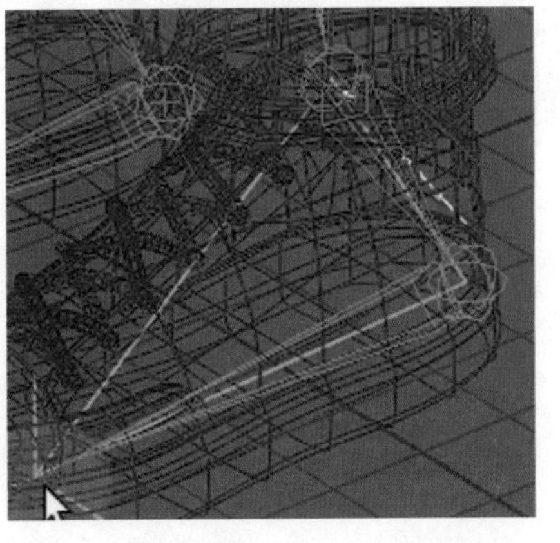

图　4-26

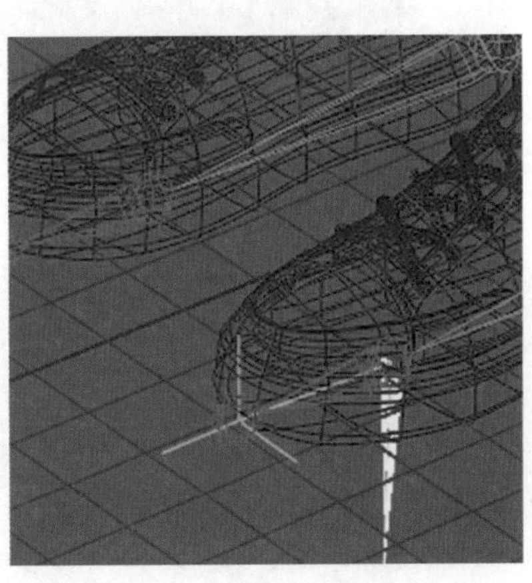

图　4-27

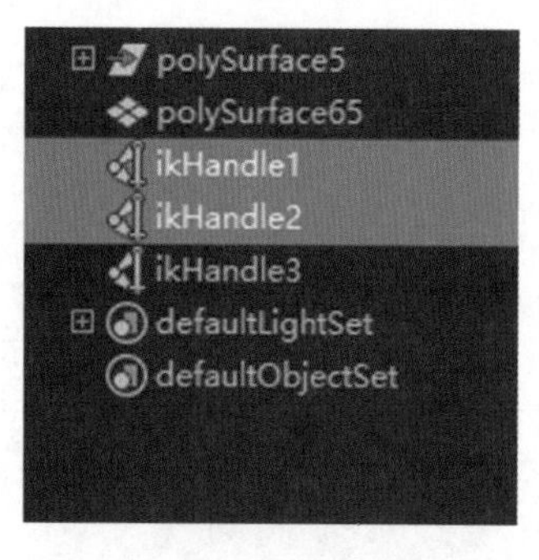

图 4-28

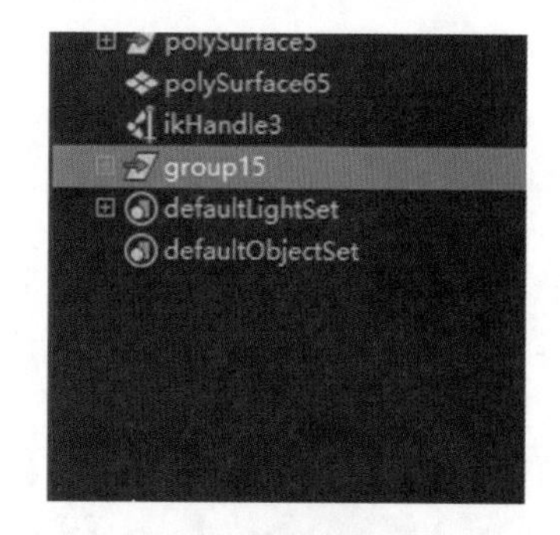

图 4-29

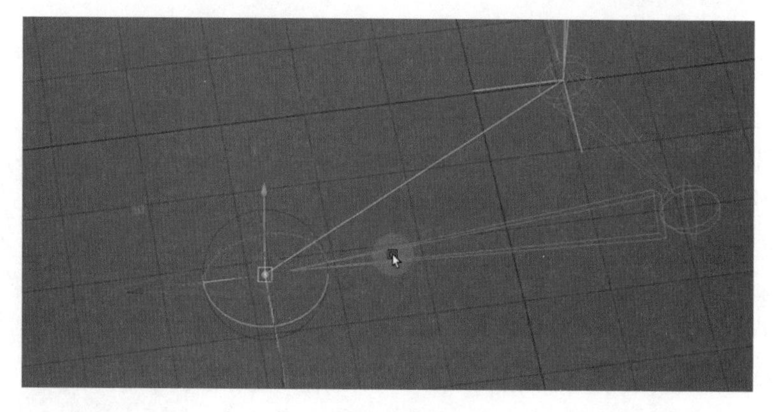

图 4-30

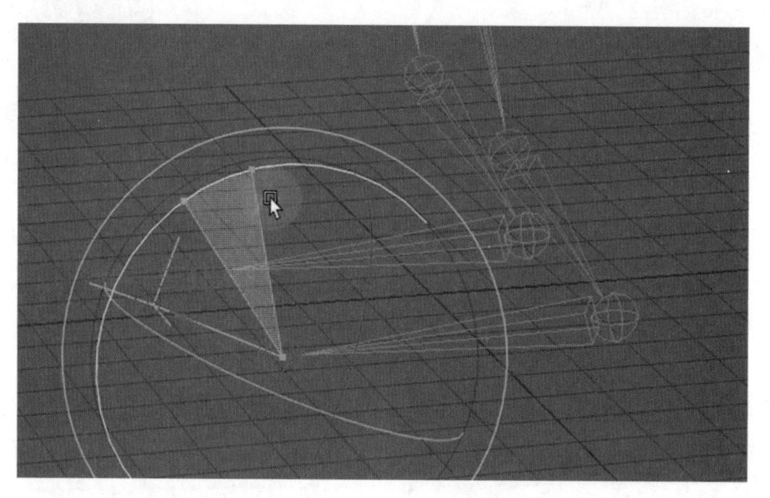

图 4-31

（7）把两个组再建成一个组，组的中心放置于脚尖，界面如图 4-32 所示。

（8）以脚尖为中心抬脚的动作已经具备，可以进行旋转测试，效果如图 4-33 所示。

（9）选中该组再建成一个组，并把中心移动到脚跟处，进行旋转测试，以脚跟为中心的动作也已经具备，效果如图 4-34 所示。

（10）由于组的设置不可以“镜像”，所以另一条腿需要选择同样的操作，设置完成后也要进行动作测试，效果如图 4-35 所示。

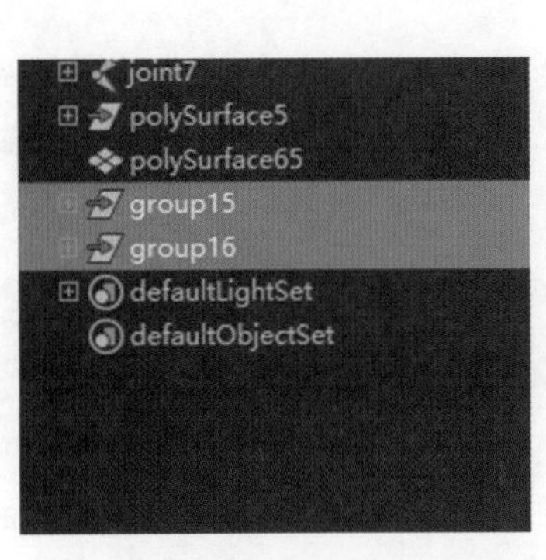

图　4-32

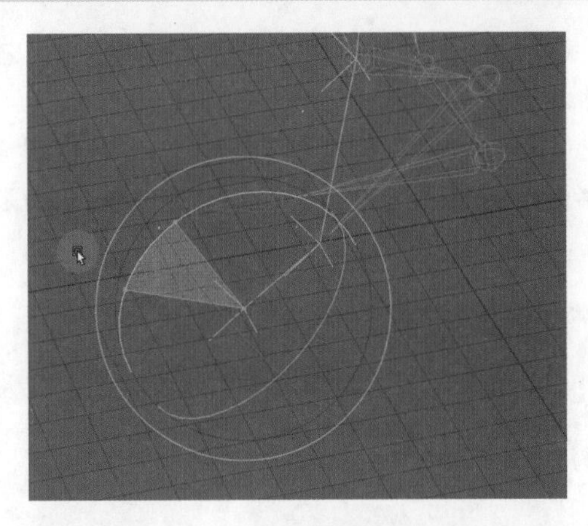

图　4-33

图　4-34

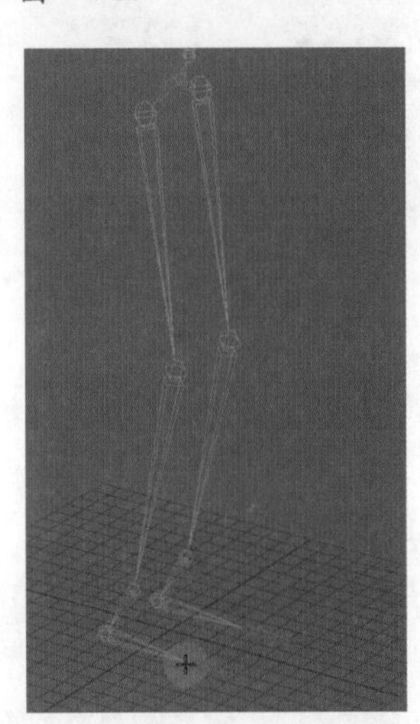

图　4-35

(11) 创建一个圆环曲线，放置于颈部关节，并复制曲线到颈部以下的其他关节，效果如图 4-36 所示。

(12) 调整根关节控制器的形状，使其与其他控制器保持不同，效果如图 4-37 所示。

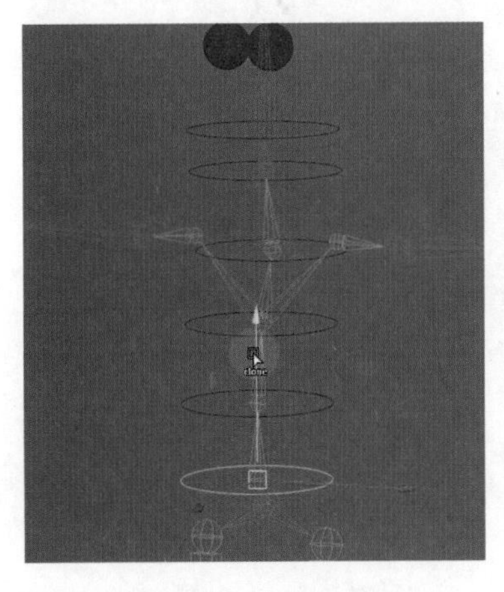

图　4-36

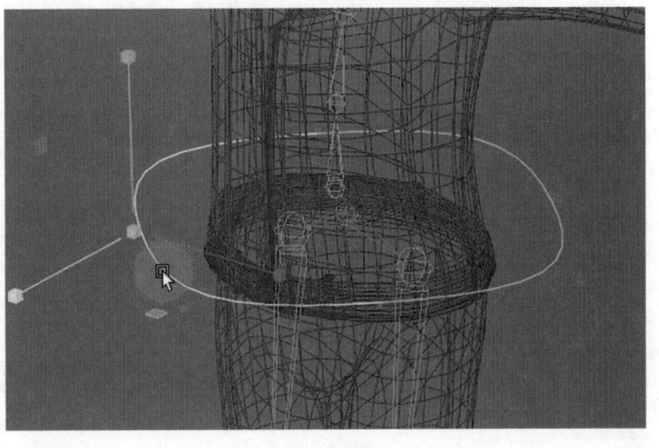

图　4-37

(13) 选中所有关节控制器，冻结参数。冻结的目的是让参数归0，需要把动作复位时才进行冻结，效果如图4-38所示。

(14) 选择颈部曲线控制器，加选头部骨骼的根关节，单击方向约束的方框图标，在弹出的面板中选中“保持偏移”选项。如果不选中此项，骨骼会旋转到曲线控制器的轴向上，如图4-39所示。

图 4-38

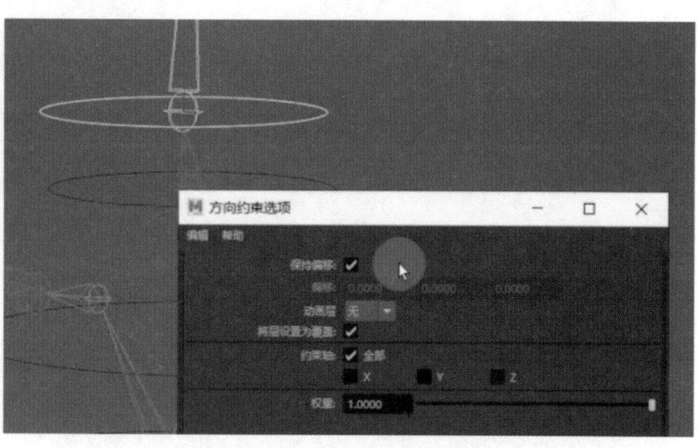

图 4-39

(15) 为上身所有的曲线控制器都选择相同的操作并旋转测试效果，然后依次设置上方曲线为下方曲线的子物体，这样在旋转下方控制器的时候上方会跟随旋转，效果如图4-40所示。

(16) 导入之前做好的肩部控制器，为肩部选择“点约束”，同样需要选中“保持偏移”选项。完成后为另一侧选择相同操作，效果如图4-41所示。

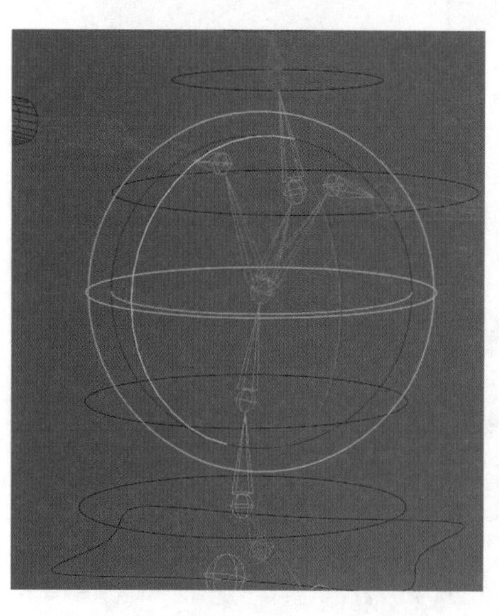

图 4-40

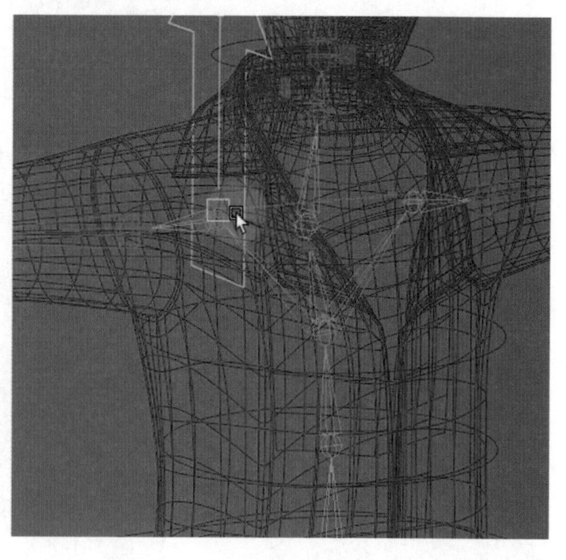

图 4-41

(17) 再次创建一个圆圈曲线，为上臂根关节设置曲线控制器，约束方法与脊椎关节相同，效果如图4-42所示。

(18) 创建完成后，同样需要依次设置控制器父子关系，肩膀控制器要设置为胸部

控制器的子物体，效果如图 4-43 所示。

(19) 对各关节控制器依次测试，效果如图 4-44 所示。

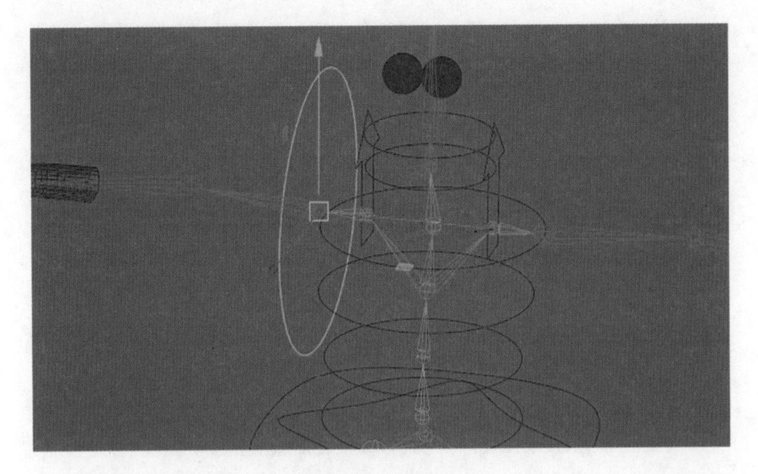

图　4-42

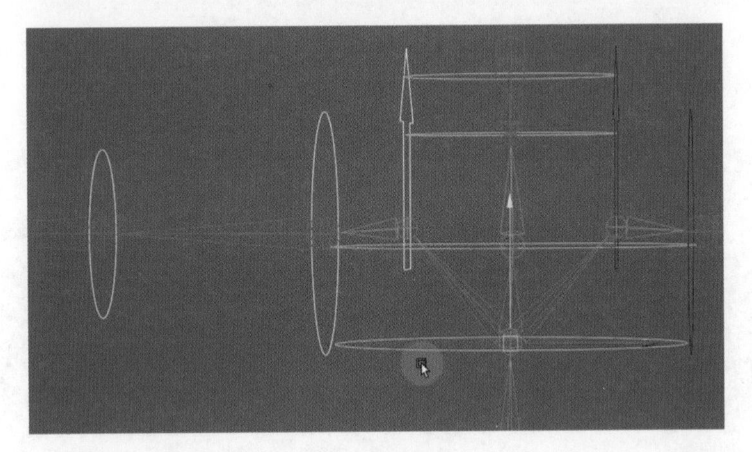

图　4-43

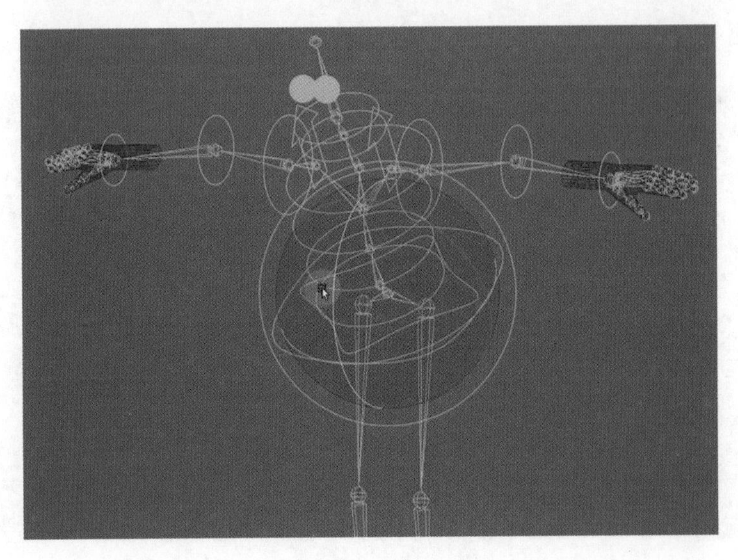

图　4-44

（20）为脚部设置控制器，把脚跟组设置为脚部控制器的子物体，效果如图 4-45 所示。

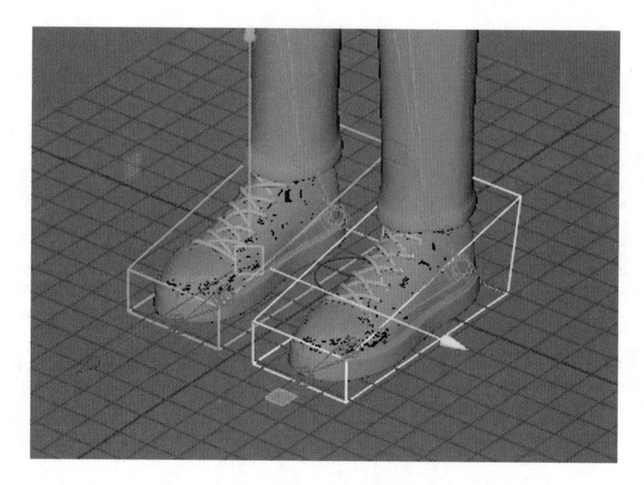

图 4-45

（21）将脚部控制器的轴心点放在鞋子模型的脚跟边角处，效果如图 4-46 所示。

（22）拖动和旋转脚部控制器，测试效果，如图 4-47 所示。

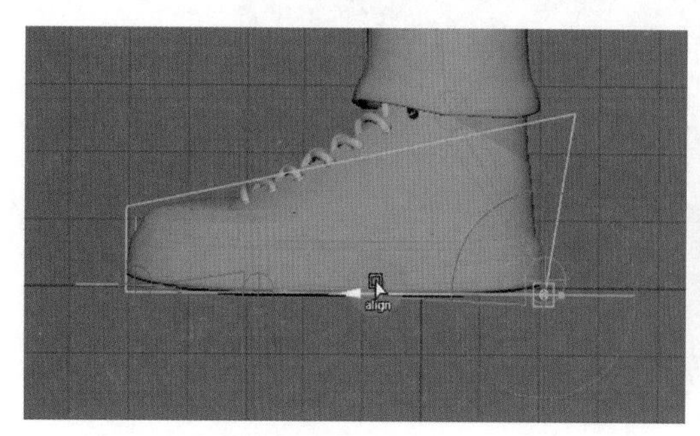

图 4-46

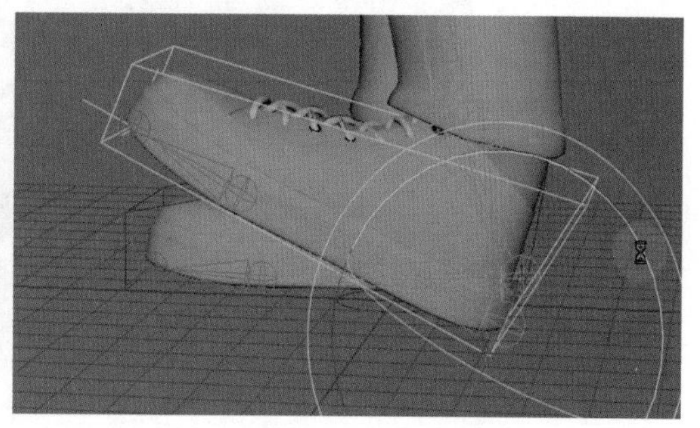

图 4-47

（23）用“方向约束”的方式为手指各关节设置控制器，效果如图 4-48 所示。

图 4-48

(24) 创建三个圆圈控制器,放置于眼睛前面,使用目标约束的方式为眼睛设置控制器。两只眼睛要设置不同的控制器,然后再设置一个总控制器,总控制器与眼睛控制器之间是“父子关系”,效果如图4-49所示。

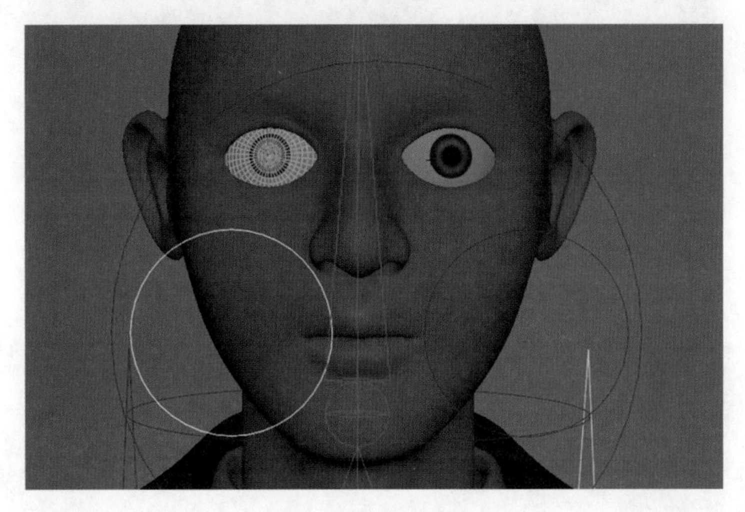

图　4-49

(25) 以“极向量约束”方式为腿部IK设置控制器,用来控制腿部的方向,效果如图4-50所示。

图　4-50

任务3：摆姿态

骨骼测试没有问题之后,应该给角色摆一个姿态,这样可以更好地表现角色,同时也有利于进一步测试不同姿态下的骨骼及蒙皮效果。

操作步骤如下。

(1) 拖动脚部控制器,让双腿站姿不完全对称,如图4-51所示。

(2) 调整躯干控制器,让上半身姿势不完全与镜头保持垂直,如图4-52所示。

(3) 调整胳膊和手部控制器,使胳膊和手部看起来处于比较放松的状态,手指过于挺直或是紧握都不是放松的状态,如图4-53所示。

(4) 协调胳膊和躯干控制器之间的位置,站姿要保持挺拔,如图4-54所示。

(5) 继续调整各控制器,寻找更好的姿势,如图4-55所示。

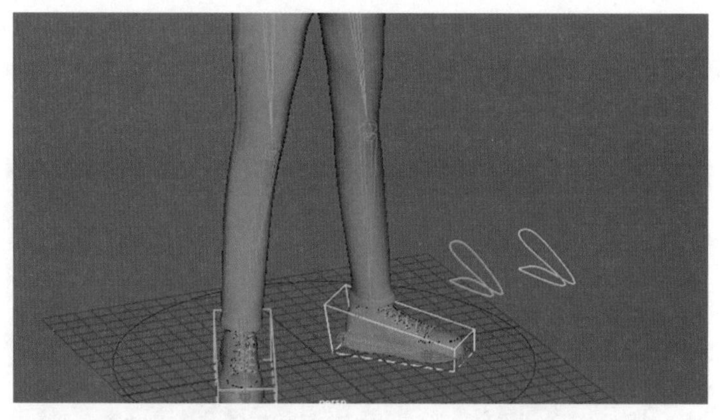

图 4-51

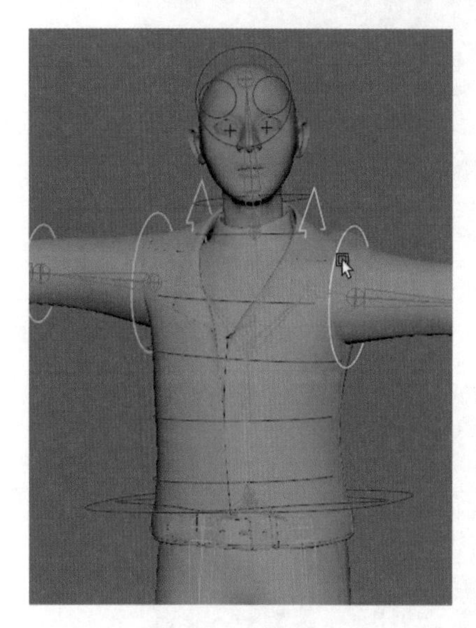

图 4-52

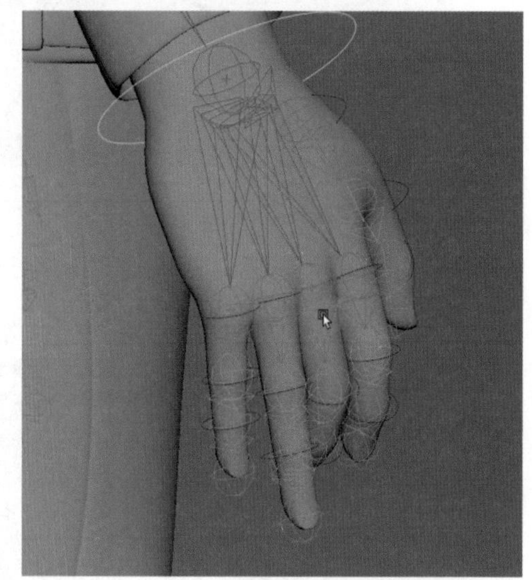

图 4-53

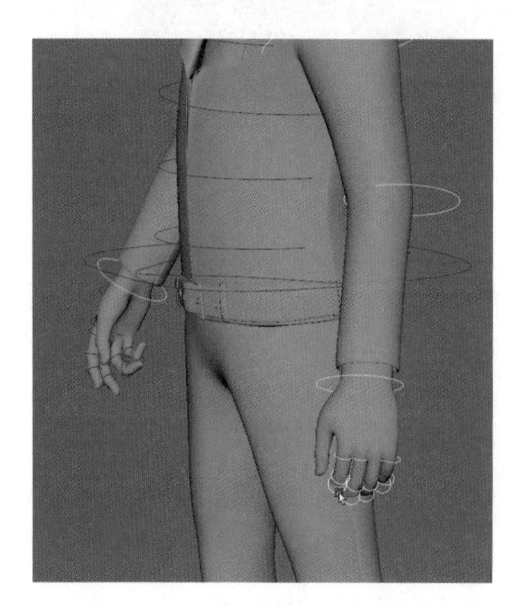

图 4-54

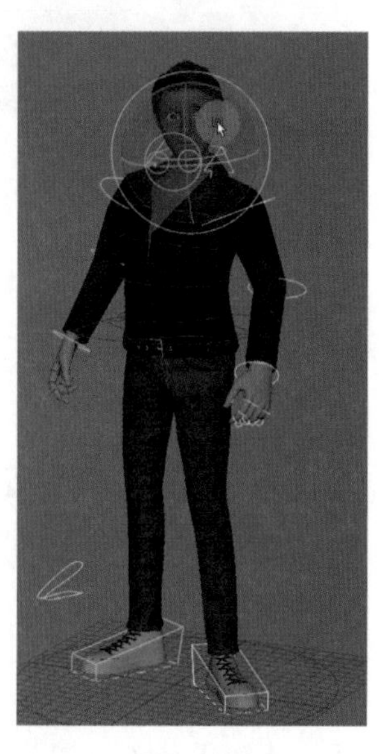

图 4-55

(6) 调整眼睛注视的方向，如图4-56所示。

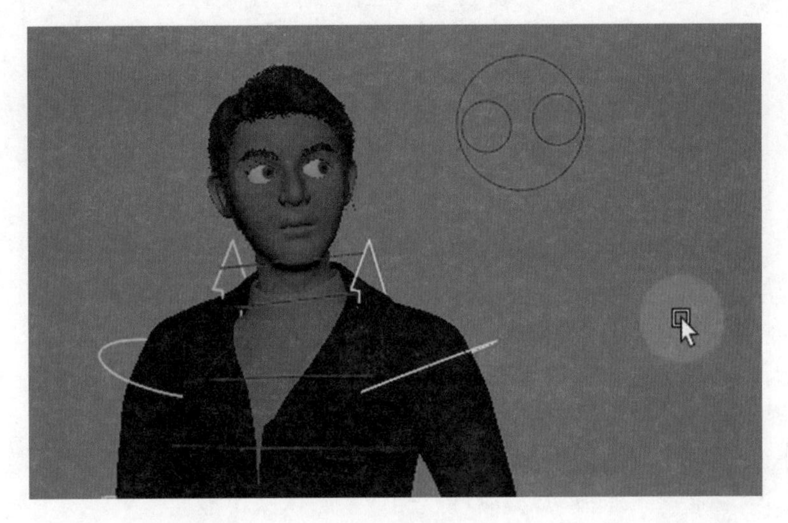

图　4-56

(7) 打开“形变编辑器”调整表情，如图4-57所示。

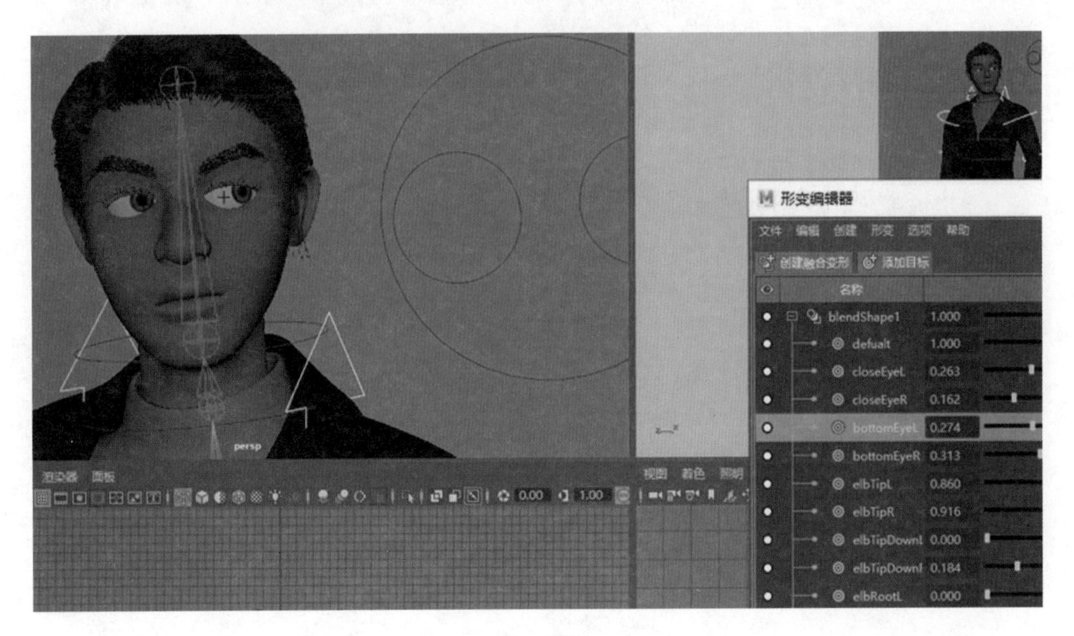

图　4-57

4.5　项目小结

通过为角色创建骨骼、绑定腿部IK、蒙皮等操作，使角色有了自己的骨骼和表情，具备了形成动作的基础。该部分操作具有共性特点，一个比较完整的表情需要的设定表情多达几十种，但实现方法却大同小异。在骨骼和控制器方面也要进行严谨的测试，确保不会把问题留到动作制作时再去解决。

4.6 拓展项目

以上我们只讲解了主要的绑定方式。在动画片制作过程中，为了提高制作效率，往往会添加很多辅助设置，其中较为常用的有连接编辑器和驱动关键帧。

1. 连接编辑器

连接编辑器通常用来控制不太容易选择的部件，如在制作动作时会频繁选择脚部关节，而脚部的模型会影响选择骨骼，因此用曲线控制骨骼就成为一种通用办法。

（1）在“通道”面板中“编辑”菜单下打开连接编辑器。

（2）为输出和输入分别加入不同的物体。

（3）寻找相应的控制参数并进行选择。

（4）当两侧选中的属性均为斜体时，表示已经连接。

（5）回到“通道”面板中，继续调整相应参数以获得最佳效果。

2. 驱动关键帧

驱动关键帧和连接编辑器都是为了方便选择而存在的，两者的用途相似，但驱动关键帧可以更精确地控制数值。

（1）进入动画模块下的“关键帧”菜单，找到受驱动关键帧。

（2）打开面板后，分别加载驱动者和受驱动者两个物体。

（3）分别选择上下面板中右侧的相应属性，然后打上关键帧。

（4）拖动视图中的物体并观察效果。

4.7 自主设计

为喜欢的角色增加更多喜、怒、哀、乐等表情设定。

项目5 渲染输出

知识目标：

(1) 了解灯光的设置规律。

(2) 掌握不同灯光的使用方法。

(3) 熟悉材质属性。

(4) 掌握渲染器的设置方法。

项目 5

能力目标：

(1) 提升构图能力。

(2) 掌握渲染时间控制技巧。

(3) 提高画面中光感的控制能力。

素质目标：

(1) 提高审美素养，善于从色彩、光影、空间等多角度创造美感。

(2) 培养灵活的思维方式，具备严密的逻辑性和准确性。

(3) 养成严谨的工作作风。

5.1 项目导入

渲染可以简单理解为利用光影美化角色。没有渲染的模型，光影关系缺乏真实感，画面锯齿较明显，色彩不够鲜明，而渲染就是为了解决这些问题。

好的渲染是基于好的模型和贴图，渲染会让好的模型更精彩，也会让出现的问题更糟糕，所以渲染之前首先需要解决之前遗留的问题，比如模型的整体与细节、UV的分配、蒙皮与骨骼的协调等。切勿把前面的问题留到渲染时期，一边解决一边渲染只会事倍功半。

5.2 项目分析

(1) 灯光：使用 Skydome light 作为主光源，Area 光作为辅助光，这种灯光非常简单易用且效果不错。

(2) 材质：Ai Standard Surface 作为万能材质，可以满足本项目的使用，但在导入贴图时，一般功能性贴图要采用 Raw 格式。

(3) 摄影机：角色的每个姿态都会有最佳观赏角度，找到好的摄影视角就要锁定摄影机的“移动”和“旋转”属性，避免由于操作失误而重新调整。

(4) 渲染器：使用 Arnold 渲染器的 CPU 渲染方式。理论上渲染质量越高越好，

但要注意边际效应，过高的质量会耗费更多的时间。

5.3 项 目 准 备

渲染可分为灯光、材质两部分。本案例中使用的 Arnold 渲染器在灯光方面设置简单且效果明显。材质方面也做了很大的改进，并且兼容 Maya 大部分材质。在本项目中主要使用 Arnold 的自带材质。

1. Arnold 渲染器

Arnold 渲染器是一款常见的物理渲染器。相对于 Maya 自带的渲染器来说，Arnold 渲染具有更真实的渲染效果，虽然它的渲染速度要远比 Maya 自带的渲染器慢很多，但近些年硬件性能的提升让我们使用物理渲染器也不需要太漫长的等待了。

Arnold 的另一个特点就是设置相对简单。在众多渲染器里，有些设置简单但效果无法让人满意，有些效果很好但入门门槛很高。而 Arnold 在这两者之间做了很好的平衡。Maya 已经连续多年把 Arnold 作为首选渲染器，内置于 Maya 软件中，我们无须二次安装就可以使用 Arnold 渲染。

2. 材质

材质是用来表现模型颜色、光泽度、透明度等要素的统一载体，当模型被赋予了材质后，我们就可以调节这些效果。当材质贴入贴图后，其颜色属性就被贴图控制，材质的颜色选项也就不再可调。

Maya 中默认的材质是 Lambert（兰伯特）材质，这种材质没有高光效果，不会在编辑点、线、面时影响观察，所以适合作为初始材质使用。但它用途广泛，可以用来制作大多数没有高光效果的材质，如布料、墙面、地面等。除此以外，比它使用更广泛的是 Blinn 材质，这种材质可以表现具有不同反光效果的对象，如玻璃、瓷器、金属等。Blinn 材质也可以实现 Lambert 材质的效果。之所以还要单独设置一个 Lambert 材质，是因为该材质设置较为简单，在较大的项目中可以提升制作效率。

在本项目中我们使用 Arnold 渲染器，那么最好的材质就是 Arnold 自带的 Ai Standard Surface 材质，这种材质可以表现自然界中大多数常见的材质，因此也被称为万能材质。

材质编辑器菜单及工具栏如图 5-1 所示，材质编辑器主界面如图 5-2 所示。

图 5-1

材质编辑器相关参数界面如图 5-3 所示。

Base 标签栏参数说明如下。

- Weight ：材质强度。
- Color ：材质颜色。

图　5-2

图　5-3

- Diffuse roughness ：漫反射粗糙度。
- Metalness ：金属质感。
- Specular ：标签栏参数
- Weight ：反射强度。

- Color ：反射光颜色。
- Roughness ：反射粗糙度。
- IOR ：折射率。
- Anisotropy ：各向异性，用于控制高光的形态，主要表现不同的金属效果。
- Rotation ：调整各向异性效果的方向。

3．灯光

（1）Skydome light ：对应 Arnold 菜单下的 Light 命令。该灯光创建之后会在场景中生成一个环境球，环境球内的物体可以产生全局照明效果，因此为了产生更加接近现实中的光照效果，环境球一般需要配合 HDR 贴图使用。在模拟室外照明效果时，需要创建主光源弥补光照效果的不足。

（2）Area light：可用于室内外照明中的补光，也可用于模拟窗户投射进室内的光。

4．摄影机设置

渲染“静帧”前要在“创建”菜单下创建一个新的摄影机，并进行摄影机设置，界面如图 5-4 所示。

图 5-4

（1）安全动作：选中该选项后，会在摄影机视图中显示一个安全框，在电视台等媒体播放时，“安全框”以外的画面将无法显示。在静帧渲染中也用于查看构图效果。

（2）安全标题：用于规范视频中字幕的显示位置。

（3）垂直方式：选中该选项后，将使宽屏显示器能够完整显示“安全框”。

5.4 项目实施

本项目中使用的贴图主要由 SP 导出。加入贴图项的 Color 参数不能直接调节，因为已经受贴图控制。如果需要调节，可以进入“贴图”面板，找到相应参数进行调节。

任务1：贴图及灯光设置

为模型各部位指定 Arnold standard 材质，打开材质属性面板，为各部分添加贴图，在所有非色彩型贴图中设置颜色空间属性为 Raw，选中“Alpha 为亮度”选项，界面如图 5-5 和图 5-6 所示。

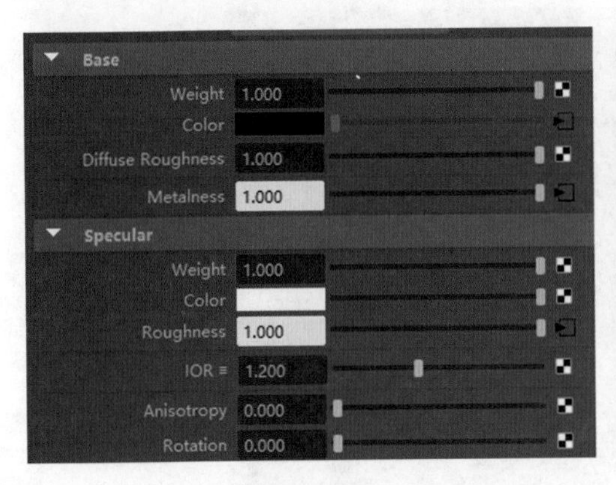

图 5-5

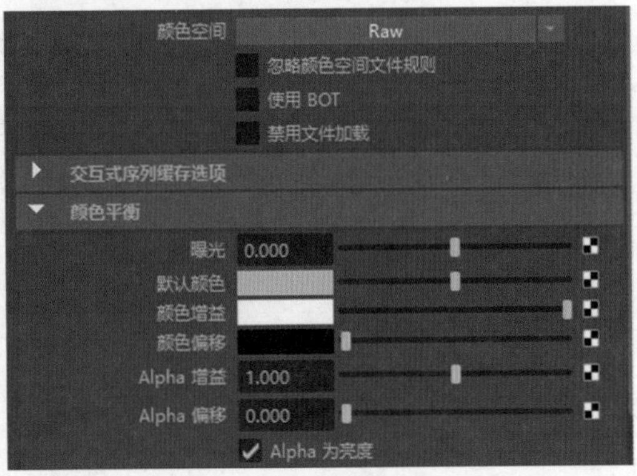

颜色空间 Raw
忽略颜色空间文件规则
使用 BOT
禁用文件加载
交互式序列缓存选项
颜色平衡
曝光 0.000
默认颜色
颜色增益
颜色偏移
Alpha 增益 1.000
Alpha 偏移 0.000
Alpha 为亮度

图 5-6

贴图及灯光设置的操作步骤如下。

（1）在已经做好的人物模型下创建“平面”，效果如图 5-7 所示。

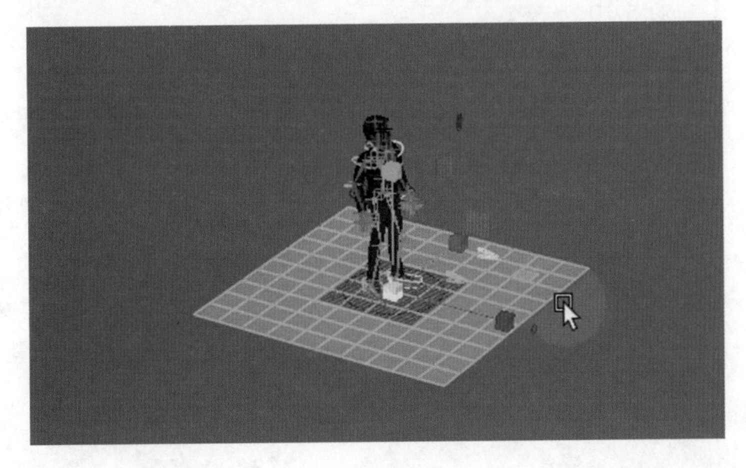

图 5-7

（2）为面片添加“晶格”并调整造型，效果如图 5-8 所示。

（3）插入循环边，卡住脚跟处的平面，防止穿帮，效果如图 5-9 所示。

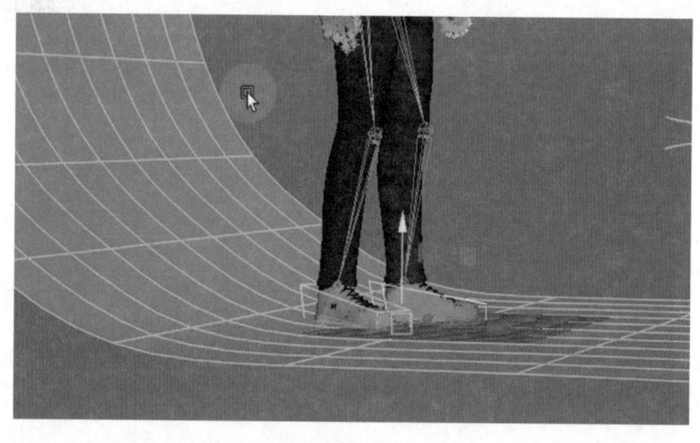

图　5-8

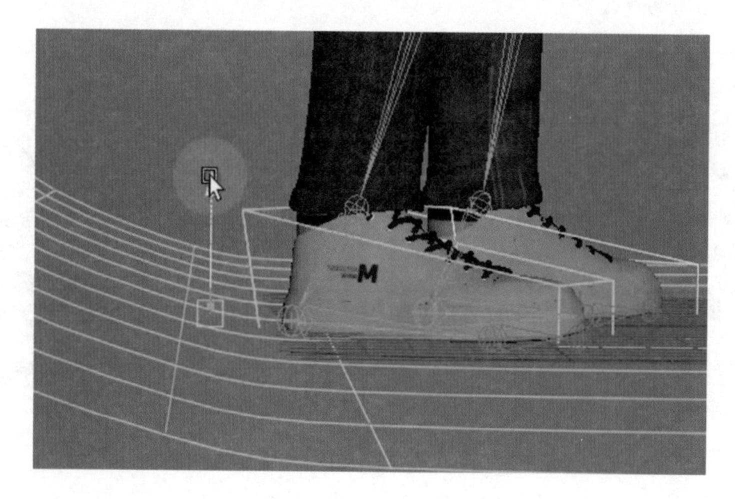

图　5-9

(4) 在 Arnold 菜单下创建 Skydome light 灯光，并在其 Color 属性下添加 HDR 贴图文件，界面如图 5-10 所示。

(5) 单击“渲染”窗口，查看渲染效果，如图 5-11 所示。

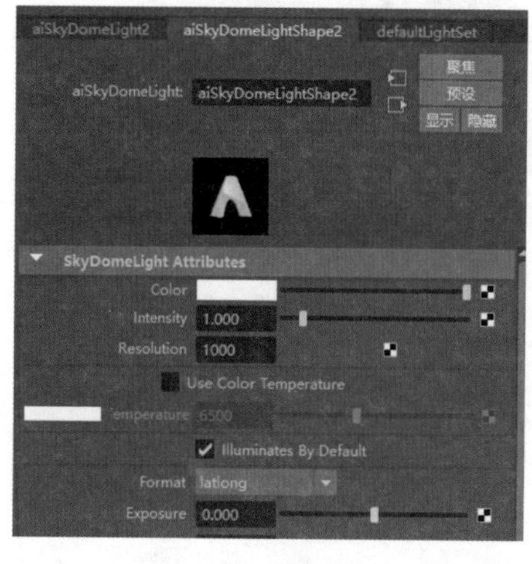

图　5-10

图　5-11

(6) 如果手部反光较为严重，可以调整 IOR 参数，降低反光度。IOR 一般用来调节玻璃等的折射效果，但在 Arnold 渲染器中，不透明物体的折射参数也可调节，效果如图 5-12 所示。

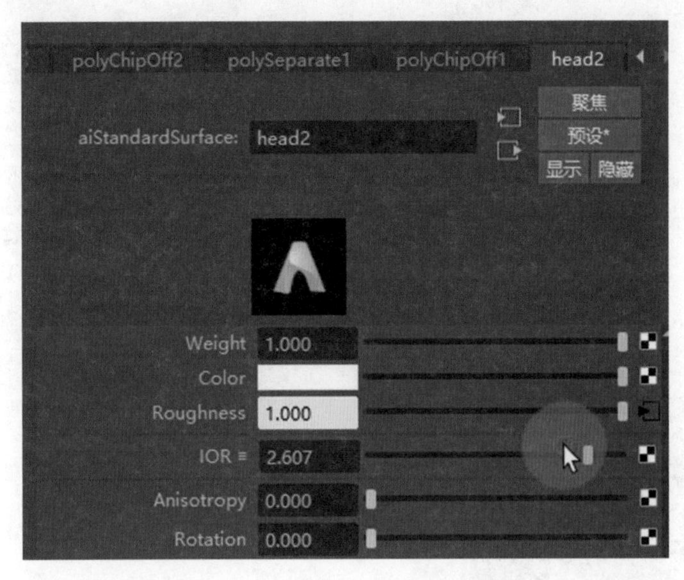

图 5-12

(7) Samples 调整为 3，降低渲染颗粒。该值越高，颗粒越少，画面也就越清晰，耗费的时间也更多，因此需要根据场景实际情况调整该参数，一般不超过 3 个单位，界面如图 5-13 所示。

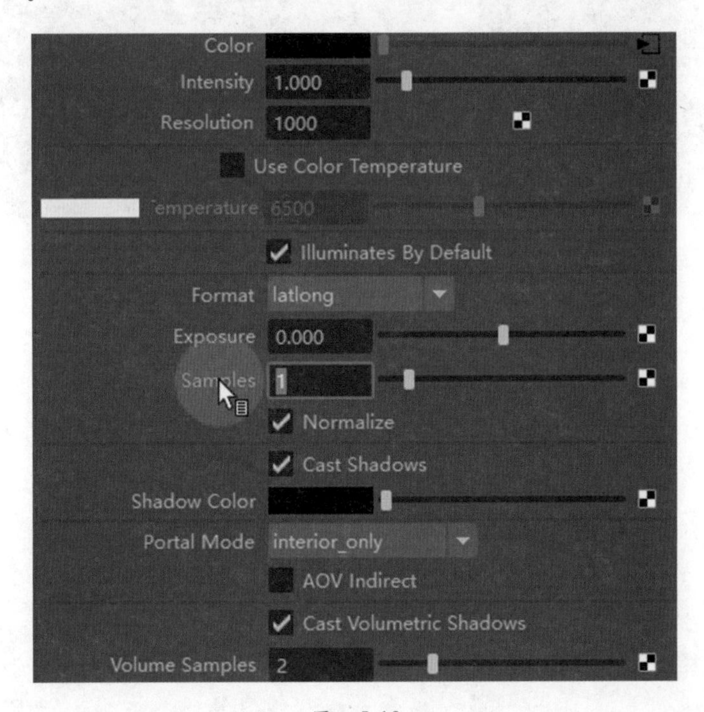

图 5-13

任务 2：材质及属性

在实际渲染中，要得到满意的效果，一般需要反复渲染，对比效果。在本案例中渲染虽然简单，但仍然需要反复测试渲染效果。

初次渲染后发现脸色发暗，如果想要脸色更红润，有三种方式：一是回到上一步骤调整贴图，另一种是直接调整贴图下的颜色平衡，第三种是后期调整。本案例使用第二种方法调整。

操作步骤如下。

(1) 渲染模型后，角色脸部颜色较暗。选中“区域渲染”，准备调整脸部材质属性，效果如图 5-14 所示。

(2) 打开材质属性面板，找到 Base 下的 Color 属性，单击进入贴图面板，在颜色平衡模式下调整曝光度为 0.8，参数如图 5-15 所示。

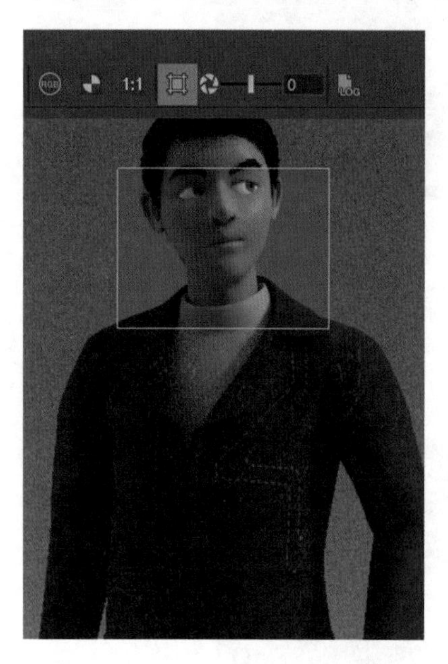

图 5-14

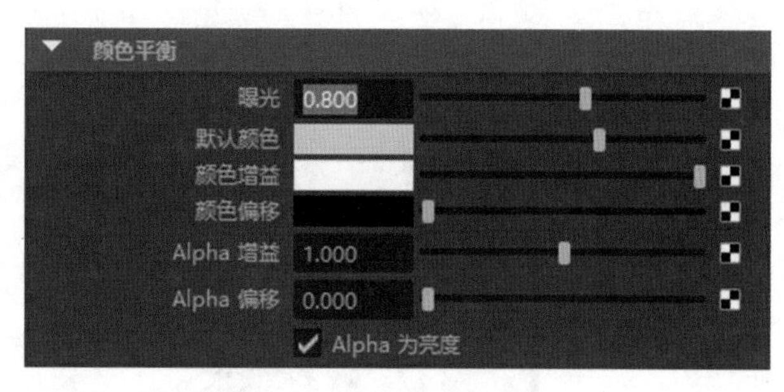

图 5-15

(3) 反复调整颜色平衡中的各项参数，获得满意效果。

任务 3：输出与质量设置

渲染设置窗口中主要使用“公用面板”和 Arnold render 面板，前者主要用来控制出图的基本属性，如大小、质量等，后者用来控制出图的质量。

输出与质量设置的操作步骤如下。

(1) 打开 Arnold 渲染设置面板，找到可渲染摄影机，选择要渲染的摄影机，在图像大小选项卡中设置宽度和高度，其他不变，参数如图 5-16 所示。

(2) 在 Arnold Renderer 选项卡下分别设置 Camera 值为 5，Diffuse 值为 4，Specular 值为 3，此时渲染出的画面会比之前的画质有明显提高。如果画面有噪点，可以考虑提高灯光的“采样值”，效果如图 5-17 所示。

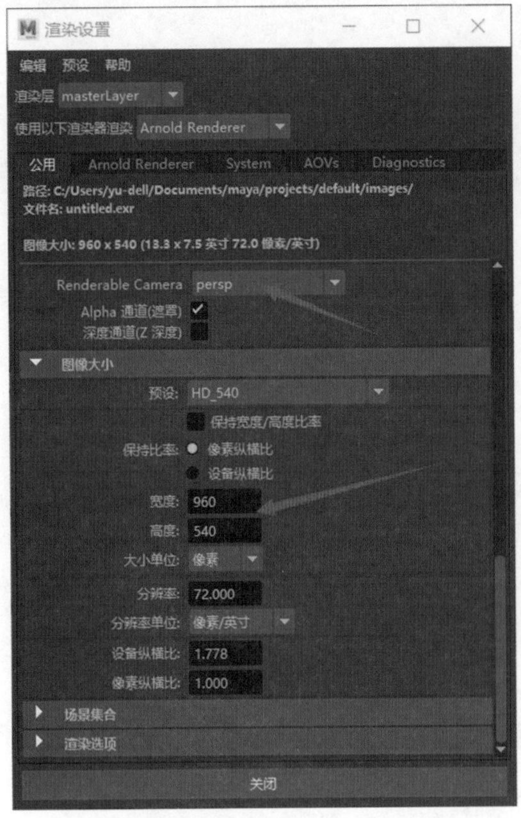

图　5-16

图　5-17

5.5　项 目 小 结

本项目我们主要学习了 Arnold 渲染器在灯光和材质方面的设置,将角色模型进行渲染输出和调整,达到最佳效果。

另外,通过本项目我们把前面 4 个项目的主要内容整合成一个完整的作品，4 个项目相互关联,前面的项目如果没有做好,会影响后面制作的效率和效果,想必做到这里,大家已经发现了自己做的每个项目中存在的问题,这些问题只能动手解决,甚至是多次做,每一次重做都会获得不同的经验。我们要反复做各种类型的案例才能熟练掌握学到的方法,继而形成自己的方法和习惯,最终使自己作品的质量不断提高。

5.6　拓 展 项 目

在渲染后,经常会发现背景或前景需要单独调节以实现更好的效果,如果重新渲染则会耗费大量的时间,因此三维软件普遍提供了分层渲染的方式,这样可以把前景和背景以及阴影进行单独渲染,最后通过 PS、AE（After Effects）等软件进行合成。

制作要求如下。

（1）创建渲染层，把角色（创建集合）和灯光（创建集合）加入渲染层中。

（2）创建第二个渲染层，把背景（创建集合）和灯光（创建集合）加入该层中。

（3）创建第三个渲染层，把场景中的所有模型（创建集合）加入该层中，为该集合创建 ai Shadow Matte 覆盖着色器。

（4）通过单击小眼睛图标开始分别渲染不同的层，需要使用“渲染”菜单下“渲染序列”的方式。

（5）把渲染的多张图片分别导入 PS 中，合成图片并调整效果。

5.7 自主设计

为自己喜欢的角色摆出不同的姿态，将摄影机采用不同的机位，渲染三张以上静帧作品。

参考文献

[1] Alias Wavefront 公司 .Maya 4.5 完全手册 [M]. 中青新世纪静影工作室，译 . 北京：中国青年出版社，2003.

[2] 施通，等 . 动漫人体结构表现技法专项训练 [M]. 北京：人民邮电出版社，2022.

[3] 肖玮春 . 人体结构原理与绘画教学 [M]. 北京：人民邮电出版社，2021.

[4] 伯里曼 . 跟伯里曼学画人体结构 [M]. 班昭，移然，译 . 武汉：武汉出版社，2013.